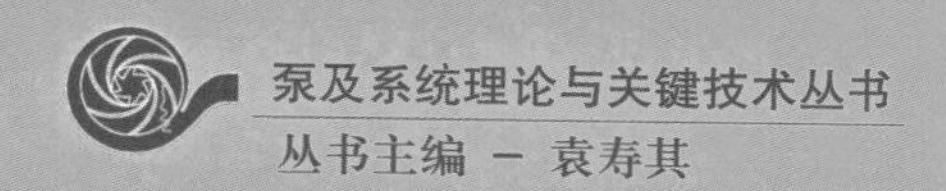

Theory and Characteristics of Transient Process in a Mixed-flow Pump

混流泵瞬态过程理论与特性

李 伟 施卫东 季磊磊 著

镇 江

图书在版编目(CIP)数据

混流泵瞬态过程理论与特性 / 李伟，施卫东，季磊磊著. — 镇江 ：江苏大学出版社，2021.5
(泵及系统理论与关键技术丛书 / 袁寿其主编)
ISBN 978-7-5684-1464-7

Ⅰ. ①混… Ⅱ. ①李… ②施… ③季… Ⅲ. ①混流泵—研究 Ⅳ. ①TH313

中国版本图书馆 CIP 数据核字(2020)第 259481 号

混流泵瞬态过程理论与特性
Hunliubeng Shuntai Guocheng Lilun Yu Texing

著　　者/李　伟　施卫东　季磊磊
责任编辑/张小琴
出版发行/江苏大学出版社
地　　址/江苏省镇江市梦溪园巷 30 号(邮编：212003)
电　　话/0511-84446464(传真)
网　　址/http://press.ujs.edu.cn
排　　版/镇江市江东印刷有限责任公司
印　　刷/南京爱德印刷有限公司
开　　本/718 mm×1 000 mm　1/16
印　　张/14
字　　数/266 千字
版　　次/2021 年 5 月第 1 版
印　　次/2021 年 5 月第 1 次印刷
书　　号/ISBN 978-7-5684-1464-7
定　　价/72.00 元

丛书序

泵通常是以液体为工作介质的能量转换机械，其种类繁多，是使用极为广泛的通用机械，主要应用在农田水利、航空航天、石油化工、冶金矿山、能源电力、城乡建设、生物医学等工程技术领域。例如，南水北调工程，城市自来水供给系统、污水处理及排水系统，冶金工业中的各种冶炼炉液体的输送，石油工业中的输油、注水，化学工业中的高温、腐蚀液体的输送，电力工业中的锅炉水、冷凝水、循环水的输送，脱硫装置，以及许多工业循环水冷却系统，火箭卫星、车辆舰船等冷却推进系统。可以说，泵及其系统在国民经济的几乎所有领域都发挥着重要作用。

对于泵及系统技术应用对国民经济的基础支撑和关键影响作用，也可以站在能源消耗的角度大致了解。据有关资料统计，泵类产品的耗电量约占全国总发电量的17%，耗油量约占全国总油耗的5%。由于泵及系统的基础性和关键性作用，从中国当前的经济体量和制造大国的工业能力角度看，泵行业的整体技术能力与我国的经济社会发展存在着显著的关联影响。

在我国，围绕着泵及系统的基础理论和技术研究尽管有着丰富的成果，但总体上看，与国际先进水平仍存在一定的差距。例如，消防炮是典型的泵系统应用装备，作为大型设施火灾扑救的关键装备，目前120 L/s以上大流量、远射程、高射高的消防炮大多使用进口产品。又如，现代压水堆核电站的反应堆冷却剂泵（又称核主泵）是保证核电站安全、稳定运行的核心动力设备，但是具有核主泵生产资质的主要是国外企业。我国在泵及系统产业上受到的能力制约，在一定程度上说明对技术应用的基础性支撑仍旧有很大的“强化”空间。这主要反映在一方面应用层面还缺乏关键性的“软”技术，如流体机械测试技术，数值模拟仿真软件，多相流动及空化理论、液固两相流动及流固耦合等基础性研究仍旧薄弱，另一方面泵系统运行效率、产品可靠性与寿命等“硬”指标仍低于国外先进水平，由此也导致了资源利用效率的低下。按照目前我国机泵的实际运行效率，以发达国家产品实际运行效率和寿命指标为参照对象，我国机泵现运行效率提高潜力在10%左右，若通过泵及系统关键集成技术攻关，年总节约电量最大幅度可达5%，并且可以提高泵产品平均使用寿命一倍以上，这也对节能减排起到非常重要的促进作用。另外，随着国家对工程技术应用创新发展要求的提高，泵类流体机械在广泛领域应用中又存在着显著个性化差异，由此不断产生新的应用需求，这又促进了泵类机械技术创新，如新能源领域的光伏泵、熔盐泵、LNG 潜液泵，生物医学工程领域的人工心脏泵，海水淡化泵系统，煤矿透水抢险泵系统等。

可见，围绕着泵及系统的基础理论及关键技术的研究，是提升整个国家科研能力和制造水平的重要组成部分，具有十分重要的战略意义。

在泵及系统领域的研究方面，我国的科技工作者做出了长期努力和卓越贡献，除了传统的农业节水灌溉工程，在南水北调工程、第三代第四代核电技术、三峡工程、太湖流域综合治理等国家重大技术攻关项目上，都有泵系统科研工作者的重要贡献。本丛书主要依托的创作团队是江苏大学流体机械工程技术研究中心，该中心起源于 20 世纪 60 年代成立的镇江农机学院排灌机械研究室，在泵技术相关领域开展了长期系统的科学研究和工程应用工作，并为国家培养了大批专业人才，2011 年组建国家水泵及系统工程技术研究中心，是国内泵系统技术研究的重要科研基地。从建立之时的研究室发展到江苏大学流体机械工程技术研究中心，再到国家水泵及系统工程技术研究中心，并成为我国流体工程装备领域唯一的国际联合研究中心和高等学校学科创新引智基地，中心的几代科研人员薪火相传，牢记使命，不断努力，保持了在泵及系统科研领域的持续领先，承担了包括国家自然科学基金、国家科技支撑计划、国家 863 计划、国家杰出青年基金等大批科研项目的攻关任务，先后获得包括 5 项国家科技进步奖在内的一大批研究成果，并且 80%以上的成果已成功转化为生产力，实现了产业化。

近年来，该团队始终围绕国家重大战略需求，跟踪泵流体机械领域的发展方向，在不断获得重要突破的同时，也陆续将科研成果以泵流体机械主题出版物形式进行总结和知识共享。"泵及系统理论及关键技术"丛书吸纳和总结了作者团队最新、最具代表性的研究成果，反映在理论研究及关键技术优势领域的前沿性、引领性进展，一些成果填补国内空白或达到国际领先水平，丰富的成果支撑使得丛书具有先进性、代表性和指导性。希望丛书的出版进一步推动我国泵行业的技术进步和经济社会更好更快发展。

国家水泵及系统工程技术研究中心主任
江苏大学党委书记、研究员

前　　言

混流泵广泛应用于南水北调工程、水下导弹发射系统、舰船喷水推进系统等重大工程中，是国民经济中的重要动力装备。混流泵启动过程作为特殊的瞬态过程，可为特定应用场合提供瞬时流体动力，但由于瞬态工况在很短时间内使混流泵转速发生很大改变，流动状态也从层流迅速转变为复杂的三维湍流，流动机理极其复杂且区别于稳态工况下周期性非定常流动。然而，传统上应用于瞬态工况的混流泵多采用稳态设计理论进行设计，所以忽略了叶轮旋转加速和流体加速对内部流场的影响，导致混流泵应用在瞬态效应明显的场合时误差较大。因此，建立混流泵启动过程中瞬态水力特性的预测和试验方法尤为重要和迫切。

本书是作者及所在课题组近年来在混流泵启动过程瞬态特性研究方面的系统总结和提炼，也是服务行业和社会部分科研成果的总结，先后得到国家自然科学基金项目“混流泵加速流工况瞬态空化形态及其诱导水力振荡特性研究(51579118)”“大型混流泵 Alford 效应下的稳定性研究(51409127)”，江苏省“333 高层次人才培养工程”科研资助项目“特种高效涡轮驱动混流泵瞬态水力设计关键技术研究与应用”，以及国家出版基金等项目的资助。

本书共分为 7 章，通过采用先进的计算流体力学方法和高精度的流场试验手段，深入地探索了混流泵瞬态工况的内外特性，从最初的理论设计、理论建模到数值方法、最终的模型试验，均有详细的说明。第一章主要介绍混流泵相关设计理论及设计方法，第二章针对混流泵启动过程的瞬态特性进行理论建模，第三章采用准稳态方法分析混流泵的启动特性，第四章运用瞬态数值计算方法研究加速度和管阻对混流泵启动特性的影响及启动过程内部流场的演化规律，第五章研究闭合管路系统中闸阀和弯管在整个启动过程中的损失特性，第六章介绍混流泵启动过程中流体对叶轮的流固耦合效应，第七章对混流泵启动过程进行能量性能、压力脉动、PIV 测试和轴心轨迹实验。通过对前人经验的总结，并根据混流泵瞬态工况设计工作的需要，编写了这本书，以供水泵设计工作者参考。

本书由江苏大学李伟、施卫东、季磊磊撰写，在混流泵设计部分主要参考了关醒凡教授的《轴流泵和斜流泵》、袁寿其教授的《泵理论与技术》，部分章节引用了马凌凌硕士学位论文的部分内容，在此特别感谢他们的帮助。同时还要感谢曹卫东、张德胜、蒋小平、裴吉、潘中永、王文杰、郎涛、骆寅、卞国祥等老师，以及张华博士、杨勇飞博士、姚捷硕士、徐焰栋硕士等，他们为本书的出版提供了指导和帮助。本书可作为泵设计、试验工程师的参考资料，也可作为水力机械专业本科生、研究生的参考书。

本书在搜集资料的深度和广度方面做得还不够，同时限于作者的水平和研究条件，书中难免存在错误，希望读者批评指正，以便再版时修订。

著　者

2020.10

目录

1 混流泵理论与水力设计

1.1 概述

混流泵具有流量大、效率高、抗汽蚀性能强等特点，广泛应用于农业排灌、城市给排水、电厂供循环水、区域性调水工程等，近年来在核电、军工、舰船喷水推进等方面得到了较好的应用，在国民经济建设中发挥着重要作用。混流泵的比转速通常为 $n_s=300\sim600$，是一种介于离心泵和轴流泵之间的泵型。常用的扬程范围为 10～20 m。本书研究的混流泵为导叶式混流泵。

众所周知，轴流泵适用于大流量、低扬程的场合，具有结构简单、体积小、重量轻等优点，但在小流量区域性能不稳定，轴功率随着流量的减小而急剧增加，所以轴流泵的高效区范围窄，不能在扬程变化范围大的场合使用。离心泵的水力性能优良，但不适合在较低的扬程下使用。混流泵的结构和性能介于轴流泵和离心泵之间，是一种融合离心泵和轴流泵的优点、补偿两者缺点的理想泵型，应用范围正在向传统的离心泵和轴流泵领域拓展，比转速的范围已经扩展到 800～1 000。目前，国内应用最多的几种可调节叶片混流泵模型的性能参数分别见表 1-1、表 1-2、表 1-3。

表 1-1　HBM811－350 性能参数

型号	$Q/(\mathrm{m^3/s})$	H/m	$n/(\mathrm{r/min})$	$\eta/\%$	汽蚀比转速 C	n_s
−4°	0.325	13.65	1 450	85.8	1 350	425
−2°	0.360	14.80	1 450	86.0	1 210	421
0°	0.390	16.10	1 450	86.3	1 140	411
2°	0.420	17.20	1 450	87.0	1 180	406
4°	0.450	18.20	1 450	86.5	1 170	403

表 1-2　350HD－11.5 性能参数

型号	$Q/(\mathrm{m^3/s})$	H/m	$n/(\mathrm{r/min})$	$\eta/\%$	汽蚀比转速 C	n_s
0°	0.440	12.50	1 450	85.0	1 060	528
－2°	0.410	12.00	1 450	85.0	1 050	526
－4°	0.383	11.30	1 450	85.0	1 040	531
－6°	0.350	10.70	1 450	85.1	1 050	529
－8°	0.320	9.78	1 450	85.0	1 230	541

表 1-3　350HD－60 性能参数

型号	$Q/(\mathrm{m^3/s})$	H/m	$n/(\mathrm{r/min})$	$\eta/\%$	汽蚀比转速 C	n_s
－6°	0.310	8.17	1 450	82.2	1 399	610
－4°	0.347	9.07	1 450	85.9	1 415	597
－2°	0.386	9.63	1 450	85.8	1 225	601
0°	0.434	11.10	1 450	85.5	1 129	406
2°	0.450	18.20	1 450	86.5	973	403

1.2　流动方程和设计理论

1.2.1　叶轮出口流动微分方程

对于混流叶轮的进口和出口，根据能量守恒，不考虑叶片间的摩擦损失，则

$$\frac{p_1}{\rho g}+\frac{v_1^2}{2g}+\frac{u_2 v_{u2}}{g}=\frac{p_2}{\rho g}+\frac{v_2^2}{2g} \tag{1-1}$$

将速度三角形 $v_1^2=v_{m1}^2$，$v_2^2=v_{m2}^2+v_{u2}^2$ 代入上式可得

$$\frac{p_1}{\rho g}+\frac{v_{m1}^2}{2g}=\frac{p_2}{\rho g}+\frac{v_{m2}^2}{2g}-\frac{v_{u2}(2r_2\omega-v_{u2})}{2g} \tag{1-2}$$

将上式对 r_2 微分，则有

$$0=\frac{1}{\rho}\frac{\mathrm{d}p_2}{\mathrm{d}r_2}+v_{m2}\frac{\mathrm{d}v_{m2}}{\mathrm{d}r_2}-\omega v_{u2}-\frac{\mathrm{d}v_{u2}}{\mathrm{d}r_2}(r_2\omega-v_{u2}) \tag{1-3}$$

叶轮出口液流的离心力和压力互相平衡，则

$$\frac{\mathrm{d}p_2}{\mathrm{d}r_2}=\frac{\gamma v_{u2}^2}{g r_2} \tag{1-4}$$

由式(1-3)和式(1-4)消去 p_2后，得

$$v_{m2}\frac{\mathrm{d}v_{m2}}{\mathrm{d}r_2}=\left(\frac{\mathrm{d}v_{u2}}{\mathrm{d}r_2}+\frac{v_{u2}}{r_2}\right)(r_2\omega-v_{u2}) \tag{1-5}$$

上式是泵出口流速的微分方程，如果知道 v_{m2}和 v_{u2}的关系，便可求解。

1.2.2 自由旋涡和强制旋涡

(1) 出口流动为自由旋涡形式

$$v_{u2}r_2=\mathrm{const} \tag{1-6}$$

上式两边对 r_2 进行微分，得

$$r_2\mathrm{d}v_{u2}+v_{u2}\mathrm{d}r_2=0 \tag{1-7}$$

$$\frac{\mathrm{d}v_{u2}}{\mathrm{d}r_2}=-\frac{v_{u2}}{r_2} \tag{1-8}$$

将上式代入式(1-5)得

$$v_{m2}\frac{\mathrm{d}v_{m2}}{\mathrm{d}r_2}=\left(-\frac{v_{u2}}{r_2}+\frac{v_{u2}}{r_2}\right)(r_2\omega-v_{u2}) \tag{1-9}$$

因为 $v_{m2}\neq0$，所以$\frac{\mathrm{d}v_{m2}}{\mathrm{d}r_2}=0$，从而

$$v_{m2}=\mathrm{const} \tag{1-10}$$

又因为 $v_u r=\mathrm{const}$，所以理论扬程为

$$H_{\mathrm{th}\infty}=\frac{u_2v_{u2}}{g}=\frac{\omega v_{u2}r_2}{g}=\mathrm{const} \tag{1-11}$$

可知，在自由旋涡的场合，欧拉扬程沿出口均匀分布，轴面速度相同。

(2) 出口流动为强制旋涡形式

$$\frac{v_{u2}}{r_2}=\mathrm{const} \tag{1-12}$$

上式两边对 r_2微分，得

$$\frac{\mathrm{d}v_{u2}}{r_2}-\frac{v_{u2}}{r_2^2}\mathrm{d}r_2=0 \tag{1-13}$$

$$\frac{\mathrm{d}v_{u2}}{\mathrm{d}r_2}=\frac{v_{u2}}{r_2}=\mathrm{const} \tag{1-14}$$

将上式代入式(1-5)得

$$v_{m2}\frac{\mathrm{d}v_{m2}}{\mathrm{d}r_2}=2C_1(r_2\omega-v_{u2})=2C_1r_2\left(\omega-\frac{v_{u2}}{r_2}\right)=C_2r_2 \tag{1-15}$$

其中，$2C_1\left(\omega-\frac{v_{u2}}{r_2}\right)=C_2$，则

$$\int v_{m2}\mathrm{d}v_{m2}=C_2\int r_2\mathrm{d}r_2+C_3 \tag{1-16}$$

$$\frac{v_{m2}^2}{2}=\frac{C_2}{2}r_2^2+C_4 \tag{1-17}$$

$$v_{m2}=\sqrt{C_2 r_2^2+2C_4} \tag{1-18}$$

$$H_{\mathrm{th}\infty}=\frac{u_2 v_{u2}}{g}=\frac{\omega v_{u2} r_2}{g}=\frac{C_1 \omega r_2^2}{g} \tag{1-19}$$

可见，在强制旋涡的场合，欧拉扬程沿出口不是均匀分布的，而是与 r_2 的平方成正比，从轮毂到轮缘逐渐增加；轴面速度随着 r_2 的增大而增加，外缘侧大。

因此，自由旋涡的叶片和强制旋涡的叶片相比，轮毂侧的叶片角度较大，轮缘侧的叶片角度较小，整个叶片的扭曲较大。

1.2.3 用速度环量表示欧拉方程

由速度环量的定义得，叶片出口速度环量为

$$\Gamma_2=2\pi v_{u2} R_2 \tag{1-20}$$

叶片进口速度环量为

$$\Gamma_1=2\pi v_{u1} R_1 \tag{1-21}$$

由流体力学可知，绕叶轮出口和进口的速度环量之差等于绕各叶片速度环量 Γ_2 之和，则有

$$\Gamma_2-\Gamma_1=\Sigma\Gamma_z \tag{1-22}$$

泵的基本方程可以写成

$$H_{\mathrm{t}}=\frac{u_2 v_{u2}-u_1 v_{u1}}{g}=\frac{\tilde{\omega} v_{u2} R_2}{g}-\frac{\tilde{\omega} v_{u1} R_1}{g}=\frac{\tilde{\omega}}{g}\frac{\Gamma_2-\Gamma_1}{2\pi}=\frac{\tilde{\omega}}{g}\frac{\Sigma\Gamma_z}{2\pi} \tag{1-23}$$

当 $\Gamma_1=0$ 时

$$\Gamma_2=\frac{2\pi g H_{\mathrm{t}}}{\tilde{\omega}},\ \Sigma\Gamma_z=\frac{2\pi g H_{\mathrm{t}}}{\tilde{\omega}} \tag{1-24}$$

式中：Γ_2 为单翼（叶片）的速度环量。

1.2.4 基本设计理论

在工程应用中，由于混流泵的几何形状与速度分布的关系极其复杂，所以在设计时需引入一些假设，目前主要有三种设计理论应用在工程上，即一元理论、二元理论和三元理论（张克危，2006）。一元理论主要采用无穷叶片数及轴面速度沿过流断面均匀分布的假定，把流体在叶轮流道中的流动看作流体微元沿着叶轮流道中心线的运动，根据这一假定，建立了叶片机械的一元流动理论，故称为“一元理论”，又可称为“微元流束理论”。一元理论方法

是一种半理论半经验的方法，虽然引进了一些假设，也存在一些局限性，但到目前为止，欧拉理论和一元理论仍然是计算过程中低比转速叶片式水力机械叶轮和导叶的基础。一元理论方法在工程实践中积累了丰富的经验。二元理论方法认为：流体是不可压的理想流体，运动是定常的；轴面速度沿过水断面是不均匀的，即轴面液流为二元流动；液体在轴面上的流动为有势流动。二元理论比一元理论更科学，更接近实际的流动情况，但二元理论的实际应用相对较少，适合设计高比转速混流泵叶片和混流式转轮。三元理论方法认为，由于过流部件中的流体流动是非常复杂的三维非定常可压缩黏性流体运动，在叶轮反问题计算中，不可能同时考虑所有这些因素，通常忽略流动的瞬时特性和水流黏性。吴仲华教授(1952)对叶轮机械内部三维流动的理论和计算做出了历史性的奠基工作，他提出了著名的叶轮机械两类相对流面(S_1流面和 S_2 流面)的普遍理论，把一个复杂的三元流动问题分解成两类二元流动问题来求解，大大简化了数学处理和数值计算模型。目前，求解叶片式机械内无黏流动的数值解的方法已经比较成熟，利用 N－S 方程求解叶轮内的有黏流动也取得了很大的进展，但三元理论流动计算并不能完全取代模型试验。

1.2.5 轴对称流动涡线方程及其特性

由流体力学理论可知，叶片对液流的作用可以用分布在叶片翼型骨线上的旋涡系列来代替，此涡系的总强度应等于绕流翼型所形成的速度环量。假定翼型两面的相对速度分别为 w' 和 w''(图 1-1)，则机翼 $\mathrm{d}l$ 线段上的速度环量为

$$\mathrm{d}\Gamma=(w''-w')\mathrm{d}l \tag{1-25}$$

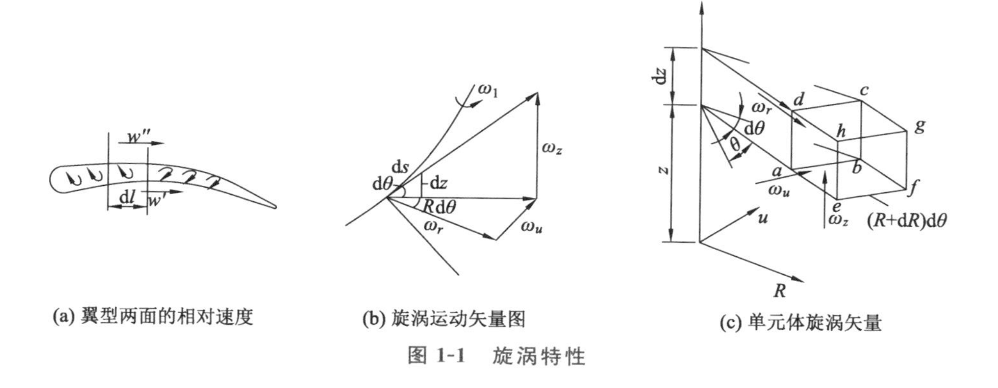

(a) 翼型两面的相对速度 (b) 旋涡运动矢量图 (c) 单元体旋涡矢量

图 1-1 旋涡特性

假如用强度等于 $\mathrm{d}\Gamma$ 的旋涡来代替 $\mathrm{d}l$ 段翼型，使其与某一平行流动合成的结果近似于机翼两个表面上的速度 w' 和 w''，就可以把叶片看成是位于叶片表面的一组涡带（旋涡面），它对液流的作用与叶片相同。

旋涡运动角速度矢量 $\boldsymbol{\omega}$ 与涡线相切，它在各坐标轴上的投影互成比例。若采用柱坐标 $f(z,R,u)$，涡线的方程为

$$\frac{\mathrm{d}z}{\omega_z}=\frac{\mathrm{d}R}{\omega_r}=\frac{R\mathrm{d}\theta}{\omega_u} \tag{1-26}$$

式中：z，R 分别为泵轴向和半径方向；u 为圆周方向；ω_z，ω_r，ω_u 分别为旋涡及其速度在 z，R，u 方向的投影。

在液流中取单元体（图 1-1c）作为研究对象，计算各表面的面积和封闭围线的速度环量。由斯托克斯定理 $\mathrm{d}\Gamma=2\omega\mathrm{d}F$ 可知，旋度 Ω 等于角速度的 2 倍，即 $\Omega=2\omega$。对单元各表面封闭围线求旋度在三个坐标上的分量 Ω_r，Ω_u，Ω_z。

为此，先求出单元各表面的环量。

$$\mathrm{rot}_r v=\Omega_r=2\omega_r=\frac{\int_{abcd} v\mathrm{d}l}{R\,\mathrm{d}\theta\mathrm{d}z}=\frac{\frac{\partial v_z}{R\partial\theta}R\,\mathrm{d}\theta\mathrm{d}z-\frac{\partial v_u}{\partial z}\mathrm{d}z(R\mathrm{d}\theta)}{R\mathrm{d}\theta\mathrm{d}z}=\frac{\partial v_z}{R\partial\theta}-\frac{\partial v_u}{\partial z} \tag{1-27}$$

$$\mathrm{rot}_u v=\Omega_u=2\omega_u=\frac{\int_{adhe} v\mathrm{d}l}{\mathrm{d}R\mathrm{d}z}=\frac{\frac{\partial v_r}{\partial z}\mathrm{d}R\mathrm{d}z-\frac{\partial v_z}{\partial R}\mathrm{d}z\mathrm{d}R}{\mathrm{d}R\mathrm{d}z}=\frac{\partial v_r}{\partial z}-\frac{\partial v_z}{\partial R} \tag{1-28}$$

$$\mathrm{rot}_z v=\Omega_z=2\omega_z=\frac{\int_{aefb} v\mathrm{d}l}{\mathrm{d}R(R\mathrm{d}\theta)}=\frac{\frac{\partial(Rv_u)}{R\partial R}R\,\mathrm{d}R\mathrm{d}\theta-\frac{\partial v_r}{R\partial\theta}R\,\mathrm{d}\theta\mathrm{d}R}{\mathrm{d}R(R\mathrm{d}\theta)}=\frac{\partial(Rv_u)}{R\partial R}-\frac{\partial v_r}{R\partial\theta} \tag{1-29}$$

式中，$$\int_{abcd}=v_u R\,\mathrm{d}\theta+\left(v_z+\frac{\partial v_z}{\partial\theta}\mathrm{d}\theta\right)\mathrm{d}z-\left(v_u+\frac{\partial v_u}{\partial z}\mathrm{d}z\right)R\,\mathrm{d}\theta-v_z\mathrm{d}z \tag{1-30}$$

$$\int_{adhe}=v_z\mathrm{d}z+\left(v_r+\frac{\partial v_r}{\partial z}\mathrm{d}z\right)\mathrm{d}R-\left(v_z+\frac{\partial v_z}{\partial R}\mathrm{d}R\right)\mathrm{d}z-v_r\mathrm{d}R \tag{1-31}$$

$$\int_{aefb}=v_r\mathrm{d}R+\left(v_u+\frac{\partial v_u}{\partial R}\mathrm{d}R\right)(R+\mathrm{d}R)\mathrm{d}\theta-\left(v_r+\frac{\partial v_r}{\partial\theta}\mathrm{d}\theta\right)\mathrm{d}R-v_u R\,\mathrm{d}\theta \tag{1-32}$$

对于轴对称流动，有 $\frac{\partial v_r}{\partial\theta}=0$，$\frac{\partial v_z}{\partial\theta}=0$，则式(1-27)～式(1-29)可写成

$$\Omega_r=2\omega_r=-\frac{\partial v_u}{\partial z}=-\frac{\partial(v_u R)}{R\partial z} \tag{1-33}$$

$$\Omega_u=2\omega_u=\frac{\partial v_r}{\partial z}-\frac{\partial v_z}{\partial R} \tag{1-34}$$

$$\Omega_z=2\omega_z=\frac{\partial(Rv_u)}{R\partial R} \tag{1-35}$$

在轴面内，涡线方程变为

$$\frac{\mathrm{d}z}{\omega_z}=\frac{\mathrm{d}R}{\omega_r},\ \omega_z\mathrm{d}R-\omega_r\mathrm{d}z=0 \tag{1-36}$$

将式(1-33)和式(1-35)中的 ω_z 和 ω_r 代入式(1-36)得

$$\frac{\partial(Rv_u)}{R\partial R}\mathrm{d}R+\frac{\partial(v_uR)}{R\partial z}\mathrm{d}z=0 \tag{1-37}$$

上式左边可用全微分形式表示

$$\mathrm{d}(v_uR)=0 \tag{1-38}$$

则

$$v_uR=\mathrm{const} \tag{1-39}$$

因此，假设旋涡矢量在圆周方向的投影等于零($\omega_u=0$)，则轴面流动为有势流动，沿轴对称流动涡线上的速度矩保持常数，这是二元理论假定 $\omega_u=0$ 设计方法中的重要性质。

1.3 叶轮主要尺寸和轴面图的确定

1.3.1 基本参数的确定

(1) 确定设计参数

首先需要确定设计工况点的性能参数及有关设计要求，主要包括流量 Q，$\mathrm{m^3/s}$；扬程 H，m；转速 n，r/min。汽蚀余量 NPSHR 可参照相关资料选定。

(2) 计算比转速 n_s

$$n_s=\frac{3.65n\sqrt{Q}}{H^{0.75}} \tag{1-40}$$

(3) 确定泵的效率 η

总效率等于各分效率之积，即

$$\eta=\eta_m\eta_v\eta_h \tag{1-41}$$

式中：η_m 为机械效率，包括圆盘、轴承、填料或机械密封处的摩擦损失；η_v 为容积效率，包括叶轮前后密封环、平衡孔、轴封处的泄漏损失；η_h 为水力效率，包括叶轮、导叶内的水力损失。

水力效率按下式计算：

$$\eta_h=\sqrt{\eta}-(2\%\sim3\%) \tag{1-42}$$

(4) 理论流量 Q_t

$$Q_t=Q/\eta_v \tag{1-43}$$

（5）理论扬程 H_{th}

$$H_{th}=H/\eta_h \tag{1-44}$$

（6）轴功率 P

$$P=\frac{\rho gQH}{1\ 000}(\text{kW}) \tag{1-45}$$

1.3.2 轴面尺寸的确定

（1）叶轮进口直径 D_j

泵进口有效直径为

$$D_0=K_0\sqrt[3]{\frac{Q}{n}} \tag{1-46}$$

式中：K_0 为泵进口尺寸系数，保证效率取 $K_0=4\sim4.25$；考虑效率和汽蚀时，取 $K_0=4.25\sim4.5$；保证汽蚀性能时，取 $K_0=4.5\sim5.5$。

如果没有轮毂，则叶轮进口直径 $D_j=D_0$；如果有轮毂且直径为 d_h，则

$$D_j=\sqrt{D_0^2+d_h^2} \tag{1-47}$$

（2）叶轮出口平均直径 D_2

设叶轮出口直径为叶轮前、后盖板直径的算术平均值，则

$$D_2=\frac{D_{20}+D_{2h}}{2} \tag{1-48}$$

$$D_2=K_2K_{D2}\sqrt[3]{\frac{Q}{n}} \tag{1-49}$$

$$K_{D2}=9.35\left(\frac{n_s}{100}\right)^{-1/2} \tag{1-50}$$

式中：D_{20} 为叶轮出口外径；D_{2h} 为叶轮出口内径；K_2 为叶轮出口直径修正系数，与比转速 n_s 有关，可由图 1-2 查得。

（3）出口宽度 b_2

$$b_2=K_bK_{b2}\sqrt[3]{\frac{Q}{n}} \tag{1-51}$$

$$K_{b2}=0.64\left(\frac{n_s}{100}\right)^{5/6} \tag{1-52}$$

式中：K_b 为叶轮出口宽度修正系数，与比转速 n_s 有关，可由图 1-2 查得。

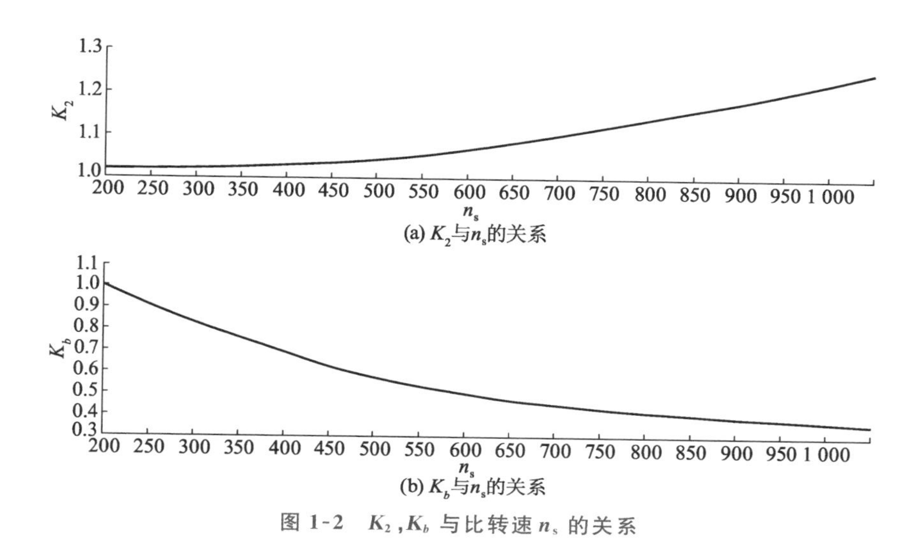

图 1-2　K_2，K_b 与比转速 n_s 的关系

(4) 叶轮叶片数 Z

本书选取叶轮叶片数 $Z=4$。

1.3.3　叶轮轴面投影图的绘制及进出口边位置的确定

根据前面计算得到的基本尺寸 D_j，D_2，b_2，d_h 绘制混流泵叶轮轴面图。

(1) 固定叶片

前后盖板都与轴线倾斜，后盖板与轴线的夹角 $\varepsilon=40°\sim80°$，前盖板与轴线的夹角一般比后盖板与轴线的夹角小。叶片出口边与轴线倾斜角度一般为 $10°\sim45°$。出口宽度 b_2 应是过中间流线并与前后盖板基本垂直的宽度。固定叶片轴面图如图 1-3a 所示。

(2) 可调节叶片

可调节叶片的轮毂和轮缘为球面，可灵活转动。叶片转动轴线与泵轴线的夹角 θ 一般取 $45°\sim60°$，轮毂比 $\bar{d}$ 的范围为 $0.45\sim0.65$。叶片进口外缘直径应与计算的 D_j 基本相符，进出口边大致与内外球面相垂直。叶轮名义直径通常以叶片外缘和叶片转动轴线相交处的直径 D_2 表示。可调节叶片轴面图如图 1-3b 所示。

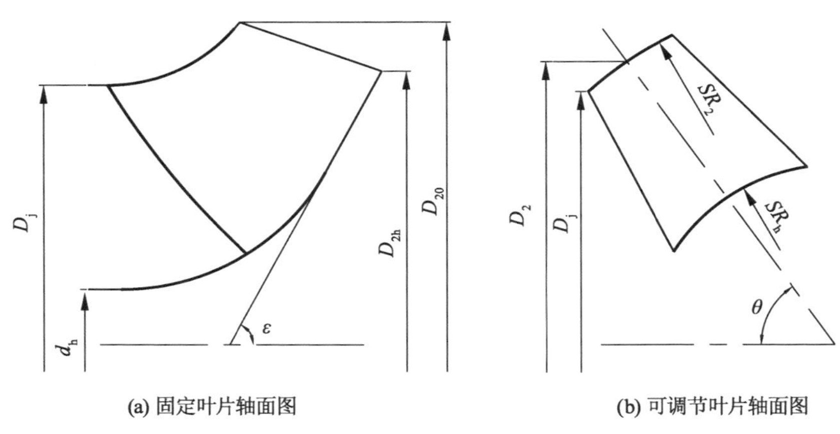

(a) 固定叶片轴面图　　(b) 可调节叶片轴面图

图 1-3　混流泵轴面图

(3) 确定叶片进出口边位置

叶片进出口边位置确定和画轴面投影图同时进行，大致原则为：

① 进口边适当向前延伸；

② 进出口边大致与前后盖板流线相垂直(主要是与前盖板流线相垂直)；

③ 内外两轴面流线长度不要相差太大。

1.3.4　轴面流道过水断面面积的检查

在流道内作内切圆，进出口部位内切圆如果与其中一流线相切，与另一流线不相切，可将此流线向外延伸。内切圆中心的连线是过水断面的中心线长度，用 L 表示，如图 1-4 所示。

过水断面面积按下式计算：

$$F=2\pi R_c b \tag{1-53}$$

式中：R_c 为过水断面形成线 AEB $\left(OE=\frac{1}{3}OD\right)$ 重心点 C $\left(CD=\frac{1}{3}OD\right)$ 的半径；b 为过水断面形成线 AEB 的长度，过水断面形成线应与各流线相垂直。

用软尺测量 AEB 曲线的长度，或按下式计算：

$$b=\frac{2}{3}(s+\rho) \tag{1-54}$$

式中：s 为内切圆的弦长(|AB|)；ρ 为内切圆的半径。

计算各断面面积，作出过水断面沿流道中线 L 的变化曲线，它应是光滑的曲线。

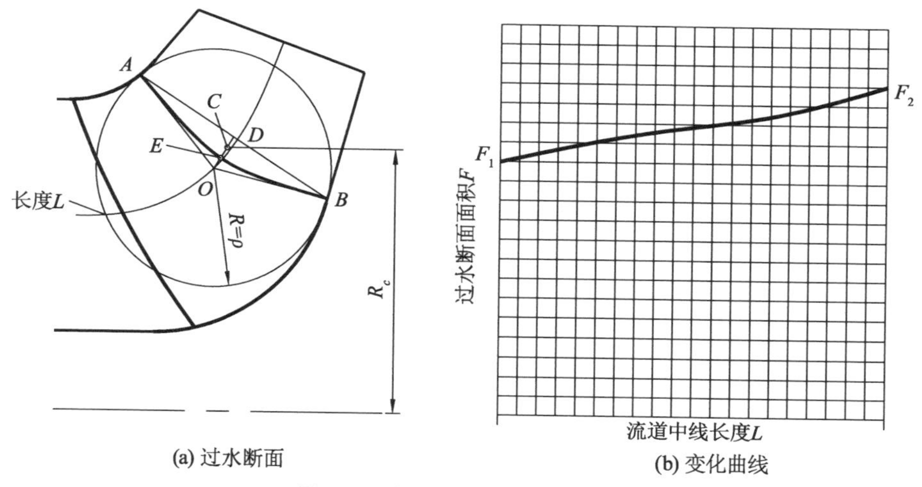

(a) 过水断面　　(b) 变化曲线

图 1-4　过水断面及其变化规律

1.3.5　轴面流线的绘制

轴面流线是流面和轴面的交线，也就是叶片和流面交线的轴面投影，一条轴面流线绕轴线旋转一周形成的回转面是一个流面。把整个叶轮流道分成几个小流道，每个小流道通过的流量相等且从进口到出口不变。按一元理论，速度沿同一个过水断面均匀分布，总的过水断面分成 3～5 个相等的小过水断面。混流泵出口边一般与轴线有夹角，这样可延长一部分流线使出口边与轴线平行。对进口边流线，可适当延长使之与轴线平行，按每个圆环面积相等确定分点，如图 1-5 所示。

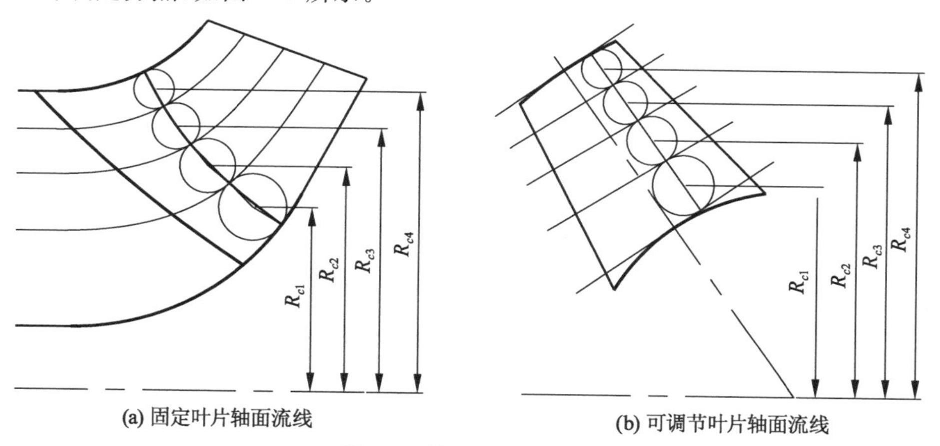

(a) 固定叶片轴面流线　　(b) 可调节叶片轴面流线

图 1-5　轴面流线的绘制

假设分成 n 个小流道，每个小流道的面积为$\frac{R_j^2-R_h^2}{n}$，可以写成

$$\frac{i(R_j^2-R_h^2)}{n}=R_i^2-R_h^2 \tag{1-55}$$

则进口分点的半径为

$$R_i=\sqrt{\frac{i(R_j^2-R_h^2)}{n}+R_h^2} \tag{1-56}$$

如果中间分一条流线，则中线半径为

$$R_{中}=\sqrt{\frac{R_j^2-R_h^2}{2}} \tag{1-57}$$

式中：n 为所分的流道数；i 为从轴线侧算起欲求的流线序号（后盖板流线 $i=0$）。

有了进出口的分点，可画出光滑准确的各条轴面流线。沿整个流道，检查同一大过水断面上两流线间的小过水断面是否相等，修改使之相差 3%以内。同样，小过水断面按小内切圆过公切点依次作出，小过水断面的面积为 $\Delta F_i=2\pi R_{ci}b_i$，沿同一大过水断面应满足 $R_{ci}b_i=\text{const}$。

当所分的流道较多时，可列表计算，将同一过水断面上各小流道的过水断面相加为 $\sum_{i=1}^{n}R_{ci}b_i$，然后除以流道数，得平均值$\overline{R_{ci}b_i}$，再将平均值除以各小流道的半径 R_{ci}，得到各小流道较准确的宽度 b_i，以此修正流线。

1.3.6 叶片厚度的确定

由公式可知，叶片厚度 S 为

$$S=K_{D2}\sqrt{\frac{H}{z}}+1 \tag{1-58}$$

1.3.7 叶片进出口安放角的确定

（1）叶片进口角

① 叶片进口相对液流角 β_1'

叶轮进口采用无预旋设计，按叶片进口边的轴面速度 v_{m1} 及圆周速度 u 计算 β_1'。

$$\tan\beta_1'=\frac{v_{m1}}{u-v_{u1}} \tag{1-59}$$

$$v_m=\frac{Q}{F_1\psi_1\eta_v} \tag{1-60}$$

$$\psi_1=1-\frac{zS_{u1}}{D_1\pi} \tag{1-61}$$

式中：v_{m1}为叶片进口轴面速度；v_{u1}为绝对速度在圆周方向上的分速度，一般$v_{u1}=0$；F_1为叶片进口过流面积；η_v为容积效率；ψ_1为叶片进口排挤系数，一般$\psi_1=0.85\sim0.95$；S_{u1}为叶片进口圆周方向厚度。

② 叶片进口角

$$\beta_1=\beta_1'+\Delta\beta \tag{1-62}$$

式中：$\Delta\beta$为冲角，一般$\Delta\beta=0°\sim8°$。

混流泵进口边一般与过水断面形成线一致，或相差不大，因而在进口边上各流线的轴面速度基本相等。

(2) 叶片出口角β_2

① 确定中间流线的出口角

有两种方法：

a. 选择叶片出口角，一般$\beta_2=18°\sim25°$；

b. 按基本方程式计算叶片出口角

$$u_2=\frac{v_{m2}}{2\tan\beta_2}+\sqrt{\left(\frac{v_{m2}}{2\tan\beta_2}\right)^2+g(1+P)H_t+u_1v_{u1}} \tag{1-63}$$

式中：P为普弗莱德尔(Pfleiderer)有限叶片修正系数($P=0.3\sim0.4$)。

或者

$$u_2=\frac{v_{m2}}{2\sigma\tan\beta_2}+\sqrt{\left(\frac{v_{m2}}{2\sigma\tan\beta_2}\right)^2+\frac{1}{\sigma}(gH_t+u_1v_{u1})} \tag{1-64}$$

式中：σ为斯托道拉(Stodola)滑移系数(近似等于0.75)。

由此

$$\tan\beta_2=\frac{u_2v_{m2}}{u_2^2-g(1+P)H_t-u_1v_{u1}}\quad 或\quad \tan\beta_2=\frac{u_2v_{m2}}{\sigma u_2^2-gH_t-u_1v_{u1}} \tag{1-65}$$

当$v_{u1}=0$时，

$$\tan\beta_2=\frac{v_{m2}}{u_2-(1+P)v_{u2}}\quad 或\quad \tan\beta_2=\frac{v_{m2}}{\sigma u_2-v_{u2}} \tag{1-66}$$

设计混流泵时，一般采用第一种方法选择叶片出口角。

② 其他流线叶片出口角的确定

当中间流线叶片出口角通过选择或计算确定后，其他流线叶片出口角按公式$D\tan\beta=\text{const}$来确定。

$$D_{2a}\tan\beta_{2a}=D_{2b}\tan\beta_{2b}=D_{2c}\tan\beta_{2c}=P \tag{1-67}$$

$$\tan\beta_{2a}=\frac{P}{u_{2a}},\ \tan\beta_{2b}=\frac{P}{u_{2b}},\ \tan\beta_{2c}=\frac{P}{u_{2c}} \tag{1-68}$$

图1-6中三角形JDE和JOA，JDF和JOB，JDG和JOC分别是相似三角形，则

$$\frac{v_{u2a}}{u_{2a}}=\frac{v_{u2b}}{u_{2b}}=\frac{v_{u2c}}{u_{2c}}=\text{const} \tag{1-69}$$

$$\frac{v_{u2a}}{R_{2a}}=\frac{v_{u2b}}{R_{2b}}=\frac{v_{u2c}}{R_{2c}}=\text{const} \tag{1-70}$$

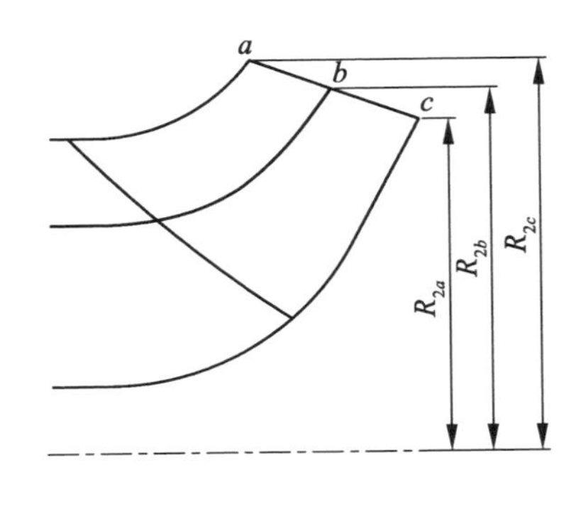

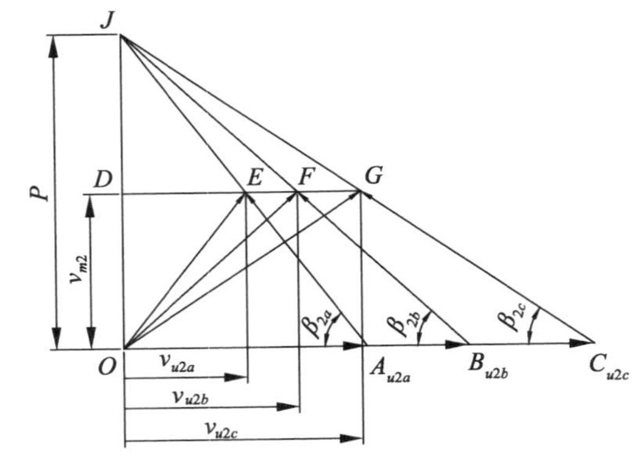

图 1-6　叶片出口三角形

在设计混流泵叶片时，给定轴面速度沿出口过流断面是均匀的，按 $D\tan\beta=\text{const}$ 确定其他流线出口角也并不等于按强制旋涡理论设计，它只是一种确定叶片出口角的方法。实践表明，按这种方法确定的叶片表面光滑，性能较好。

表 1-4 是部分混流泵模型的主要几何参数，供参考。

表 1-4　混流泵模型的主要几何参数

模型	Q/(m³/s)	H/m	n/(r/min)	η/%	C	n_s	R_h/mm	R_y/mm	D_2/mm	θ/(°)	D_j/mm	z	$\bar{d}$
HBM-350	0.390	16.1	1 450	86.3	1 140	350	131	228.5	323	45	290	7	0.57
HBD-11.5	0.440	12.5	1 450	85	1 060	528	104	193	334	60	292	4	0.54
350HD-60	0.450	10.5	1 450	85.5	1 128	609	103	194	318	55	290	4	0.53
JHM-350	0.345	17.27	1 450	84.13	1 106	367	145	226	320	45	271	4	0.64
JHM-400	0.412	15.52	1 450	88.35	1 010	434	145	226	320	45	271	4	0.64
JHM-450	0.399	13.94	1 450	88.68	1 000	464	135	226.3	320	45	267	4	0.59
JHM-500	0.426	12.6	1 450	87.82	1 000	514	105	195	320	55	272	4	0.54
JHM-600	0.431	8.83	1 450	86.83	1 124	621	105	195	320	55	276	4	0.54
JHM-800	0.384	6.53	1 450	85.48	1 104	803	95	183	300	55	272	4	0.52

1.4 方格网保角变换法叶片绘型

1.4.1 沿各轴面流线分点

取轴面夹角 $\Delta\theta=3°\sim5°$，$\Delta u=\frac{2\pi R}{360°}\Delta\theta$。为保证流面上网格是方格网，轴面流线长度 Δs 应等于 Δu，如图 1-7 所示。

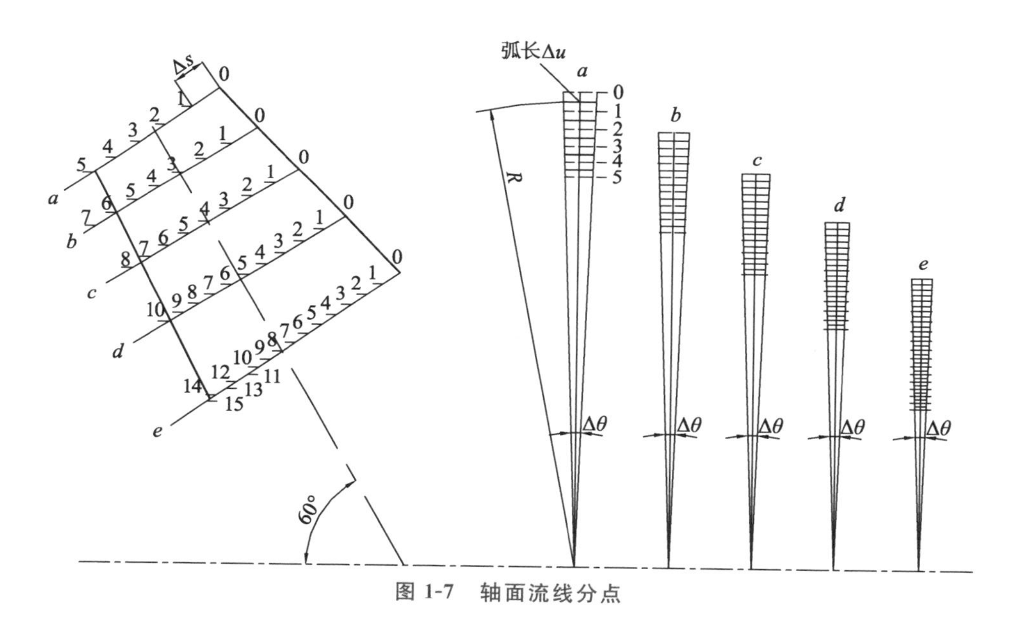

图 1-7 轴面流线分点

1.4.2 画展开流面(方格网)并绘制流线

流线进出口在方格网上的位置应与轴面投影流线的分点对应，包角可以适当调整，型线光滑平顺、直线或单向弯曲，有一定对称性。将型线转化到轴面图上，进出口部分轴面截线应大致与轴面流线相垂直，如图 1-8 所示。

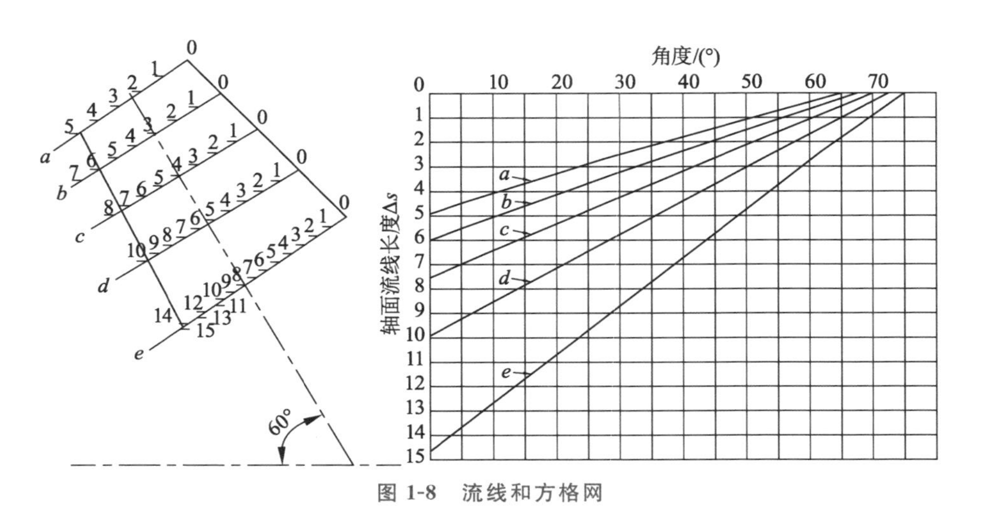

图 1-8　流线和方格网

1.4.3　画轴面截线

轴面截线要求光滑、平顺，从进口边到出口边有规律地变化。轴面流线和轴面截线的夹角 λ 约为 90°，使得叶片和盖板的真实夹角 γ 近似于 90°，符合壁面之间的大壁角原则。叶片角度 β 和 λ，γ 满足 $\cot\gamma=\cot\lambda\cos\beta$，如图 1-9 所示。

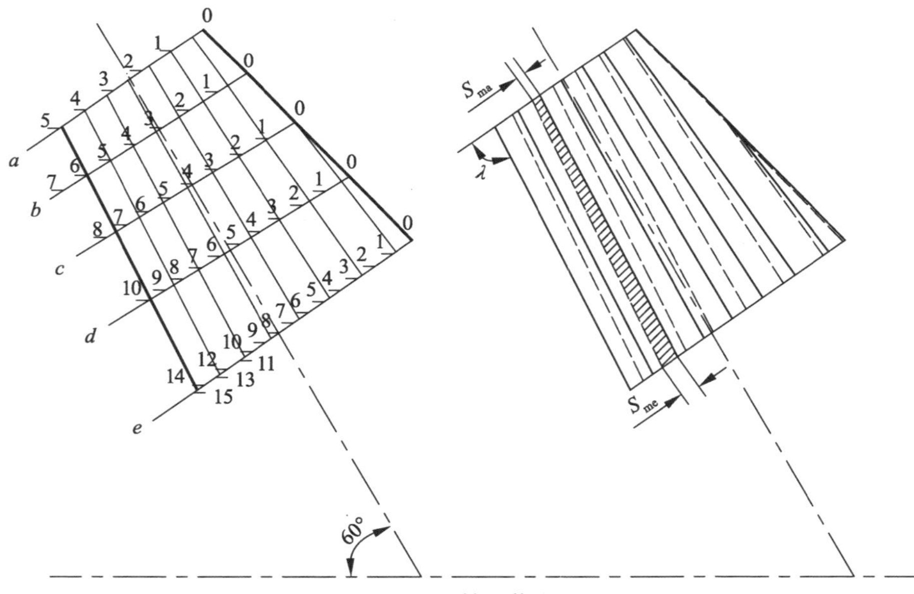

图 1-9　轴面截线

1.4.4 叶片加厚

在轴面截线上加厚，通常以保角变换得到的轴面截线为骨线向两边加厚，或者以从展开图得到的轴面截线为工作面(凸面)向背面加厚。

轴面厚度 S_m 可按如下公式计算：

$$S_m=\frac{s}{\cos\beta}=\delta\sqrt{1+\tan^2\beta+\cot^2\lambda} \tag{1-71}$$

式中：s 为流面厚度；δ 为真实厚度；β 为叶片角；λ 为轴面流线和轴面截线的夹角。

大型混流泵叶片应按翼型厚度变化规律加厚，厚度从外缘到轮毂线性增加。

1.4.5 画叶片剪裁图

用一组等距(或不等距)的轴垂面去截叶片，每一个截面和叶片有两条交线(工作面和背面)，把各截面与叶片工作面和背面的交线分别画在平面图中，即为木模截线，如图 1-9 所示。其具体作图如下：

① 画一组轴垂面，并编号。

② 在平面图中，画出相应轴面投影图中轴面截线角度的轴面(一组射线)，并相应编号 0，Ⅰ，Ⅱ，Ⅲ，Ⅳ，…，或者按真实角度编号，如 10°，20°，30°，40°，…。

③ 根据叶片向凸面方向旋转，去掉后盖板(从后面看)可看见叶片工作面(凸面)，从前面看(去掉前盖板)可看见叶片背面(凹面)，它决定工作面和背面在平面投影图中的位置。如在平面图右侧画出后盖板与叶片的交面(后盖板进口半径小)，是工作面的木模截线；如在平面图左侧画出前盖板与叶片的交面(前盖板半径大)，是背面的木模截线。该叶片从后面看为顺时针旋转，从前面看为逆时针旋转。

④ 作叶片平面投影轮廓线，把轴面投影图中各工作面轴面截线和前盖板流线的交点，以等半径画到对应的平面投影图射线上，所得到各点的连线是工作面与前盖板的交线。按同样的方法作出后盖板与工作面、前盖板与背面、后盖板与背面的交线。

⑤ 画工作面、背面的木模截线，把木模截面(轴垂面)与工作面轴面截线(背面轴面截线)的交点，按等半径画到对应的平面投影图射线上，各点的连线即为工作面和背面的木模截线，依次作每个木模截面的工作面和背面的木模截线。轴面图中木模截面与前后盖板流线交点的半径应与平面图木模截

线的始(终)点半径相等。

⑥ 木模截线是制作叶片的依据,为了避免描图引起型线变形,需对每个截线与轴面交点给出坐标,如表 1-5 所示。

表 1-5　木模截线径向坐标(工作面或背面)

木模截面	轴面							
	0	Ⅰ	Ⅱ	Ⅲ	Ⅳ	Ⅴ	Ⅵ	…
前盖板流线								
0								
1								
2								
⋮								
后盖板流线								

1.4.6　转动中心线的确定

在轴面图中转动中心线与轴线的夹角 θ 一般为 45°～60°,高比转速取大值;转动中心线与外缘流线交点离流线进口为全长的 40%～50%;转动中心线一般通过外缘翼型工作面(凸面)。

1.4.7　混流泵叶片三维图

混流泵叶片三维图如图 1-10 所示。

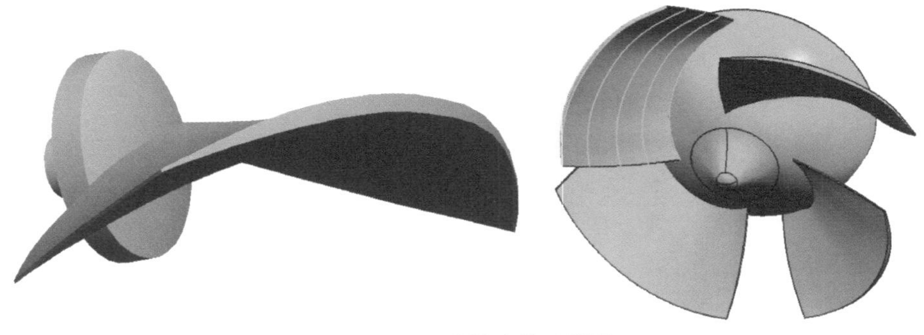

图 1-10　混流泵叶片三维图

1.4.8 设计图例

设计图例如图 1-11 所示。

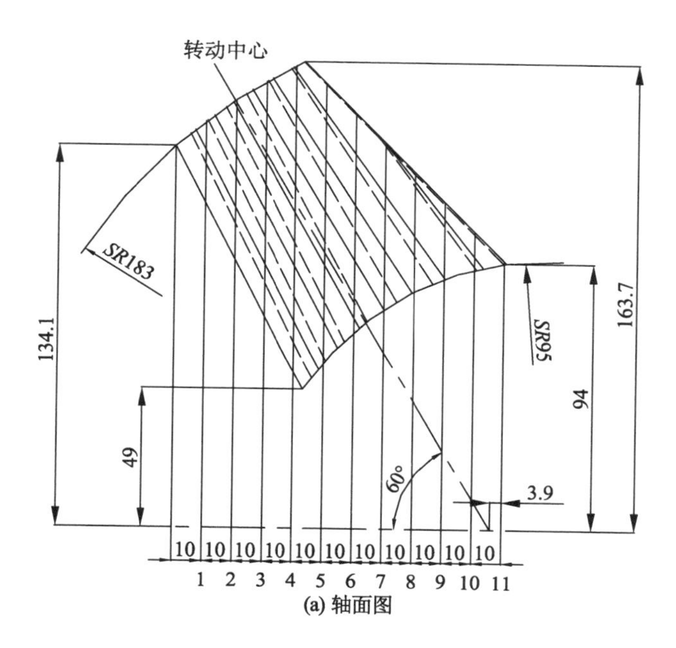

(a) 轴面图

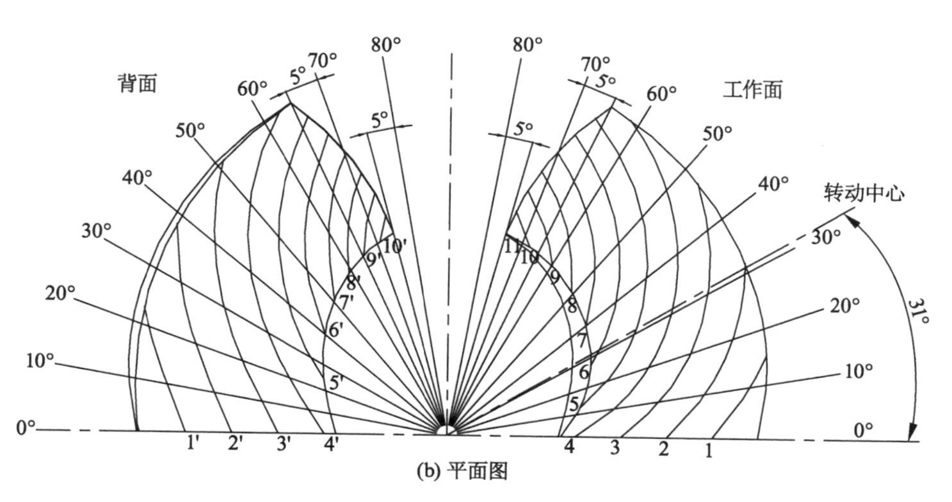

(b) 平面图

工作面	0°	10°	20°	30°	40°	50°	60°	70°	出口边
轮缘断面	134.1	139.8	145	149.5	153.8	157.9	161.8		163.7 / 65°
1	114.4	132.7	—	—					
2	94.7	112.8	130.8	147.7	—				
3	74.9	93.0	111.6	129.4	145.8	—	—		
4	55.2	73.2	92.4	111.1	128.8	145.4	160.3	—	—
5	—	—	73.2	92.9	111.7	129.6	146.1	—	156.3 / 66.5°
6			—	74.6	94.6	113.9	131.8	—	146.0 / 68.4°
7				—	—	98.1	117.5	135.5	135.8 / 70.2°
8						—	103.2	122.4	125.5 / 71.8°
9							88.9	109.3	115.3 / 73.1°
10							—	96.3	105.1 / 74.2°
11								—	94.8 / 75°
轮毂断面	49	56.7	64.3	71.4	77.7	83.5	88.6	92.5	94.0 / 75°

(c) 叶片工作面数据

背面	0°	10°	20°	30°	40°	50°	60°	70°	出口边
轮缘断面	133.7	137.0	141.3	146.1	151.0	156.0	160.9		163.5 / 65°
1	113.0	123.0	137.6	—					
2	93.0	102.2	116.0	133.5	—	—			
3	73.0	81.5	94.5	111.9	132.2	154.0	—		
4	53.0	60.7	72.9	90.2	111.9	134.5	156.4	—	—
5	—	—	—	68.6	90.2	114.9	139.9	—	155.3 / 66.6°
6				—	—	95.4	121.6	—	144.7 / 68.6°
7						—	104.3	133.3	134.1 / 70.3°
8						—	86.9	118.4	123.5 / 71.9°
9							—	103.6	112.9 / 73.3°
10								—	102.3 / 74.4°
11									
轮毂断面	47.9	51.3	56.0	62.4	69.5	77.3	84.6	91.3	93.6 / 75°

(d) 叶片背面数据

图 1-11　设计图例

1.5　扭曲三角形法叶片绘型

1.5.1　设计步骤

① 作轴面投影图，检查过流断面的面积变化；分流线，初定叶片进口边。

② 轴面投影图上从各流线出口开始分点，得 0，1，2，…，为了方便作图，所分线段的曲线展开长度取为相等（图 1-12），各流线可共用一个展开图。

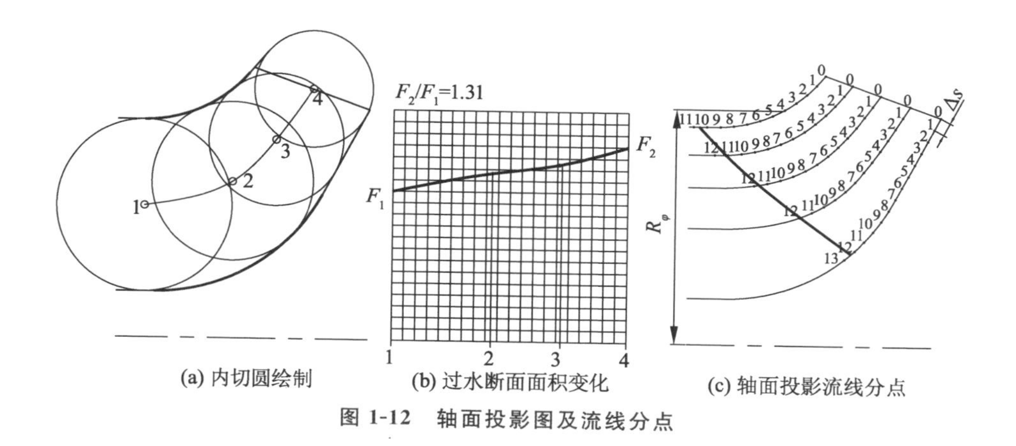

图 1-12 轴面投影图及流线分点

③ 作平面展开图,画间距等于轴面流线分点间曲线展开长度的平行线,并编号 0,1,2,…,如图 1-13 所示。

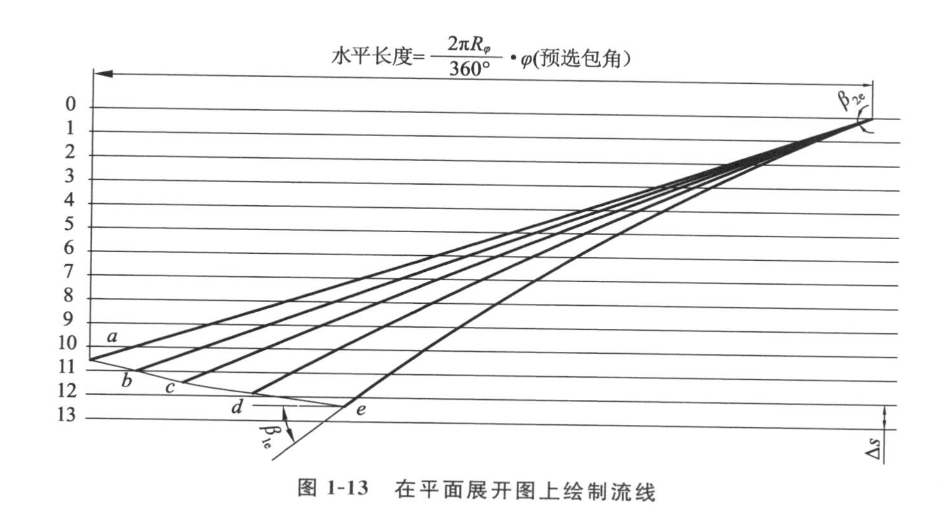

图 1-13 在平面展开图上绘制流线

④ 在展开图上绘流线(图 1-13)。所画流线进出口点应与轴面流线位置相对应,进出口角度和预先确定的值相一致,包角(水平方向的长度)可以自由取值。为了减少修改的工作量,可事先大致估算一下包角。其方法是,以轴面流线离进口大约为全长的 40%处的半径 R_φ 作圆,使对应一定中心角(设定的包角)的圆周长度等于展开流线的水平长度,则中心角大致等于流线平面图的包角。各条流线可画在同一个展开图上,也可以每条流线画一张图,

出口边都从 0 开始。

⑤ 作流线的平面投影图，根据展开图，各小三角形水平长度 Δu 与平面图对应的 Δu 相等（Δu 不变），轴面流线分点半径与平面图对应点半径相等（R 相等），逐点作图，获得各流线的平面投影。型线不理想时应进行修改，直到满意为止。从出口向进口作平面图比较方便（图 1-14）。

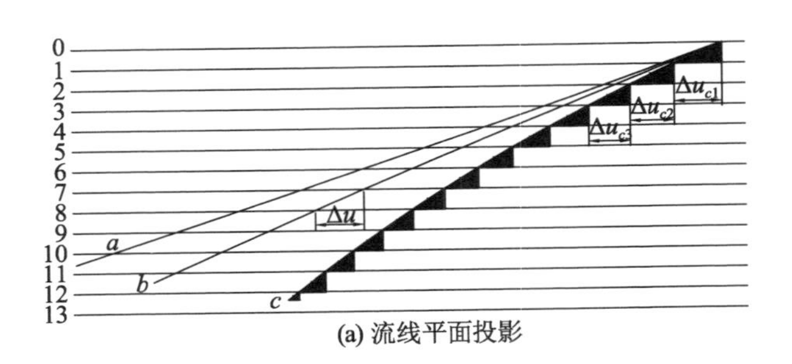

(a) 流线平面投影

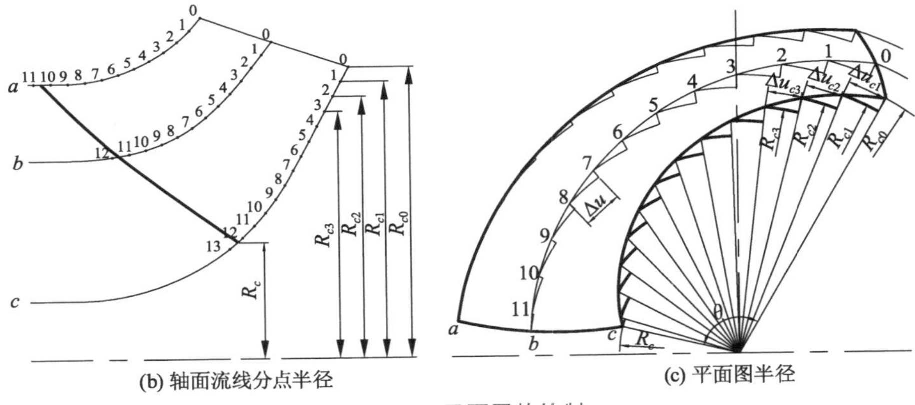

(b) 轴面流线分点半径

(c) 平面图半径

图 1-14　平面图的绘制

⑥ 作轴面截线。在平面图上作一定夹角的射线（相当于轴面），并编号 0，Ⅰ，Ⅱ，Ⅲ，Ⅳ，…，或者按真实角度编号如 10°，20°，30°，40°，…。把各射线和平面流线的交点按相同的半径移到相应的轴面流线上，光滑连接同一射线与不同轴面流线的交点，得到轴面截线（图 1-15）。

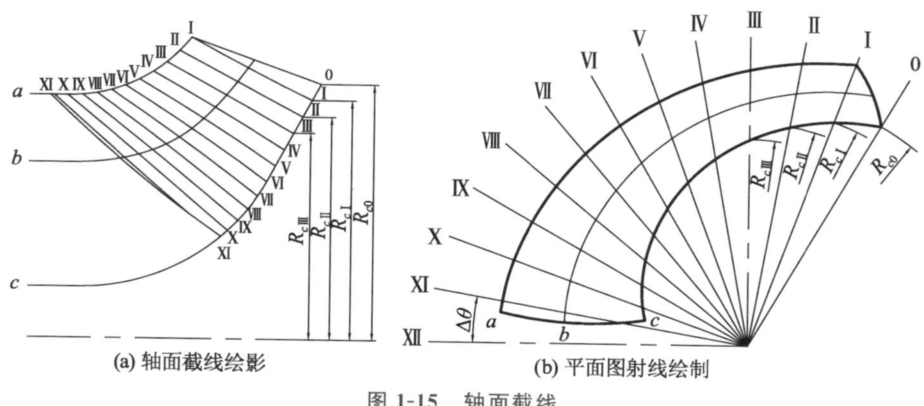

(a) 轴面截线绘影

(b) 平面图射线绘制

图 1-15　轴面截线

⑦ 叶片加厚。扭曲三角形法绘图是建立在局部全等的基础上，展开的流线不但与空间的流线相似，而且近似相等。因此可以在展开流线上直接按给定的流面厚度变化规律进行加厚。垂直流线方向的厚度为流面厚度 S，水平方向的长度为圆周方向的厚度 S_u，竖直方向的长度为轴面的厚度（沿轴面流线方向的厚度）S_m。由此，可有两种加厚方法：其一，把 S_m 按相应点移到轴面流线上，连接所得点即是背面轴面截线；其二，把 S_u 沿平面图圆周方向移到相应点上，连接所得点即是背面流线的平面投影，然后按相同半径移到轴面截线上，得到背面轴面截线。这样加厚应对各条流线分别进行，为方便，可对前后盖板两条流线加厚，然后按变化趋势光滑连接背面轴面截线（图 1-16）。

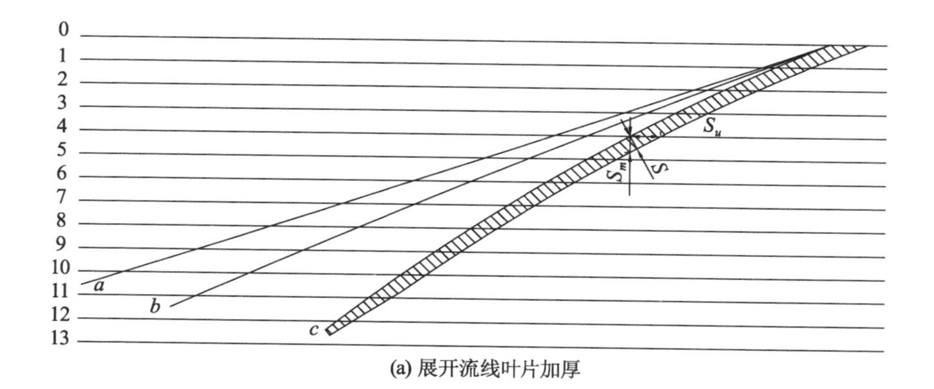

(a) 展开流线叶片加厚

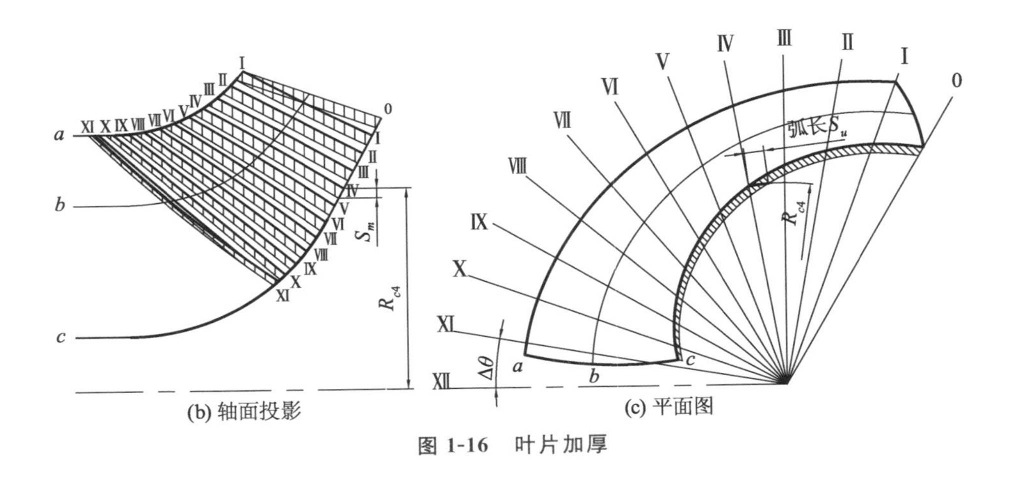

(b) 轴面投影　　(c) 平面图

图 1-16　叶片加厚

1.5.2　设计图例

设计图例如图 1-17 所示。

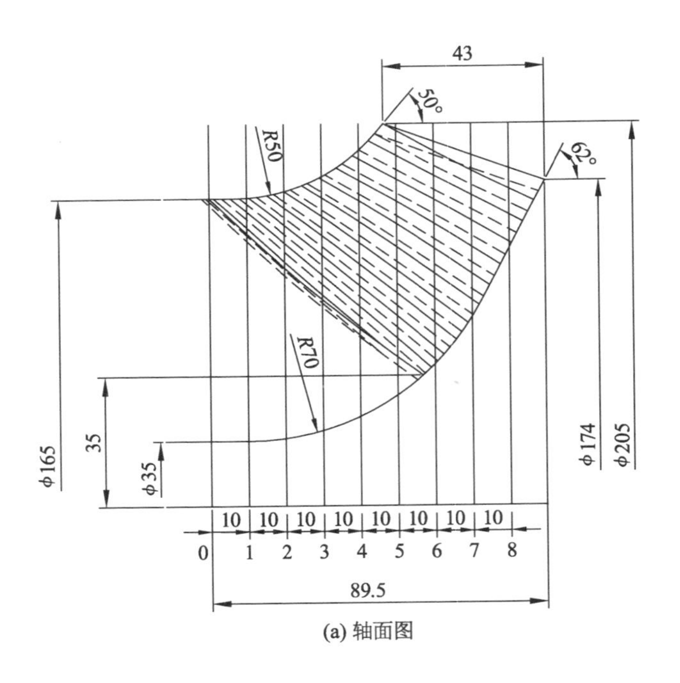

(a) 轴面图

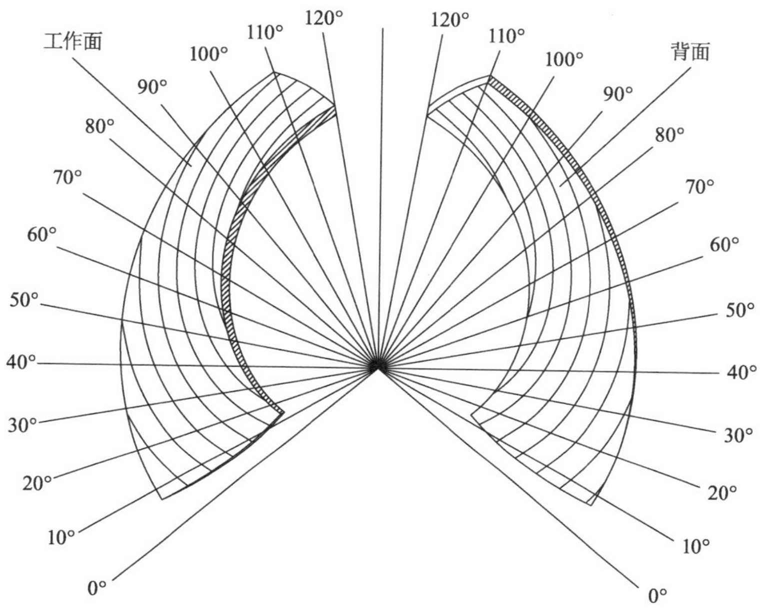

(b) 平面图

工作面	进口边	10°	20°	30°	40°	50°	60°	70°	80°	90°	100°	110°	出口边
前流线	82.5/7.4°	82.5	82.5	82.7	83.3	84.4	86.0	88.1	90.7	94.0	98.0	102.5	102.5/110°
1	72.9/6.8°	74.5	78.9	—	—								
2	63.9/6.7°	65.5	70.5	75.3	79.9	—	—						
3	55.4/7.3°	56.7	62.0	67.3	72.4	77.5	82.6	—	—	—			
4	47.4/8.6°	48.0	53.5	59.1	64.8	70.5	76.1	81.7	87.3	93.1	—	—	—
5	39.8/11.1°		44.9	50.9	57.0	63.2	69.3	75.4	81.5	87.6	93.9	100.6	101.3/111°
6	—	—	—	42.5	49.0	55.7	62.3	68.9	75.4	82.0	88.5	95.1	97.7/113.6°
7				—	—	—	55.1	62.2	69.3	76.3	83.1	89.8	94.0/116°
8							—	—	—	70.5	77.7	84.7	90.4/118.1°
后流线	35.0/13.8°		37.0	40.5	44.4	48.9	53.8	59.0	64.5	70.1	75.8	81.5	87.0/120°

(c) 叶片工作面数据

背面	进口边	10°	20°	30°	40°	50°	60°	70°	80°	90°	100°	110°	出口边
前流线	82.5/7.4°	82.5	82.5	82.5	82.9	83.7	84.9	86.6	88.9	91.9	95.5	99.8	99.8/110°
1	70.9/6.5°	72.4	76.8	81.0	—	—							
2	61.8/6.4°	63.4	68.2	72.8	77.3	81.6	—	—					
3	53.3/6.9	54.5	59.5	64.6	69.5	77.5	79.3	84.2	—	—			
4	45.2/8.4°	45.7	50.8	56.2	61.7	67.1	72.5	77.9	83.6	89.4	—	—	—
5	37.5/11.3°		42.0	47.8	53.7	59.6	65.5	71.4	77.5	83.7	90.0	96.6	97.7/111.3°
6	—	—	—	39.2	45.6	52.0	58.4	64.8	71.4	78.0	84.6	91.2	94.1/113.9°
7				—	—	—	51.1	58.0	65.2	72.2	79.1	85.9	90.4/116.2°
8							—	—	—	—	73.7	80.8	86.6/118.4°
后流线	33.7/13.8°		35.5	38.7	42.3	46.4	50.9	55.9	61.4	67.0	72.7	78.4	83.9/120°

(d) 叶片背面数据

图 1-17　设计图例

1.6　锥面展开法叶片绘型

该方法适合高比转速混流泵绘型，其步骤如下：

① 画轴面投影图、分流线，为简化说明，按三条流线设计。

② 选择圆锥母线代替轴面流线。如果轴面流线是斜线，将其延长与轴线相交（交角为 γ），其斜线即为圆锥母线。如果轴面流线是曲线，用与出口相交且使中部和进口挠度为最小的斜线作为圆锥母线（图 1-18）。

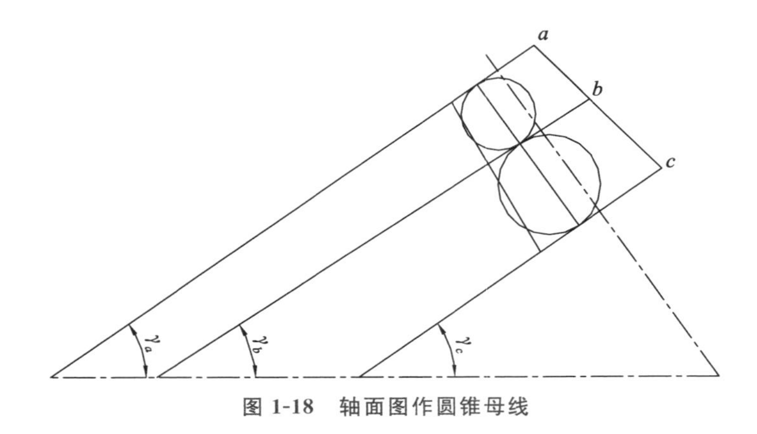

图 1-18　轴面图作圆锥母线

③ 以圆锥母线进出口半径画圆锥面展开图（图 1-19），在锥面展开图的圆弧上截取一弧段长度 $\Delta L=\frac{2\pi R_a}{360^\circ}\Delta\theta$，其中 $\Delta\theta$ 可以任意选取，R_a 是轴面图外流线点 a 的半径。过截点画射线，并编号 0，Ⅰ，Ⅱ，Ⅲ，Ⅳ，…。

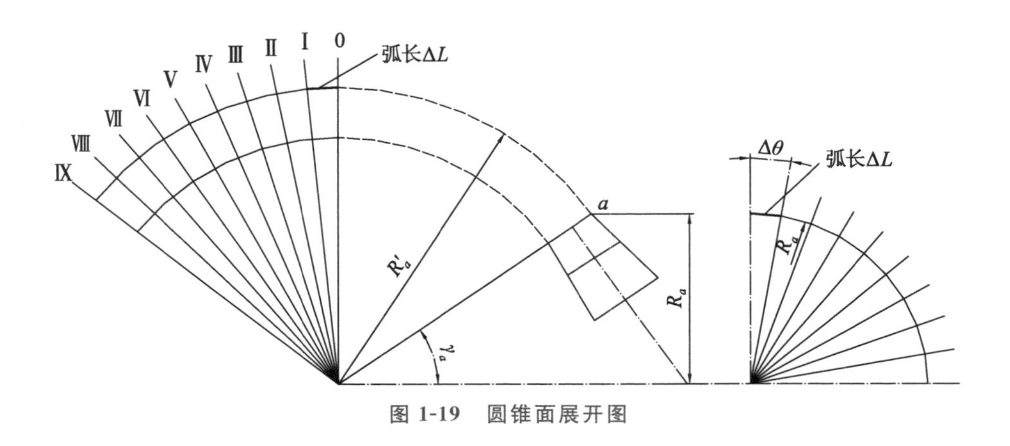

图 1-19　圆锥面展开图

④ 在展开锥面上画流线（图 1-20），进出口角与计算值相符合；包角自行选择，每弧段长度 ΔL 对应的平面角等于 $\Delta\theta$；型线应平滑有序变化。

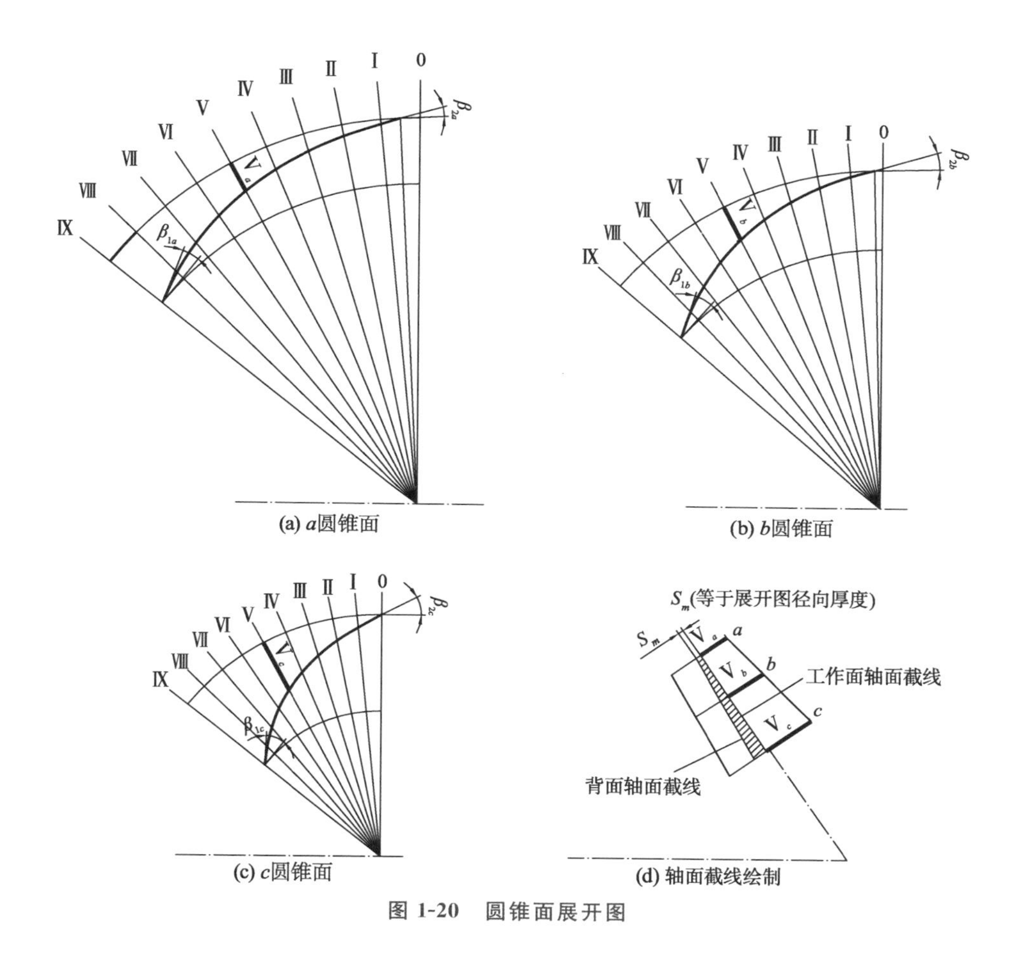

(a) *a*圆锥面
(b) *b*圆锥面
(c) *c*圆锥面
(d) 轴面截线绘制

图 1-20　圆锥面展开图

⑤ 作工作面轴面截线(图 1-20),在展开图中相同轴面(如Ⅴ),将外周到型线工作面的径向长度 V_a,V_b,V_c 转换到相应的轴面流线上,所得点的连线即为轴面截线Ⅴ,其他轴面可类似作出。轴面截线应为光滑曲线或直线,轴面截线不理想时,可改变展开图上流线的圆周位置(是否同一轴面)或包角等加以调节。

⑥ 流线加厚(图 1-21)。选择厚度变化规律,以展开图上的流线为工作面向背面加厚(流面厚度为 S),按画工作面轴面截线的方法作出背面的轴面截线。

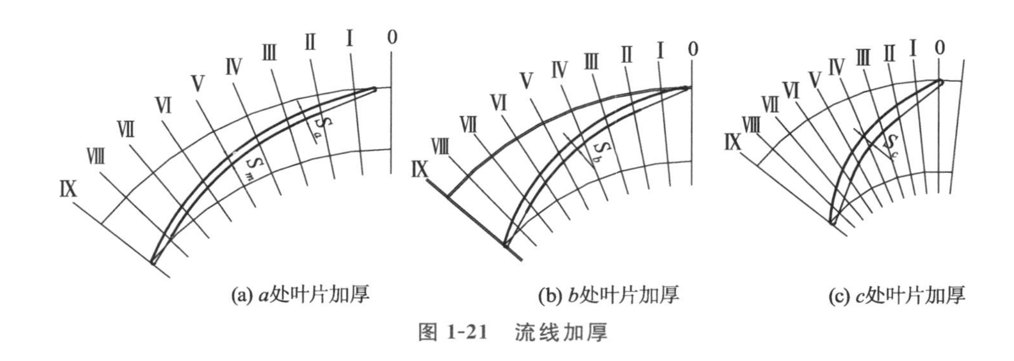

(a) a处叶片加厚 (b) b处叶片加厚 (c) c处叶片加厚

图 1-21 流线加厚

⑦ 作叶片剪裁图，与方格网保角变换方法相同。

1.7 空间导叶水力设计

1.7.1 设计基本原则

空间导叶又叫轴向导流器、扭曲导叶或导流壳，位于叶轮之后，其主要特点是轴向长、径向短。空间导叶的主要作用是把从叶轮出口流出的液体收集起来输送到下级叶轮进口或出口管路，并将速度能转换为压能。

设计基本原则是：叶片间流道断面的四周尽量小，最好是圆形或方形；流道形状变化平滑；各部位的角度应符合流动规律；各种速度变化应均匀；控制喉部速度为一定的值；控制流道的扩散角为一定的值。

1.7.2 设计程序

(1) 确定轴面投影

在导叶设计过程中，轴面投影图的形状十分重要，主要以流动通顺为准。

① 导叶内流线最大直径为 $D_3=D_2+(2\sim5)$ mm。

② 导叶外流线最大直径为 $D_4=D_3+(0.7\sim1.2)D_2$。

③ 导叶轴向长度为 $L=(0.5\sim0.7)D_2$。

④ 导叶叶片数一般不要与叶轮叶片数互成倍数关系。

⑤ 导叶片包角为 $\varphi=60°\sim95°$。

⑥ 导叶进口边离出口边距离一般为$(0.4\sim0.5)b_2$(按流道中间计算)。

(2) 检查轴面液流过水断面的变化情况(与叶轮设计相同)

通常，导叶最大面积/叶轮出口面积为 0.8～1.2。

（3）分流线

小型泵不分中间流线，用两条流线设计；中型泵只分一条中间流线，按三条流线设计；大型泵用五条流线设计。分流线法与叶轮设计方法相同。

（4）初定进、出口边

混流泵导叶进口边离叶片出口边稍远些，导叶出口边外流线向出口方向倾斜，可减小压力脉动，但并不影响泵的性能。进、出口边布置一般如图 1-22 所示。

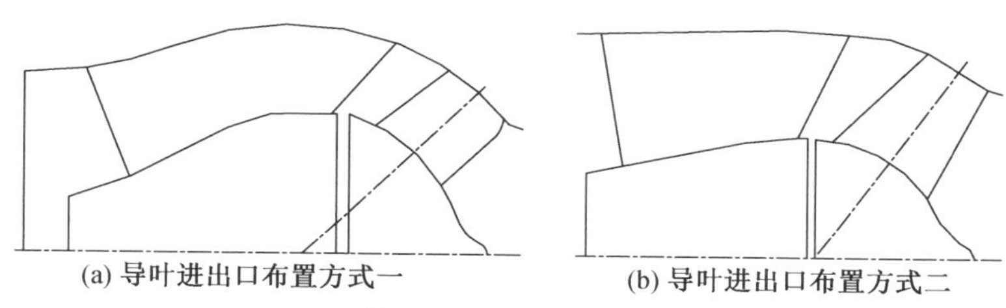

图 1-22　导叶轴面图

（5）确定导叶进、出口安放角

① 导叶进口安放角 α_3

a. 进口液流角 α_3'

$$\tan\alpha_3' = \frac{v_{m3}}{v_{u3}} \tag{1-72}$$

式中：v_{m3} 为导叶进口计算点轴面速度；v_{u3} 为导叶计算点圆周速度。

$$v_{m3} = \frac{Q}{F_3\psi_3} \tag{1-73}$$

式中：F_3 为过导叶进口边计算点的轴面液流过水断面面积，$F_3 = 2\pi R_c b$；ψ_3 为叶片进口排挤系数。

$$\psi_3 = \frac{t_3 - S_{u3}}{t_3} = 1 - \frac{zS_{u3}}{\pi D_3} \tag{1-74}$$

式中：S_{u3} 为导叶进口圆周方向厚度。

$$S_{u3} = \frac{S_3}{\sin\alpha_3} \tag{1-75}$$

式中：S_3 为导叶进口计算点流面的厚度，也可近似认为等于真实厚度；α_3 为导叶进口角。

b. 导叶进口角

$$\alpha_3 = \alpha_3' + \Delta\alpha \tag{1-76}$$

式中：$\Delta\alpha$ 为冲角，一般 $\Delta\alpha = 0° \sim 8°$。

开始计算时，叶片进口角 α_3 是未知的，为此可先假定 ψ_3 计算 α_3，最后确定的 ψ_3 和 α_3 应与假定的值相等。同时，在具体设计中，可先确定一条流线（中间流线）的叶片进口角，其他流线的进口角按公式 $D\tan\alpha_3=\text{const}$ 求得。

② 导叶出口安放角 α_4

考虑有限叶片数的影响，α_4 应大于 90°，以保证液流角法向出口。目前一般取 $\alpha_4=90°$，如果要求下降的特性曲线，α_4 可取 80°～90°之间的值。

1.7.3 叶片绘型

导叶绘型通常采用扭曲三角形法，图 1-23 所示为流面上的一条流线 a_1a_2 及其流线展开图和流线平面投影图。平面投影是根据圆周方向的线段 Δu 在平面图和展开图上相等，轴面图和平面图相应半径相等作出的。

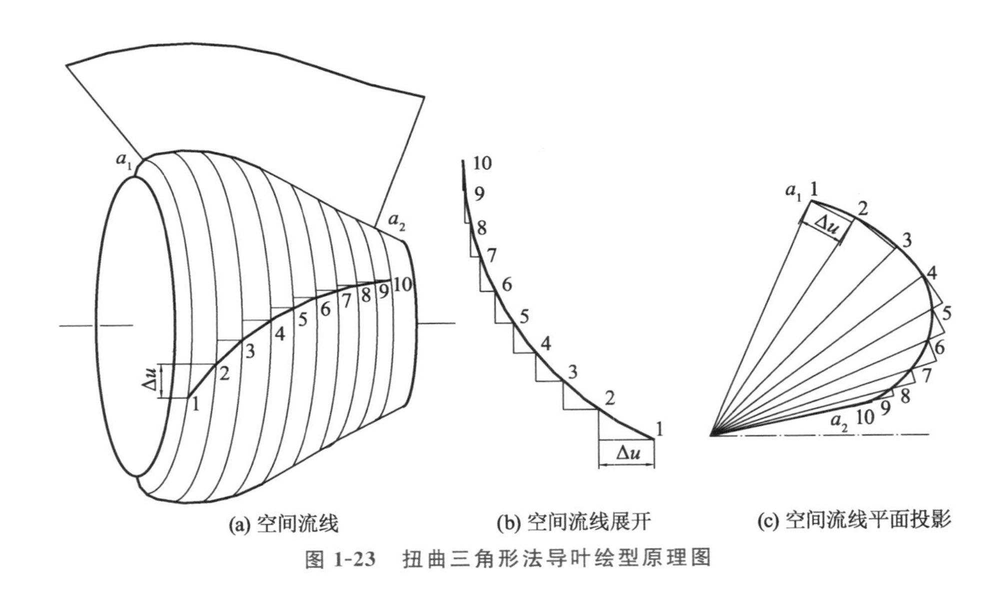

图 1-23 扭曲三角形法导叶绘型原理图

具体绘型步骤如下：

① 在轴面投影图上作垂直轴线的木模截面，截面间一般取等距离，弯曲严重的部位，间距可取小一些，从进口开始编号，如图 1-24 中的 0，1，2，3，…。导叶轴面投影形状与叶轮不同，是轴向延伸，木模截面和轴面流线分点结合在一起，木模截面所截轴面流线兼为分点。

② 作流线展开图。展开图各平行线间的垂直距离应等于木模截面所截轴面流线间的曲线长度，对每条流线作出对应的平行线，并相应编号为 0，1，2，3，…。

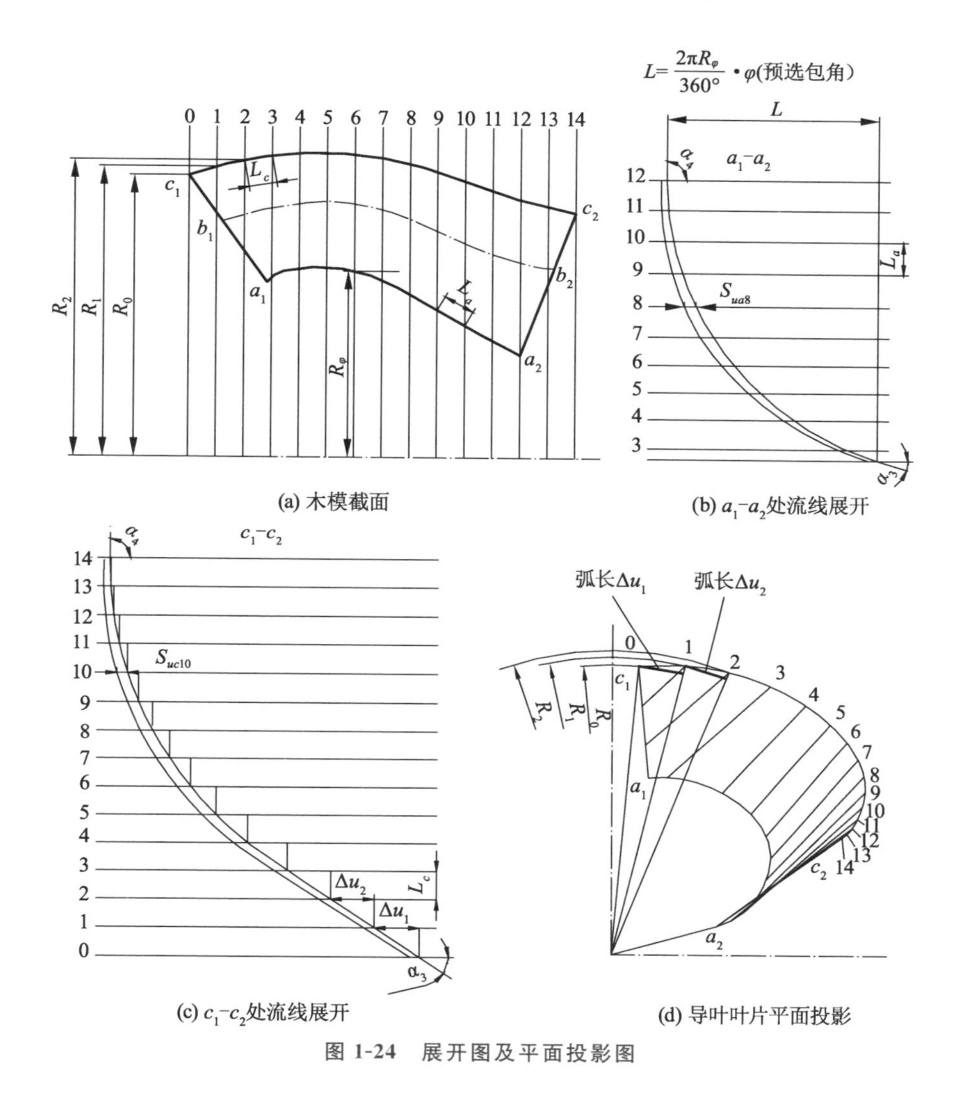

图 1-24　展开图及平面投影图

③ 在展开图上画流线。方法一是计算型线半径，在展开图上画圆弧，高比转速混流泵的叶片进口角度大，通常采用这种方法；方法二是在保证 α_3 和 α_4 的条件下，作任意光滑曲线。各流线的包角按下述方法估算：使展开流线水平方向长度 L 等于轴面图中离轴面流线进口约为全长 1/3 处的半径 R_φ 所画圆周对应中心角（等于预选包角）的弧长。据此，可画出每条流线的工作面的型线。

④ 作平面投影图。作工作面的轴面投影图，进口边的三点 a_1，b_1，c_1（图 1-24）主要根据“轴面截线应与轴面流线相交的夹角 λ 约为 90°”，并考虑后面轴面截线变化均匀的条件而确定。导叶和壁面的真实夹角 γ 满足 $\cot\gamma=$

$\cot\lambda\cos\alpha$。初步确定三条流线平面图的起点位置后,根据轴面图相应分点的半径等于平面图相应点的半径,以及展开图相应小段水平长度 Δu 与平面图中的 Δu 对应相等的原则,作工作面平面投影。

⑤ 选择厚度变化规律进行叶片加厚。通常用流面厚度 S 在展开图上加厚,流面厚度和真实厚度的关系为 $S=\delta\sqrt{1+\cot^2\lambda\cos^2\alpha}$。式中的 λ 和 α 分别在轴面图、展开图上量得。再把展开图各点的圆周厚度(水平线段 S_u)移到平面图相应点上,如在过 10 点圆弧上量取长度 S_{uc10}。由此,在平面图上左面得到 0′,1′,2′,3′,…,即叶片背面(凸面)和外壁的交线,如图 1-25 所示。

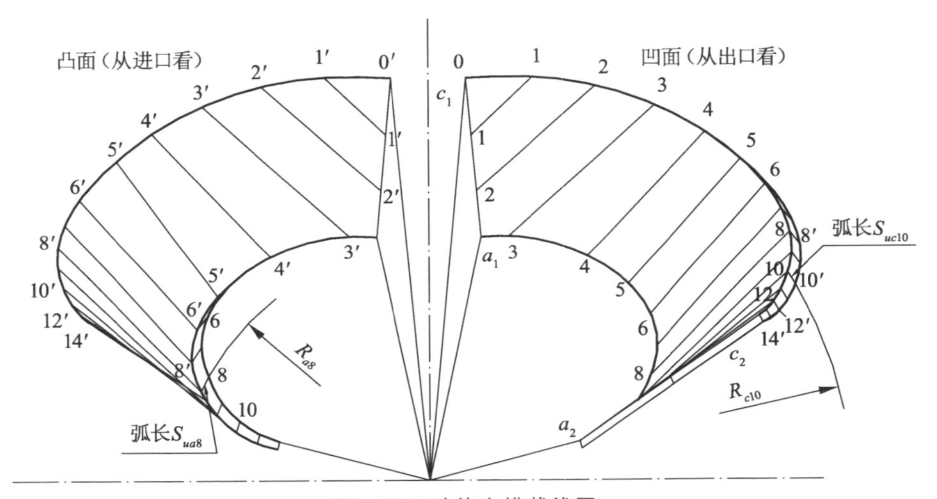

图 1-25 叶片木模截线图

把 c_1-c_2流线的 0′,1′,2′,3′,…(背面和外壁的交线)和 a_1-a_2流线的 0,1,2,3,…(工作面 a_1-a_2流线和内壁的交线)对称地移到左面,并对左面的内流线 a_1-a_2进行加厚。同样对中间流线进行加厚,连接相应的点,得到背面的木模截线。由图可见,同一径向线上凸面半径大于凹面半径。

⑥ 旋转方向的判定。从导叶出口(后侧)看,看到的是叶片凹面(工作面),工作面是迎水面;从导叶进口(前侧)看,看到的是叶片凸面(背面)。水流旋转的方向和叶轮旋转方向相同,由导叶剪裁图可以判断叶轮的旋转方向。

⑦ 叶片绘型质量检查。木模截线最好为直线或光滑曲线,且有规律地变化;轴面截线也应有规律地变化,且进口部分的轴面截线和流线的夹角 λ 近似等于 90°。

⑧ 叶片间进口流道面积(开口)的检查。因为轴面流线是不规则的曲线,

应按各点节距 $D\pi/z$ 画叶片间的流道展开图，如图 1-26 所示。从型线凹面起始，在各点水平方向截取相应的节距，并将各点连接起来。然后在进口作内切圆，直径为 $d_{内}(d_{外})$，根据内切圆切于点 B 的位置，在轴面流线上找到相应的点 B，然后将内切圆直径 AB 和轴面流线 AB 的水平投影线 $A'B'$ 对应等分，将 $A'B'$ 各分点到轴面流线的距离移到过内切圆直径各分点的垂直线上，连接各点得曲线 $L_{内}$。同样对外壁流线类似得到曲线 $L_{外}$。曲线Ⅰ、Ⅱ、AC（进口边）和 DB 四线围成的面积即是相邻叶片间进口开口面积 F_1。F_1 围线间的夹角大致等于 λ 角，形状以接近正方形为好。面积 F_1 由图量得，也可以按下式近似计算：

$$F_1=(d_{内}+d_{外})(AC+BD)/4 \tag{1-77}$$

叶片间流道的进口流速 $v_1=\dfrac{Q}{zF_1}$，由该式求得的 v_1 应与开始计算时的 $v_3=\sqrt{v_{m3}^2+v_{u3}^2}$ 大致相等，否则应重新设计。

用类似的方法可求出整个叶片间的面积，检查面积变化规律。

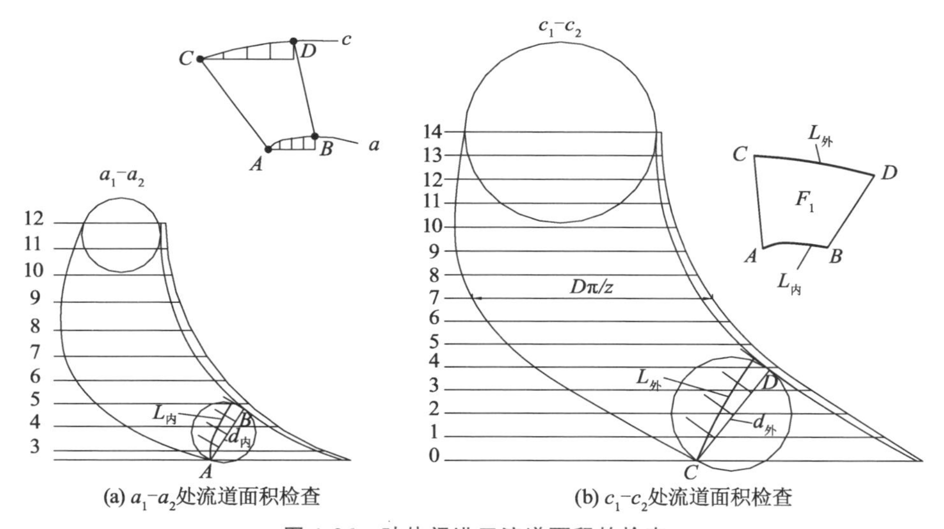

图 1-26　叶片间进口流道面积的检查

1.8　水力模型设计实例

本书采用二元理论，叶轮出口流动按介于自由旋涡理论（$v_uR=\text{const}$）和强旋涡理论（$v_u/R=\text{const}$）之间的某种规律进行设计，并对环量和速度分布进行经验修正。进口各流线按变环量设计；加长轮毂侧翼型的稠密度 l/t，使叶轮内的流态更为稳定；轮毂侧叶片向前延伸，提前对流入叶轮进口的液流施加力矩，减小液流的相对速度，以改善抗汽蚀性能。在给定流动规律后，叶片按型线逐点积分的方法进行计算，在圆锥展开面上对叶轮叶片绘型，选择翼型厚度并按规律加厚，计算和绘型由自行开发的 CAD 软件完成，根据计算结果对初步设计进行修正。

研究模型的性能参数如表 1-6 所示，模型的三维图和水力图分别如图 1-27 和图 1-28 所示。

表 1-6 混流泵模型基本参数

参数	转速 n/(r/min)	流量 Q/(m^3/h)	扬程 H/m	比转速 n_s	叶片数 Z	导叶数 Z_d
值	1 450	380	6	480	4	7

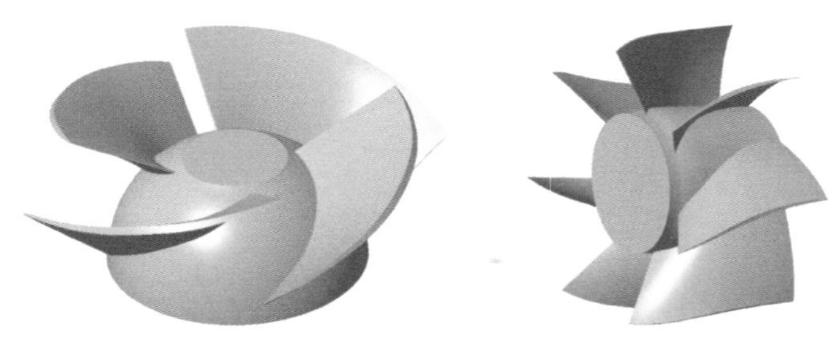

图 1-27 设计实例三维图

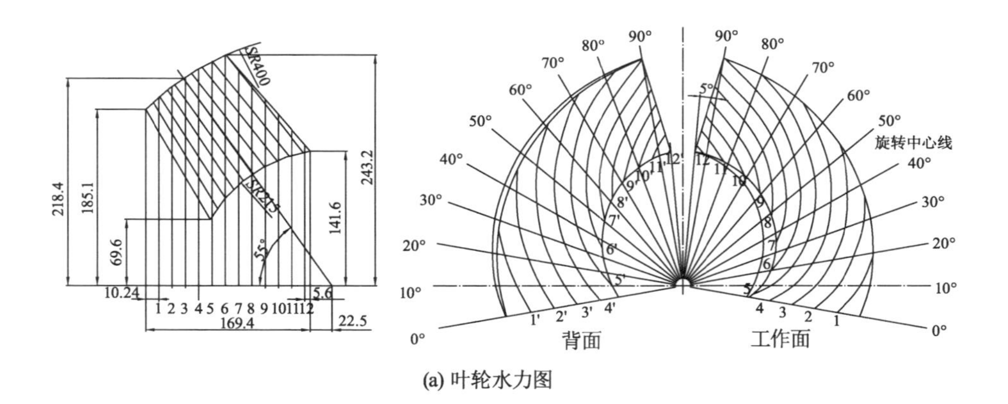

(a) 叶轮水力图

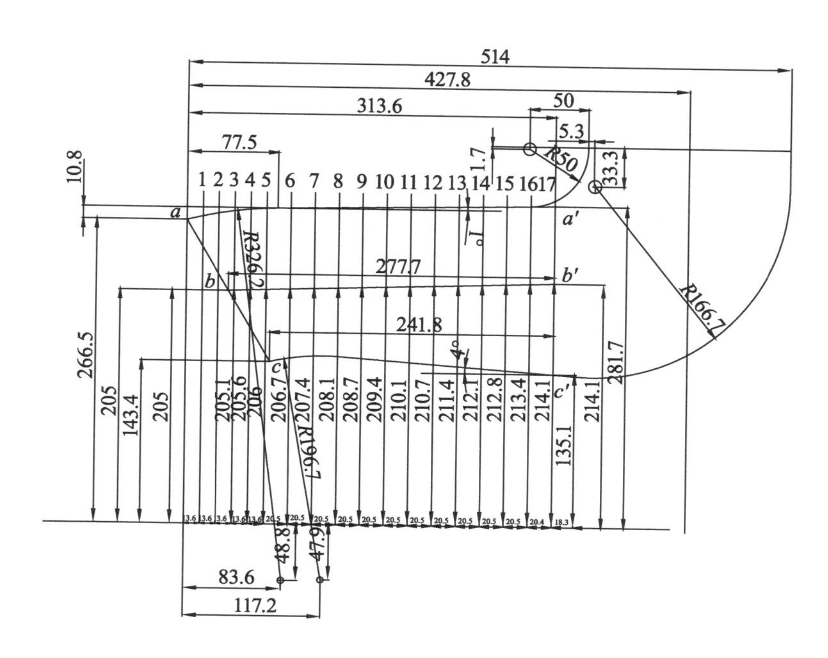

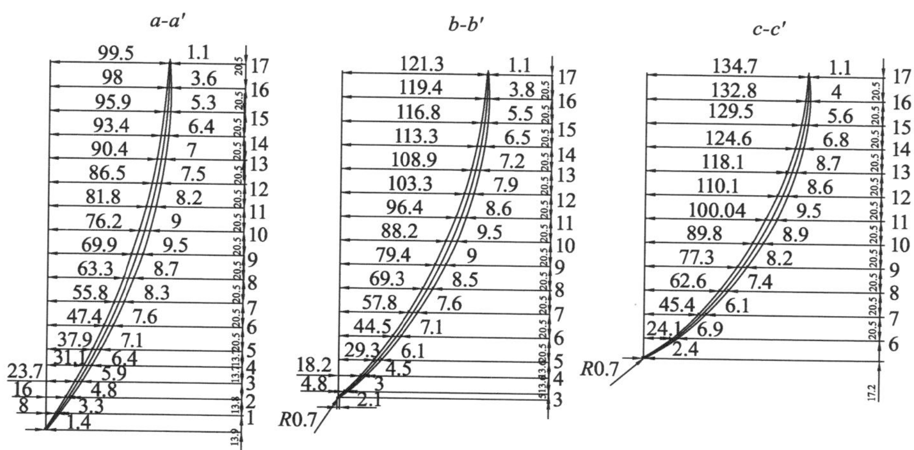

(b) 导叶水力图

图 1-28　混流泵模型水力图

2 混流泵瞬态特性的理论建模

2.1 概述

随着混流泵应用领域的不断拓展，启动过程作为一类特殊的瞬态过程，可为特殊的应用场合提供瞬时流体动力，其启动、停机等瞬态工况的水力特性引起了学术界的高度关注，尤其是应用于水下导弹发射系统、舰船推进系统、核电站冷却水循环系统等一些需要频繁启停的瞬态工况。然而，泵装置的瞬态工作特性与稳态工作特性之间存在本质区别，性能预测难度较大。

Soito(1982)通过转矩与能量平衡方程给出了泵瞬态启动过程的扬程表达式，并求解了管长、阀门开度与启动时间下的瞬态特性，与试验进行了对比，结果表明提出的理论模型能准确预测泵扬程。Dazin(2015)基于能量平衡法采用键合图法分析了加速度、额定转速、额定流量和管路长度对启动瞬态特性的强度和持续时间的影响，将启动过程分为三个阶段，每个阶段的影响因素分别为角加速度、流体惯性和流体黏度。特征线法已被多位学者用于瞬态性能预测，Thanapandi(1995)通过在相对坐标系下对叶轮内流体进行受力分析，使用基于连续性方程与动量方程的特征线法来预测离心泵启停过程的瞬态性能。由于此预测包含角加速度与流动项，因此模型不仅能够预测准稳态性能，还能预测瞬态特性。Chalghoum(2016)以线性变化的转速为边界条件，将特征线法应用到包含离心泵、管路和阀门在内的整个系统，近似预测了额定转速下的流量-扬程特性曲线，定性分析了启动时间、叶轮几何参数及阀门开度对离心泵启动过程瞬态特性的影响，发现启动时间、阀门开度、叶轮直径和叶高对压力演变过程和性能曲线有较大影响。Grover(1981)将输入扭矩分为管路摩擦损失、泵内损失、转子加速和管路流体加速四个部分，通过扭矩平衡方程数值求解了转子转动惯量与管内流体惯性对启动过程瞬态特性的影响。当转子转动惯量与管内流体惯性比值较小时，泵内压力与转速略高于稳态值；转子转动惯量对转速的影响要明显大于管内流体惯性的影响；管内流体惯性增加会使管内流体的加速扬程增加，而转子转动惯量增加则会使其减小。Farhadi(2007)为了预测德黑兰反应堆泵启动过程的瞬态性能，建立了数学模型，并引入有效能量比(冷却流体内的动能与泵内转动部分动能的比值)。研究表明，核冷却剂惯性越大，达到稳态所需时间越长，由于叶轮转动惯量较小，在启动过程中，其转速比冷却剂先达到稳定状态。

常近时(2005)给出了瞬态工作泵的水力方程表达式，其中包括稳态项、旋转加速项与流动惯性项。王乐勤(2004)、吴大转(2005)基于效率相似与转矩平衡方程，对混流泵的启动过程进行计算，发现在启动初期存在明显的压力冲击，与试验对比，结果显示计算模型能较好地预测泵性能。张玉良(2012)在推导叶轮机械广义方程的基础上结合试验研究，定量计算了瞬态附加扬程与附加轴功率，结果表明，角加速度项的影响大于流动惯性项。华宝民(1994)通过扩展伯努利方程，推导得出离心泵启动过程的瞬态扬程表达式。王乐勤(2004)建立了泵系统键合图结构并对启动过程进行数值仿真，通过试验对比验证了键合图法的可靠性。Ma(2012)从角动量守恒和能量守恒出发，建立了计算混流泵瞬态扬程的解析方程，理论分析表明，瞬态扬程由稳定项、角加速度和流体加速决定的非稳定项组成。

2.2 启动过程理论计算模型

本章基于转矩能量平衡法与相对伯努利方程建立混流泵启动过程的理论扬程计算方法，综合考虑泵内回流与间隙泄漏流造成的附加轴功率损失，提出了启动过程的效率估算方法。结合管路特性方程求解启动过程流量、扬程等瞬态变量，试验验证理论模型的可靠性。

2.2.1 瞬态理论扬程

稳定运行工况下，欧拉方程能够准确描述水力机械工作过程。但是对于水力机械在启动、停机等瞬态过程，欧拉方程式已不再适用，因此亟须建立一种针对瞬态过程的方程式来预测水力机械的工作过程。图 2-1 所示为混流泵叶轮的轴面投影，若仅考虑流体在叶轮内的动量、能量传递，则混流泵启动过程流体微元在叶轮内的动态力矩的变化可以作为能量增长的重要参数之一。因此，下面将借用动态力矩的变化理论推导出混流泵在启动过程中瞬态扬程的变化趋势。

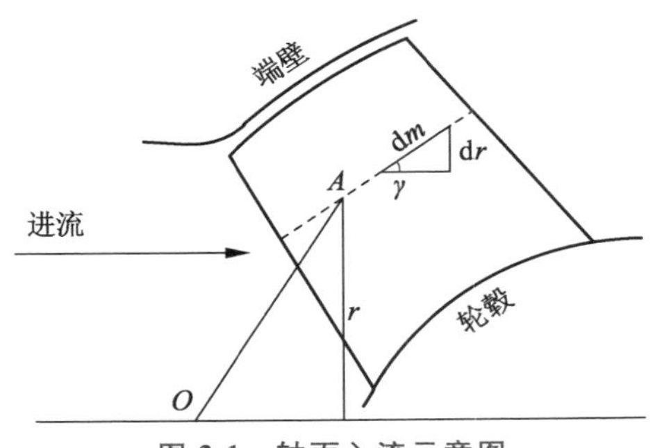

图 2-1　轴面入流示意图

（1）混流泵动态水力矩计算

由动量矩定理(刘大恺,1988)有

$$\frac{\mathrm{d}}{\mathrm{d}t}\iiint_V \rho(\overrightarrow{OA}\times \boldsymbol{v})\mathrm{d}V = \iiint_V \rho(\boldsymbol{F}\times\overrightarrow{OA})\mathrm{d}V + \iint_S(\boldsymbol{\tau}_n\times\overrightarrow{OA})\mathrm{d}S \tag{2-1}$$

式中：$\iiint_V \rho(\overrightarrow{OA}\times \boldsymbol{v})\mathrm{d}V$ 为作用在微团流体上的动量矩；$\iiint_V \rho(\boldsymbol{F}\times\overrightarrow{OA})\mathrm{d}V$ 为单位质量力 $\boldsymbol{F}$ 作用在微团流体上的力矩；$\iint_S(\boldsymbol{\tau}_n\times\overrightarrow{OA})\mathrm{d}S$ 为 $\mathrm{d}S$ 面法线方向主应力 $\boldsymbol{\tau}_n$ 作用在微团流体上的表面力矩，闭合曲面 S 包含叶轮进出口、工作面、背面及前后盖板。

结合高斯定理，式(2-1)左侧的全微分可写成如下形式：

$$\frac{\partial}{\partial t}\iiint_V \rho(\overrightarrow{OA}\times \boldsymbol{v})\mathrm{d}V + \iint_S \rho(\overrightarrow{OA}\times \boldsymbol{v})v_n\mathrm{d}S \tag{2-2}$$

式中：v_n 为闭合曲面 S 外法线方向的速度，除叶轮进出口面，其他壁面上 v_n 为 0。故

$$\frac{\partial}{\partial t}\iiint_V \rho r v_u\mathrm{d}V + \iint_{S_{1,2}}\rho r v_u v_m\mathrm{d}S = \iiint_V \rho(\boldsymbol{F}\times\overrightarrow{OA})\mathrm{d}V + \iint_S(\boldsymbol{\tau}_n\times\overrightarrow{OA})\mathrm{d}S \tag{2-3}$$

因此，叶轮作用在液体上的动态水力矩为

$$T = \frac{\partial}{\partial t}\iiint_V \rho r v_u\mathrm{d}V + \iint_{S_{1,2}}\rho r v_u v_m\mathrm{d}S \tag{2-4}$$

由式(2-4)可知，动态水力矩包含稳态项 $\iint_{S_{1,2}}\rho r v_u v_m\mathrm{d}S$ 与瞬态时间项 $\frac{\partial}{\partial t}\iiint_V \rho r v_u\mathrm{d}V$。式中：$v_u$ 为绝对速度在圆周方向的分量；v_m 为轴面速度；$S_{1,2}$ 表示叶轮进、出口面。

稳态项水力矩为

$$\iint_{S_{1,2}} \rho r v_u v_m \mathrm{d}S = \rho Q[(v_u r)_2 - (v_u r)_1] \tag{2-5}$$

瞬态项水力矩为

$$\frac{\partial}{\partial t}\iiint_V \rho r v_u \mathrm{d}V = \frac{\partial}{\partial t}\iiint_V \rho\omega r^2 \mathrm{d}V - \frac{\partial}{\partial t}\iiint_V \rho \frac{r v_m}{\tan\beta}\mathrm{d}V = I_{\text{fluid},z}\frac{\partial\omega}{\partial t} - \rho\frac{\partial}{\partial t}\iiint_V \frac{r v_m}{\tan\beta}\mathrm{d}V \tag{2-6}$$

式中：$I_{\text{fluid},z}$为叶轮内流体绕旋转轴的转动惯量；ω 为角速度；β 为液流角。

故式(2-4)可表示为

$$T = \rho Q[(v_u r)_2 - (v_u r)_1] + I_{\text{fluid},z}\frac{\partial\omega}{\partial t} - \rho\frac{\partial}{\partial t}\iiint_V \frac{r v_m}{\tan\beta}\mathrm{d}V \tag{2-7}$$

因为 $\mathrm{d}V = r\mathrm{d}\theta\mathrm{d}m\mathrm{d}b$，所以动态水力矩又可写成

$$T=\rho Q[(v_u r)_2-(v_u r)_1]+\Omega_\mathrm{J} D^5\frac{\mathrm{d}\omega}{\mathrm{d}t}-\Omega_\mathrm{M} D^2\frac{\mathrm{d}Q}{\mathrm{d}t} \tag{2-8}$$

式中：Ω_J，Ω_M 分别为水泵叶轮中水流旋转惯性和流动惯性系数，且满足

$$\begin{cases}\Omega_\mathrm{J}=\dfrac{\pi\rho}{32}(\overline{D}_2^4\bar{b}_2-\overline{D}_1^4\bar{b}_1)\\[2ex]\Omega_\mathrm{M}=\dfrac{\rho}{8}\left(\dfrac{\overline{D}_2^2}{\psi_2\tan\beta_{2b}}-\dfrac{\overline{D}_1^2}{\psi_1\tan\beta_{1b}}\right)\end{cases} \tag{2-9}$$

式中：$\overline{D}_1$，$\overline{D}_2$，$\bar{b}_1$，$\bar{b}_2$ 分别为相对尺寸，$\overline{D}_1=D_1/D$，$\overline{D}_2=D_2/D$，$\bar{b}_1=b_1/D$，$\bar{b}_2=b_2/D$，其中 D_1，D_2，b_1，b_2 分别为水泵叶轮中间流面翼栅进、出口所在点的直径和过水断面宽度；ψ_1，ψ_2，β_{1b}，β_{2b} 分别为水泵叶轮中间流面进、出口处水流的排挤系数和叶片安放角。

(2) 混流泵瞬态扬程计算

瞬态扬程，即泵运行在非恒定转速下，在极短的时间内泵所抽送的单位重量液体从泵进口到泵出口处能量的增值。

① 转矩-能量平衡法(Dazin，2007)

由能量守恒可知，叶轮传递给流体的能量(水力矩做功)等于叶轮内动能增长率与静压做功之和 Π，即

$$T\omega=\Pi \tag{2-10}$$

$$\begin{aligned}\Pi &= \frac{\mathrm{d}}{\mathrm{d}t}\iiint_V \rho\frac{v^2}{2}\mathrm{d}V + \rho\iint_{S_{1,2}}\frac{p}{\rho}v_m\mathrm{d}S\\ &= \frac{\partial}{\partial t}\iiint_V \rho\frac{v^2}{2}\mathrm{d}V + \iint_{S_{1,2}}\rho\frac{v^2}{2}v_m\mathrm{d}S + \rho\iint_{S_{1,2}}\frac{p}{\rho}v_m\mathrm{d}S\end{aligned}$$

$$=\frac{\rho}{2}\frac{\partial}{\partial t}\iiint_V\left(\frac{v_m^2}{\sin^2\beta}\right)\mathrm{d}V+I_{\mathrm{fluid},z}\omega\frac{\partial\omega}{\partial t}-\rho\frac{\partial}{\partial t}\left(\omega\iiint_V\frac{rv_m}{\tan\beta}\mathrm{d}V\right)+$$
$$\iint_{S_{1,2}}\rho\left(\frac{v^2}{2}+\frac{p}{\rho}\right)v_m\mathrm{d}S \tag{2-11}$$

联立式(2-7)、式(2-10)和式(2-11)可得叶轮理论扬程

$$H_{\mathrm{imp}}=\frac{p_2-p_1}{\rho g}+\frac{v_2^2-v_1^2}{2g}=\frac{u_2v_{u2}-u_1v_{u1}}{g}+$$
$$\frac{1}{gQ}\left[\left(\iiint_V\frac{rv_m}{\tan\beta}\mathrm{d}V\right)\frac{\partial\omega}{\partial t}-\frac{1}{2}\frac{\partial}{\partial t}\iiint_V w^2\mathrm{d}V\right] \tag{2-12}$$

式中：流体微元体积 $\mathrm{d}V=2\pi rb\psi\mathrm{d}m$，其中 r 为半径，ψ 为叶片排挤系数，b 为轴面流道宽度，$\mathrm{d}m$ 为中间轴面流线微元，$\mathrm{d}m=\dfrac{\mathrm{d}r}{\sin\gamma}$，$\gamma$ 为流动锥角。

叶轮加速扬程为

$$\frac{1}{gQ}\left(\iiint_V rw_u\mathrm{d}V\right)\frac{\partial\omega}{\partial t}=\frac{1}{gQ}\left(\int_{r_1}^{r_2}r\frac{Q}{A\tan\beta}A\frac{\mathrm{d}r}{\sin\gamma}\right)\frac{\partial\omega}{\partial t}$$
$$=\frac{1}{g}\left(\int_{r_1}^{r_2}\frac{r}{\tan\beta\sin\gamma}\mathrm{d}r\right)\frac{\partial\omega}{\partial t} \tag{2-13}$$

叶轮惯性扬程为

$$\frac{1}{2gQ}\frac{\partial}{\partial t}\iiint_V w^2\mathrm{d}V=\frac{1}{2gQ}\frac{\partial}{\partial t}\iiint_V\left(\frac{Q}{A\sin\beta}\right)^2\mathrm{d}V$$
$$=\frac{1}{2\pi g}\left(\int_{r_1}^{r_2}\frac{1}{rb\psi\sin^2\beta\sin\gamma}\mathrm{d}r\right)\frac{\partial Q}{\partial t} \tag{2-14}$$

对于诸如导叶、蜗壳等变截面过流部件，可以用当量等截面面积为 A_0 的直管代替。因此，最终泵扬程可表示为

$$H_{\mathrm{pump}}=\frac{p_{\mathrm{o}}-p_{\mathrm{i}}}{\rho g}+\frac{v_{\mathrm{o}}^2-v_{\mathrm{i}}^2}{2g}=H_{\mathrm{steady}}+\frac{1}{g}\left(\int_{r_1}^{r_2}\frac{r}{\tan\beta\sin\gamma}\mathrm{d}r\right)\frac{\partial\omega}{\partial t}-$$
$$\frac{1}{g}\left[\left(\frac{1}{2\pi}\int_{r_1}^{r_2}\frac{1}{rb\psi\sin^2\beta\sin\gamma}\mathrm{d}r\right)\frac{l_{\mathrm{vol,eq}}}{A_{\mathrm{vol}}}+\frac{l_{\mathrm{vane,eq}}}{A_{\mathrm{vane}}}\right]\frac{\partial Q}{\partial t} \tag{2-15}$$

式中：p_{o} 为泵出口静压；p_{i} 为泵进口静压；v_{o} 为出口流速；v_{i} 为进口流速；H_{steady} 为实际稳态扬程项。由于稳态流量-扬程曲线中存在由失速特性导致的马鞍区，$Q-H$ 的函数关系并非近似二次函数的关系。因此，使用准确描述马鞍区的试验数据进行拟合，通过相似换算求得稳态项扬程。

② 相对运动伯努利方程法(特罗斯科兰斯基，1981)

相对坐标系下的欧拉方程为

$$\boldsymbol{F}-\frac{1}{\rho}\nabla p=\frac{\partial\boldsymbol{w}}{\partial t}+\nabla\left(\frac{w^2}{2}\right)-\boldsymbol{w}\times\mathrm{rot}\ \boldsymbol{w} \tag{2-16}$$

式中：质量力 $\boldsymbol{F}$ 包括重力 $-\nabla(gz)$、离心力 $\nabla\left(\frac{u^2}{2}\right)$、科氏力 $\boldsymbol{w}\times 2\boldsymbol{\omega}$ 及加速惯性力 $-\frac{\partial \boldsymbol{\omega}}{\partial t}\times \boldsymbol{r}$。

将 $\boldsymbol{w}=\boldsymbol{v}-\boldsymbol{u}$ 与 $\mathrm{rot}\ \boldsymbol{u}=2\boldsymbol{\omega}$ 代入 $\boldsymbol{w}\times \mathrm{rot}\ \boldsymbol{w}$ 得

$$\boldsymbol{w}\times \mathrm{rot}\ \boldsymbol{w}=\boldsymbol{w}\times \mathrm{rot}(\boldsymbol{v}-\boldsymbol{u})=\boldsymbol{w}\times \mathrm{rot}\ \boldsymbol{v}-\boldsymbol{w}\times \mathrm{rot}\ \boldsymbol{u}=\boldsymbol{w}\times \mathrm{rot}\ \boldsymbol{v}-\boldsymbol{w}\times 2\boldsymbol{\omega} \tag{2-17}$$

对于无旋流，$\mathrm{rot}\ \boldsymbol{v}=\boldsymbol{0}$，故式(2-16)可写成

$$\nabla\left(gz+\frac{p}{\rho}+\frac{w^2}{2}-\frac{u^2}{2}\right)+\frac{\partial \boldsymbol{w}}{\partial t}+\frac{\partial \boldsymbol{\omega}}{\partial t}\times \boldsymbol{r}=\boldsymbol{0} \tag{2-18}$$

等式两边同时乘以相对流线微元 $\mathrm{d}\boldsymbol{s}$，式(2-18)可写成

$$\mathrm{d}\left(gz+\frac{p}{\rho}+\frac{w^2}{2}-\frac{u^2}{2}\right)+\frac{\partial \boldsymbol{w}}{\partial t}\cdot \mathrm{d}\boldsymbol{s}+\left(\frac{\partial \boldsymbol{\omega}}{\partial t}\times \boldsymbol{r}\right)\cdot \mathrm{d}\boldsymbol{s}=0 \tag{2-19}$$

考虑到 $\mathrm{d}s=\frac{\mathrm{d}m}{\sin\beta}$ 与 $\mathrm{d}m=\frac{\mathrm{d}r}{\sin\gamma}$，因此对上式沿相对流线积分得

$$z_2-z_1+\frac{p_2-p_1}{\rho g}+\frac{w_2^2-w_1^2}{2}+\frac{u_1^2-u_2^2}{2}+\int_{r_1}^{r_2}\frac{\partial w}{\partial t}\frac{\mathrm{d}r}{\sin\beta\sin\gamma}+\int_{r_1}^{r_2}\left(\frac{\partial \omega}{\partial t}r\right)(-\cos\beta)\frac{\mathrm{d}r}{\sin\beta\sin\gamma}=0 \tag{2-20}$$

代入速度三角形，即可得到启动过程的相对运动伯努利方程

$$g(z_2-z_1)+\frac{p_2-p_1}{\rho}+\frac{w_2^2-w_1^2}{2}+\frac{u_1^2-u_2^2}{2}+\frac{1}{2\pi}\int_{r_1}^{r_2}\frac{\mathrm{d}r}{rb\psi\sin^2\beta\sin\gamma}\frac{\partial Q}{\partial t}-\int_{r_1}^{r_2}\frac{r}{\tan\beta\sin\gamma}\mathrm{d}r\frac{\partial \omega}{\partial t}=0 \tag{2-21}$$

因此，叶轮理论扬程可表示为

$$\begin{aligned}H_{\mathrm{imp}}&=\frac{p_2-p_1}{\rho g}+\frac{v_2^2-v_1^2}{2g}\\&=\frac{v_2^2-v_1^2}{2g}+\frac{w_1^2-w_2^2}{2g}+\frac{u_2^2-u_1^2}{2g}-\\&\quad\frac{1}{g}\left(\frac{1}{2\pi}\int_{r_1}^{r_2}\frac{\mathrm{d}r}{rb\psi\sin^2\beta\sin\gamma}\frac{\partial Q}{\partial t}+\int_{r_1}^{r_2}\frac{r}{\tan\beta\sin\gamma}\mathrm{d}r\frac{\partial \omega}{\partial t}\right)\\&=\frac{u_2v_{u2}-u_1v_{u1}}{g}-\frac{1}{2\pi g}\int_{r_1}^{r_2}\frac{\mathrm{d}r}{rb\psi\sin^2\beta\sin\gamma}\frac{\partial Q}{\partial t}+\frac{1}{g}\int_{r_1}^{r_2}\frac{r}{\tan\beta\sin\gamma}\mathrm{d}r\frac{\partial \omega}{\partial t}\end{aligned} \tag{2-22}$$

最终泵扬程即为

$$H_{\mathrm{pump}}=\frac{p_{\mathrm{o}}-p_{\mathrm{i}}}{\rho g}=H_{\mathrm{steady}}+\frac{1}{g}\int_{r_1}^{r_2}\frac{r}{\tan\beta\sin\gamma}\mathrm{d}r\frac{\partial \omega}{\partial t}-\frac{1}{g}\left(\frac{1}{2\pi}\int_{r_1}^{r_2}\frac{\mathrm{d}r}{rb\psi\sin^2\beta\sin\gamma}+\right.$$

$$\frac{l_{\mathrm{vol,eq}}}{A_{\mathrm{vol}}}+\frac{l_{\mathrm{vane,eq}}}{A_{\mathrm{vane}}}\bigg)\frac{\partial Q}{\partial t} \tag{2-23}$$

由以上分析可知,式(2-22)与式(2-23)完全一致。假设叶片进口液流角β等于叶片进口安放角且液流角随半径均匀变化,出口液流角由滑移系数求得,在进出口半径比相同的情况下,混流泵与离心泵的滑移系数的关系如下:

$$\sigma_{离}=1-\frac{0.63\pi}{Z} \tag{2-24}$$

$$1-\sigma_{离}=(1-\sigma_{混})\sin\gamma \tag{2-25}$$

式中:Z为叶片数;γ为安放角。

从上面的推导可以看出,式(2-24)与式(2-25)描述了混流泵在启动过程中的瞬态特性,揭示了叶片宽度、厚度、安放角,以及轴面入流锥角对加速项和惯性项的影响。

2.2.2 瞬态效率

瞬态效率,即泵运行在非恒定转速下,在极短时间内从泵输出的液体中获得的有效能量。

由于混流泵在启动过程中的流量、扬程的瞬态特质,稳态过程的理论扬程已经不再适用,因此还需要考虑叶轮加速过程中的稳态项、加速项和惯性项三部分,如公式(2-15)所示。从公式中可以看出,此时仅稳态项部分的水力效率可以通过相似换算获得,而加速项以及惯性项的增加导致瞬时效率并不能由简单的相似换算获得。借鉴稳态性能的效率计算方法(Yoon,1998),通过对轴功率的估算,传动部件轴承处的机械摩擦损失在轴功率损失中占比很小,因此忽略不计。计算轴功率时要加入附加损失,包含回流损失与泄漏损失。

(1) 回流损失

$$\Delta P_{\mathrm{rc}}=\rho g Q^{*} f_{\mathrm{rc}}\frac{f\sinh(3.5\alpha_2^3)D_{\mathrm{f}}^2 u_2^2}{g} \tag{2-26}$$

$$D_{\mathrm{f}}=1-\frac{W_2}{W_{1\mathrm{t}}}+\frac{0.75gH_{\mathrm{th}}/u_2^2}{(W_{1\mathrm{t}}/W_2)[(Z/\pi)(1-D_{1\mathrm{t}}/D_2)+2D_{1\mathrm{t}}/D_2]} \tag{2-27}$$

式中:$f=8\times10^{-5}$;$f_{\mathrm{rc}}=0\sim1$,f_{rc}与混流泵的入流锥角γ大小相关;D_{f}为扩压因子;$W_{1\mathrm{t}}$为进口轮缘处的相对速度;$D_{1\mathrm{t}}$为叶轮进口轮缘处的直径;H_{th}为有限叶片数理论扬程;u_2为叶轮出口圆周速度。

(2) 泄漏损失

$$\Delta P_{1\mathrm{k}}=\rho g Q^{*}\frac{Q_{\mathrm{cl}}u_{\mathrm{cl}}u_2}{2Q^{*}g} \tag{2-28}$$

式中：间隙圆周速度 $u_{cl}=0.816\sqrt{\dfrac{2\Delta p_{cl}}{\rho}}$；间隙平均压力由叶轮内流体的角动量变化计算得到，$\Delta p_{cl}=\dfrac{\rho Q^{*}\left[(v_u r)_2-(v_u r)_1\right]+I_{\text{fluid,z}}\dfrac{\partial\omega}{\partial t}-\rho\dfrac{\partial}{\partial t}\iiint\limits_{V}\dfrac{rv_m}{\tan\beta}\mathrm{d}V}{Z\bar{r}\bar{b}L}$，$\bar{r}=\dfrac{r_1+r_2}{2}$，$\bar{b}=\dfrac{b_1+b_2}{2}$，$Q^{*}=Q+Q_{cl}$；泄漏量 $Q_{cl}=Z\delta Lu_{cl}$，Z 为叶片数，δ 为间隙大小，L 为中间轴面流线长度。因此，总效率可表示为

$$\eta=\frac{\rho gQH_{\text{pump}}}{\left(T+I_{\text{solid,z}}\dfrac{\partial\omega}{\partial t}\right)\omega+\Delta P_{\text{rc}}+\Delta P_{\text{lk}}} \tag{2-29}$$

2.2.3 瞬时转动角速度

混流泵启动过程中瞬时转动角速度的经验表达式为

$$\omega=405\,\frac{2\pi}{60}\left(1-\frac{1}{1+t^{1.9}}\right) \tag{2-30}$$

本书的数值计算和试验研究中，混流泵启动过程采用变频启动，其转速呈线性增加，瞬时转动角速度的表达式为

$$\omega=\frac{2\pi n}{60}\left(\frac{t}{\Delta t}\right) \tag{2-31}$$

式中：n 为稳定转速；Δt 为启动时间。

2.2.4 管路特性

对于闭式回路系统，泵扬程所产生的能量与管路损耗相等。管路损耗包含稳态阻力损失和由流体惯性所消耗的惯性扬程。因此，

$$H_{\text{pump}}=\xi Q^{2}+\frac{1}{g}\frac{l_{\text{eq}}}{A_0}\frac{\mathrm{d}Q}{\mathrm{d}t} \tag{2-32}$$

式中：ξ 为泵启动结束稳定运行工况下的阻力系数，对于变截面过流部件，可以用当量等截面面积为 A_0 的直管代替（Tsukamoto，1986）；当量长度 $l_{\text{eq}}=\int_0^L\left(\dfrac{A_0}{A_s}\right)\mathrm{d}s$，$L$ 是总过流长度，A_s 为 $L=s$ 位置处的截面面积。将式（2-15）与式（2-23）代入式（2-32）联立求解，即可获得理论下混流泵加速启动过程的流量、扬程和功率的变化趋势。

2.3 理论计算与试验验证

2.3.1 理论仿真计算

根据第 1 章混流泵的设计方法，确定研究模型的设计流量 $Q=380\ \mathrm{m^3/h}$，扬程 $H=6$ m，转速 $n=1\ 450$ r/min，比转速 $n_s=480$，叶片数 $Z=4$(李伟，2012)。其他参数如表 2-1 所示。混流泵启动方式为线性启动，启动时间为 1.45 s。将推导的理论流量、扬程公式进行代码转换，导入 MATLAB 软件中进行计算，如图 2-2 所示。

表 2-1　模型泵性能参数

几何参数	数值
叶片进口安放角 β_{1b}/(°)	24.9
叶片出口安放角 β_{2b}/(°)	31.8
叶片数 Z	4
进口直径 D_1/mm	144.10
出口直径 D_2/mm	207.06
最大直径 D/mm	243.12
进口宽度 b_1/mm	66.62
出口宽度 b_2/mm	67.26

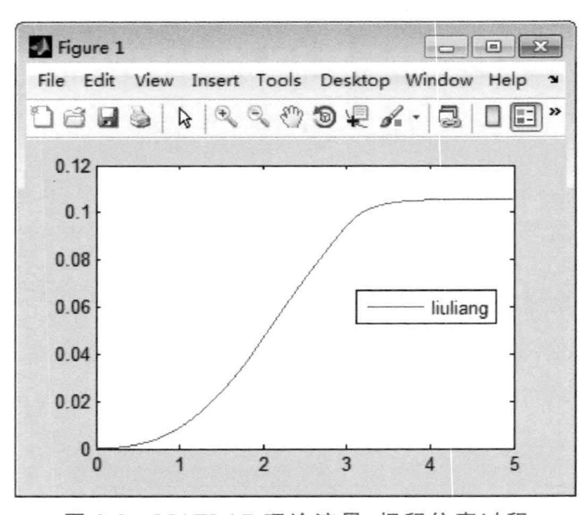

图 2-2　MATLAB 理论流量、扬程仿真过程

2.3.2 试验验证

图 2-3 所示为基于试验转速与流量的理论预测扬程和试验扬程曲线对比。由图可知，流量曲线随时间的变化呈现倒“S”形，在启动初期流量逐渐上升，且上升速度逐渐加快；在启动中期，流量的上升速度达到最快；启动结束后，虽然转速达到额定转速，但是由于流体惯性的影响，流量值并未达到稳定值，而是继续上升，且变化逐渐变缓，最终达到稳定值。由式(2-15)的预测扬程与试验扬程的对比结果可知，预测结果准确可靠，启动扬程随时间逐渐上升，在启动结束时刻出现明显的冲击扬程。一方面，因为启动结束，转速达到额定转速，而流量却因为流体惯性的影响出现明显的滞后性，此时模型泵相当于在小流量工况下运行，因此扬程值要高于稳定值；另一方面，因为启动加速产生了加速扬程。由于在启动初始阶段，加速项对整体影响较大，因此准稳态扬程小于实际值；在启动后期，随着流量的变化率增大，由式(2-15)可知惯性项的影响将会逐渐增强，主要表现为准稳态扬程大于实际扬程值。

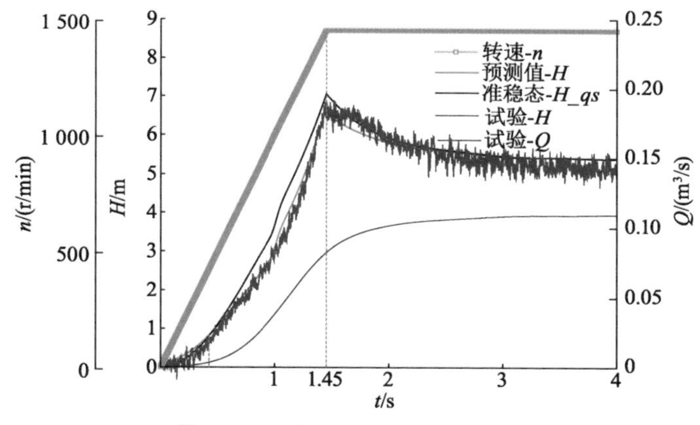

图 2-3 公式预测结果与试验比较

实际附加扬程与理论水力扭矩如图 2-4 所示，由式(2-15)可知，加速扬程与加速扭矩在启动阶段与加速度有关，因此，加速扬程与加速扭矩为恒定值。在 1.45 s 时刻启动结束时，加速扬程与加速扭矩突然变为零。扬程与扭矩惯性项部分与流量的变化趋势相关，呈现先增大后减小的分布趋势，在流量变化最快的时刻，扬程惯性项与扭矩惯性项均达到最大。实际扬程惯性项不仅包含叶轮转子部分，还包含导叶、蜗壳及进出口测压点间直管段部分，因此，总的惯性扬程要比加速扬程高。由图 2-4b 可知，叶轮内加速水力扭矩要大于惯性扭矩。由于本书采用的是线性启动的方式，因此在启动结束时，扭矩与扬程均会出现瞬变现象。

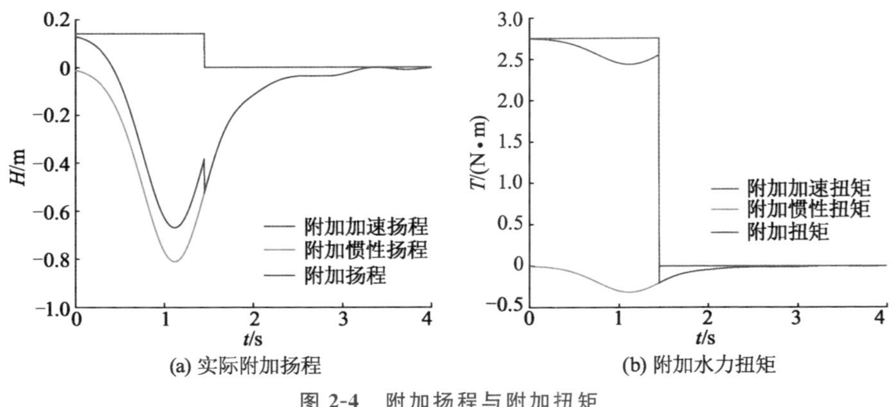

(a) 实际附加扬程　　(b) 附加水力扭矩

图 2-4　附加扬程与附加扭矩

2.3.3　稳态马鞍区对瞬态特性的影响

由理论计算结果与试验验证可知，式(2-15)的计算结果准确可靠。因此可通过式(2-15)与式(2-30)的联立方程组来求解启动流量与扬程。在预测启动扬程时，式(2-15)的启动稳态项部分是基于额定转速下的外特性相似换算计算所得。大多数叶片泵在小流量工况下会出现旋转失速现象，体现在流量-扬程曲线中呈现马鞍区形状。本书所用模型泵在额定转速 1 450 r/min 下的稳态外特性如图 2-5b 所示。泵运行工况由大流量向小流量转变时，泵扬程先逐渐升高，当流量为 $0.55Q_{des}$时，扬程开始下降，流量-扬程曲线出现明显正斜率，在流量为 $0.51Q_{des}$时，扬程又开始上升，正斜率消失。

由相似定律可知，在启动过程中，马鞍区会一定程度地影响启动扬程的大小。故基于二次关系的稳态流量-扬程曲线在计算启动扬程时缺乏准确性，有无马鞍区的启动扬程计算值与试验值对比如图 2-5a 所示。通过对比发现，在马鞍区的影响下，启动过程中的扬程有所降低，如图 2-5a 中的 AB 段所示，AB 段也更加贴近试验值。从外特性上来说马鞍区影响的是瞬态扬程三项中的稳态项，故基于相似定律，稳态项扬程受马鞍区影响的范围 $AA'BB'$ 如图 2-5b 所示。从图中可以看出，在 $t=0.75$ s 时马鞍区开始影响扬程大小，随着时间的增加，其影响愈明显，发展到点 B 后马鞍区影响消失。由图 2-5b 可知，在启动结束时的运行工况点已避开马鞍区的影响。当然也存在一种结果是启动结束时，泵刚好在马鞍区以额定转速运行，此时由于马鞍区的存在，不仅泵扬程达不到要求，而且整个泵机组的稳定、安全性能都将受到危害。因此，为了达到启动结束时所需压力值，一方面要优化水力设计，尽量减弱马鞍区的存在，另一方面要选择合理的方式与时间来启动泵运行。

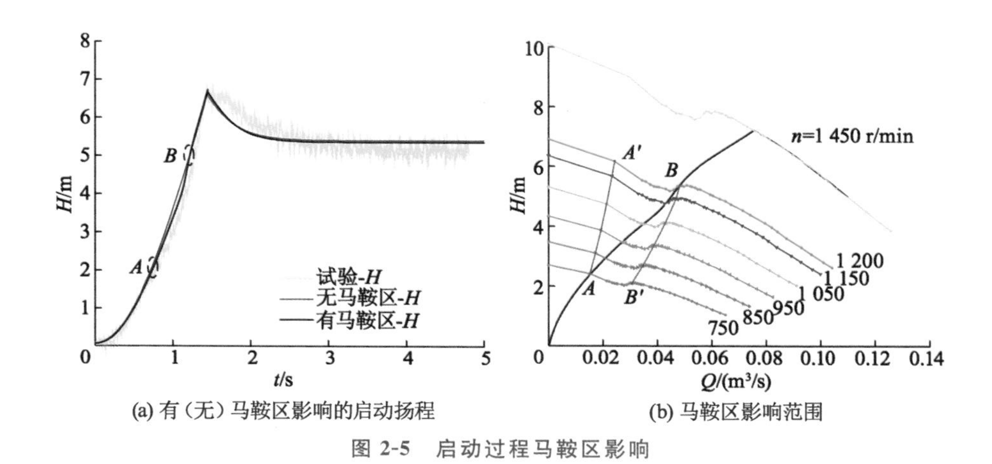

(a) 有(无)马鞍区影响的启动扬程　　(b) 马鞍区影响范围

图 2-5　启动过程马鞍区影响

2.4　不同启动条件下的瞬态特性

通过式(2-15)与式(2-30)的联立方程组来求解表 2-2 所示的线性与指数两种不同启动方式下的流量、扬程的瞬态变化过程。表中，n_{max} 为额定转速，线性启动方式中的 t_0 为实际转速达到额定转速所需的时间；指数启动方式中的 T_{na} 为名义加速时间，定义为实际转速达到额定转速的 63.2%所需要的时间。

表 2-2　模型泵启动方案

启动方式	表达式
方案 A:线性启动	$n=\begin{cases} n_{max}t/t_0, & 0\leqslant t\leqslant t_0 \\ n_{max}, & t>t_0 \end{cases}$
方案 B:指数启动	$n=n_{max}\left[1-\exp\left(-\dfrac{t}{T_{na}}\right)\right]$

2.4.1　线性启动瞬态特性

在四种不同启动时间下转速、流量、扬程的变化分别如图 2-6 所示。随着时间变化，流量曲线逐渐上升，而流量的上升速度随着启动时间的增加先快后慢。图 2-6b 清晰地表明，启动时间越短，启动结束时对应的流量越小，启动过程流动惯性的瞬态效应越明显。不同启动时间下泵扬程的变化总体趋势一致,在启动结束后扬程出现峰值,并逐渐趋于稳定。由于启动结束时对应的流量不同,启动时间越长(或者说加速度越小),扬程峰值越小(除 0.8 s 外),冲击现象逐渐减弱。在 0.8 s 启动条件下,当启动结束即转速达额定转速后,扬程并未像其他启动时刻一样开始下降并回落至稳定值,而是出现了先上升后下降的变化过程,由 2.3 节论述的结果可知,在 0.8 s 时刻,泵运行工况应该恰好位于额定转速 1 450 r/min 的马鞍区范围内。由于惯性影响,虽然此时转速稳定,但流量依然处于上升阶段,此后泵稳态项扬程沿着特性曲线(1 450,Q)变化。由图 2-5b 可清晰看出,当流量在正斜率区间变化时,扬程值逐渐升高,这解释了 0.8 s 启动条件下启动结束时扬程上升现象。启动时间越长,马鞍区对扬程的影响时刻越远离启动结束时刻。

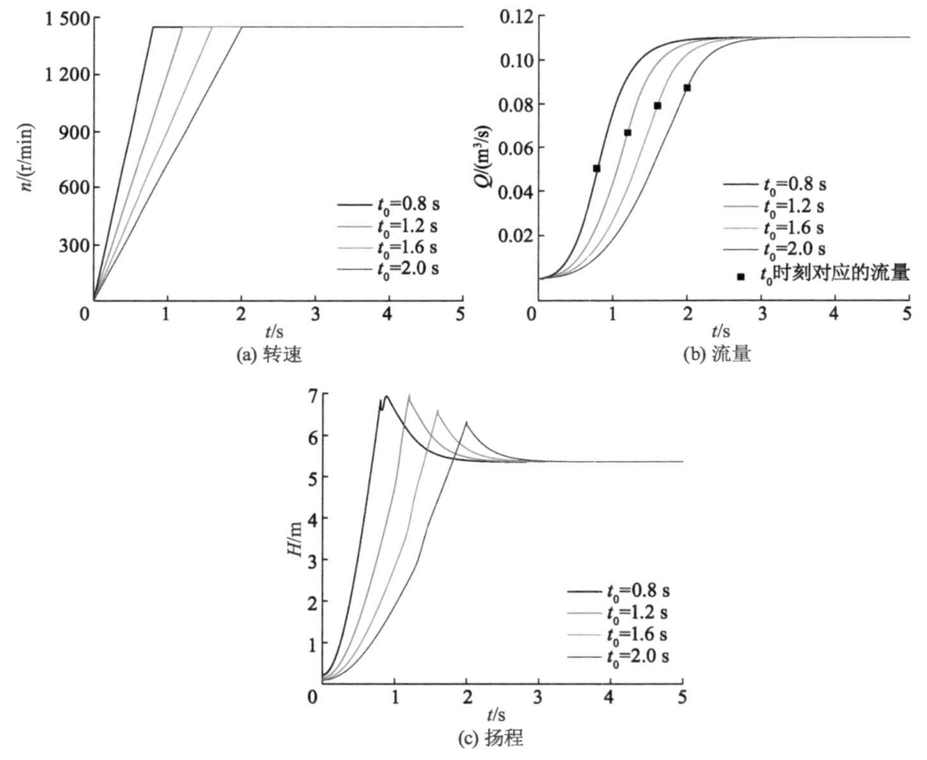

图 2-6 不同启动时间下转速、流量、扬程的变化

由式(2-15)将泵扬程分解成稳态项、加速项和惯性项三部分,结果如图 2-7 所示。稳态项扬程由相似换算所得,从零开始逐渐增大,并且由于在启动

结束时刻处于小流量工况，因此扬程出现峰值，且由峰值缓慢降低至稳定值。不同启动时间下的加速扬程值如图 2-7b 所示，由于是线性启动方式，加速度大小恒定，随启动时间的增加而降低。加速效应只存在于启动阶段，即在零时刻就存在的加速度在启动结束突然消失，因此泵扬程起点要高于稳态项扬程，且启动结束时泵扬程突然下降。不同启动时间下的惯性项扬程值如图 2-7c 所示，由式(2-15)可知，惯性项的大小反映了流量变化的快慢，换言之就是体现了流体加速的快慢。惯性项在整个过程中先增强后减弱，随着启动时间的增加，峰值逐渐减小且过渡过程越明显。在 2 s 启动条件下，峰值在启动结束前就已经出现，而在其他短时间启动条件下，峰值均恰好出现在启动结束的那一时刻。总的实际附加扬程如图 2-7d 所示，它的变化趋势与惯性项近似，在初始阶段更接近加速项，由于加速项不变，而惯性项逐渐增大并超过加速项大小，因此在图 2-7d 中出现总附加扬程为 0 的情况，说明在启动前期加速项影响占主导，且持续时间随 t_0 的增加而增加，而在后期流动惯性影响占主导。

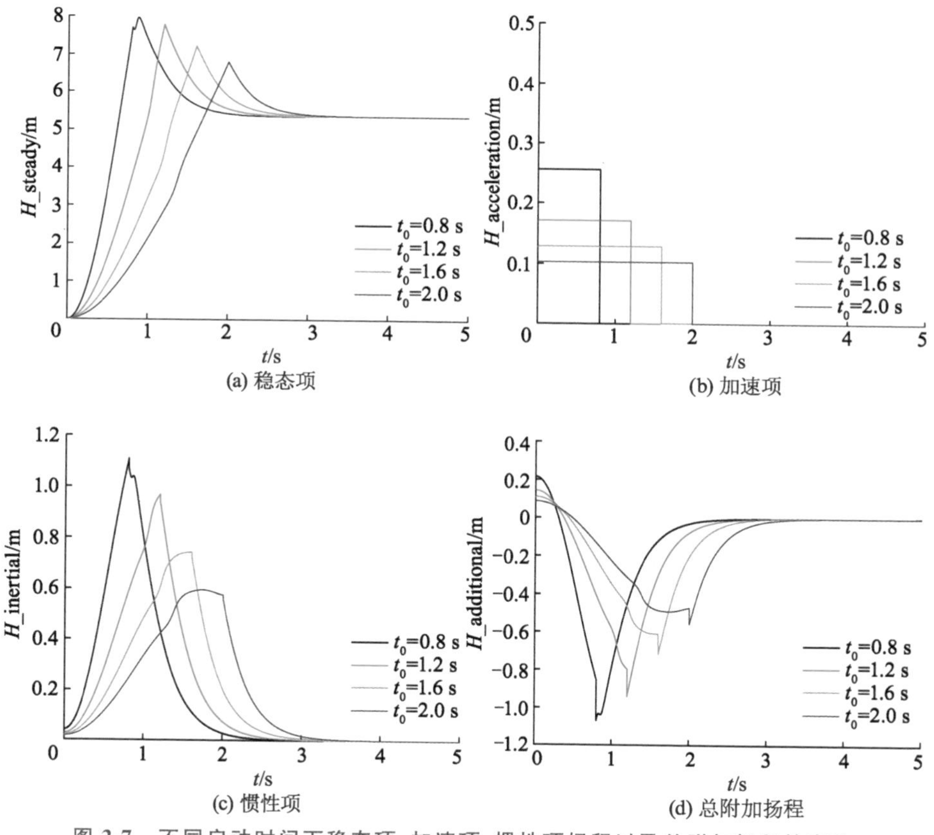

图 2-7　不同启动时间下稳态项、加速项、惯性项扬程以及总附加扬程的变化

为了分析启动过程的功耗及能量转化的情况，根据式(2-29)估算了不同启动时间下启动过程的扭矩和效率的变化过程，扭矩与效率的计算结果如图2-8所示。启动时间越短(启动加速度越大)，初始扭矩越大。不同启动时间下，启动结束时均出现冲击扭矩现象，加速度越大，冲击越明显，当有足够长的时间来启动泵时，冲击扭矩将会消失。对比四种启动时间的扭矩发现，0.8 s与1.2 s启动条件下，启动结束时的扭矩比稳定运行时的扭矩值小，而1.6 s和2.0 s启动时间下的冲击扭矩要大于稳定扭矩值，这是由启动结束时的流量与最终稳定的流量不同引起的，因此应选择合适的启动条件来确保不会过载。由图2-8b可知，马鞍区与启动结束时间将效率分成三段，其中马鞍区对效率的影响与启动时间无关，均在效率为0.459处有明显影响。启动结束时刻由于冲击影响，效率突然上升，然后缓慢升至稳定值。启动时间越长，启动结束时刻的效率越高。

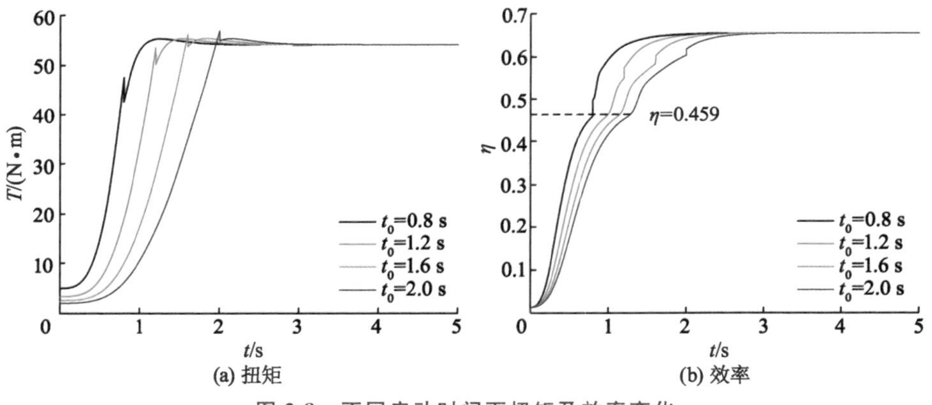

图 2-8　不同启动时间下扭矩及效率变化

不同启动时间下，启动过程的间隙泄漏量变化如图2-9所示。各启动加速度下的泄漏量变化规律一致。以0.8 s启动时间下的变化为例，在启动阶段，泄漏量呈现近似线性增长的分布规律，在启动结束时刻出现明显的冲击现象，这是由线性启动规律造成的。启动结束后，泄漏量呈非线性缓慢增加，这与启动完成后的流体惯性相关。泄漏量峰值随着启动时间的增加逐渐递减，而启动结束时的泄漏量随启动时间的增加逐渐递增，因此启动时间越短，冲击越明显。

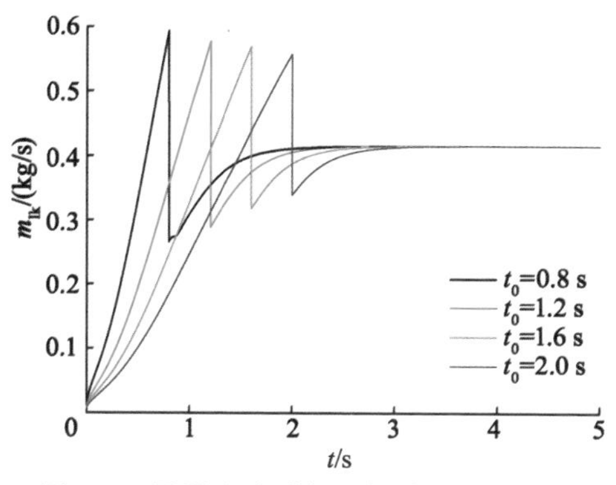

图 2-9　不同启动时间下间隙泄漏量变化

2.4.2　指数启动瞬态特性

在不同的名义加速时间 T_{na} 下，指数启动方式的转速、流量、扬程变化趋势如图 2-10 所示。T_{na} 越大，达到额定转速的时间越长，流量趋于稳定的时间越长，T_{na} 时刻的流量越大，但流量大小的差距相对于线性启动较小。不同 T_{na} 条件下的启动扬程均先减小后增大，出现扬程极小值，且极小值出现的时刻与 T_{na} 关系不大，均出现在大致 0.136 s 时刻处。同一时刻下，T_{na} 越小，扬程越大，极小值现象越明显。不同于线性启动方式，指数启动没有明显的冲击现象。

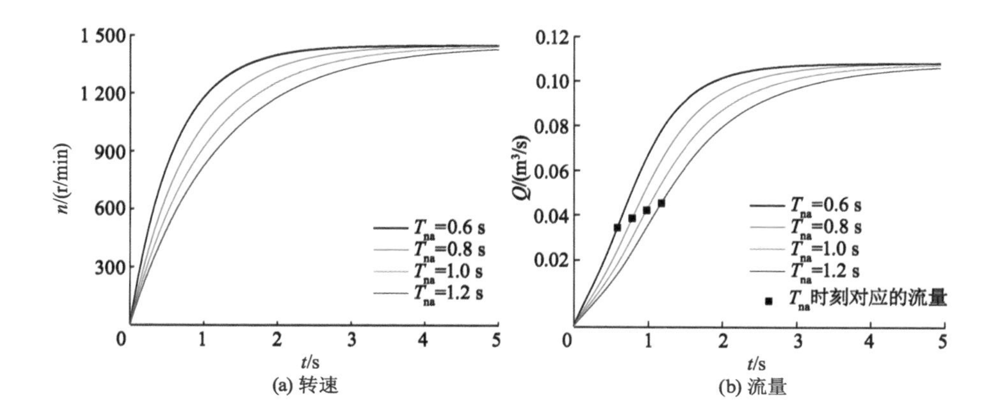

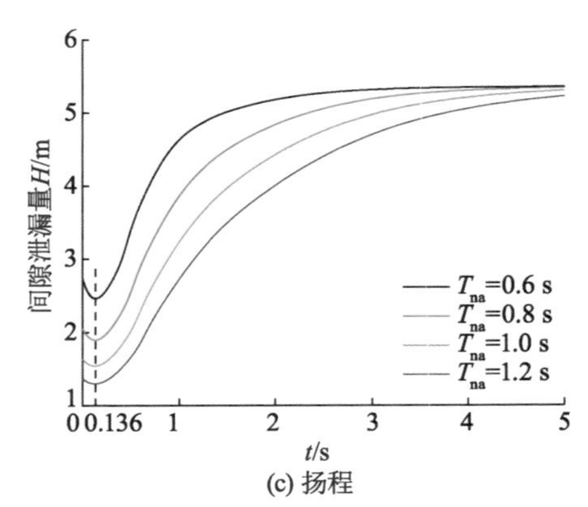

(c) 扬程

图 2-10　不同启动时间下转速、流量、扬程变化

进一步深入分析泵扬程变化，其稳态项、加速项及惯性项扬程如图 2-11 所示。同一时刻下，T_{na}越小，稳态项扬程越大，这主要是因为 T_{na}越小，转速越大。指数启动方式的加速度随时间逐渐衰减。加速扬程可大致分为Ⅰ，Ⅱ两个阶段。在第Ⅰ阶段，T_{na}越小，角加速度越大，加速扬程越大；在第Ⅱ阶段，T_{na}越小，角加速度越小，加速扬程越小，最终均降为零。惯性扬程绝对值先减小后增大再减小，整个过程先后出现极小值与极大值。T_{na}的大小对极小值出现的时刻影响不大，均大致在 0.159 s 时刻出现，而极大值出现的时刻随着 T_{na}的增大而增大。由不同 T_{na}下的极小与极大惯性扬程的对比发现，T_{na}足够小的情况下，初始惯性扬程将会比极大惯性扬程值还大。惯性扬程也可大致分为Ⅰ，Ⅱ 两个阶段。在第Ⅰ阶段，T_{na}越小，惯性扬程越大；在第Ⅱ阶段，T_{na}越小，惯性扬程越小。总的附加扬程的变化与加速扬程一致，在整个过程中总附加扬程值总为正，说明加速项的影响一直大于惯性项的影响。

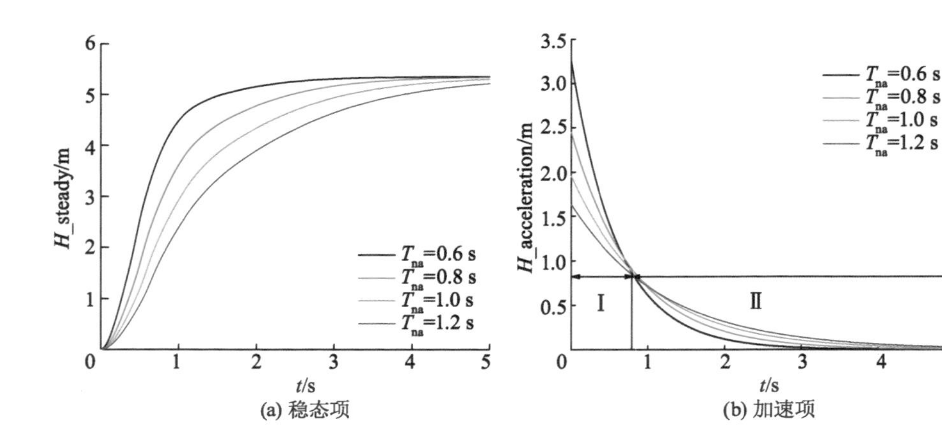

(a) 稳态项　　(b) 加速项

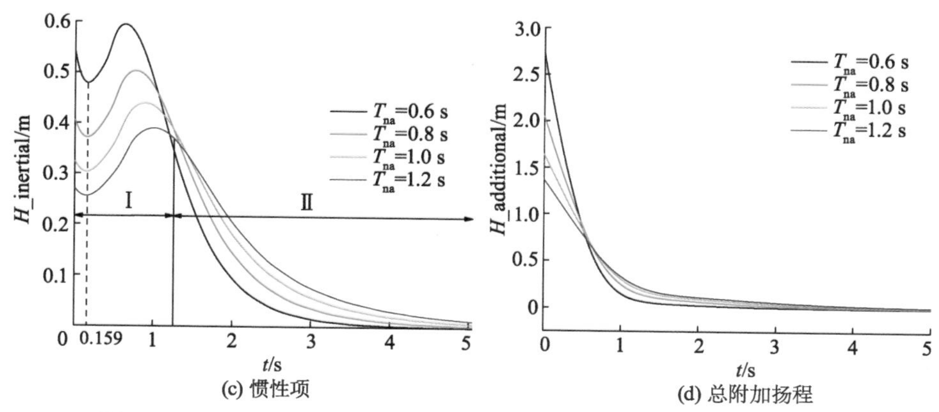

(c) 惯性项　　(d) 总附加扬程

图 2-11　不同启动时间下稳态项、加速项、惯性项扬程及总附加扬程变化

指数启动方式的扭矩与效率变化如图 2-12 所示。扭矩随时间先减小后增大，最小扭矩值出现的时刻均基本在 0.49 s。T_{na}越小，扭矩越大。T_{na}为 0.6 s 时，出现初始扭矩大于稳定扭矩的现象，这与线性启动在结束时刻出现冲击扭矩相反。而其他 T_{na}所对应的初始扭矩小于稳定扭矩。因此，当启动时间很小的时候，启动一开始就可能会出现功率过载现象，烧毁电机，从而导致启动失败，合适的启动时间可以避免这一问题。

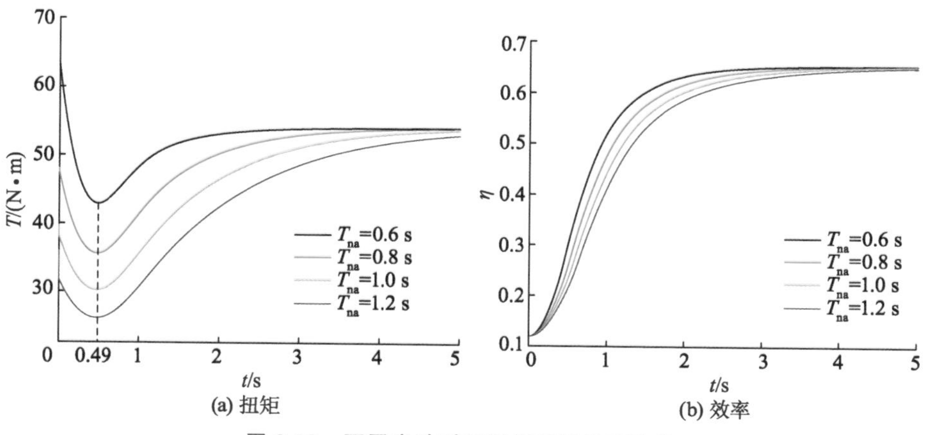

(a) 扭矩　　(b) 效率

图 2-12　不同启动时间下扭矩及效率变化

不同启动时间下，启动过程的间隙泄漏量变化如图 2-13 所示。整体上泄漏量随启动时间的增加先增加后减小。最大泄漏量出现在 T_{na}时刻且随 T_{na}

的增加逐渐减小。在启动前期，T_{na}越大，泄漏量越小；而在启动后期，T_{na}越大，泄漏量越大。与线性启动相比，指数启动过程中的泄漏量要更大。

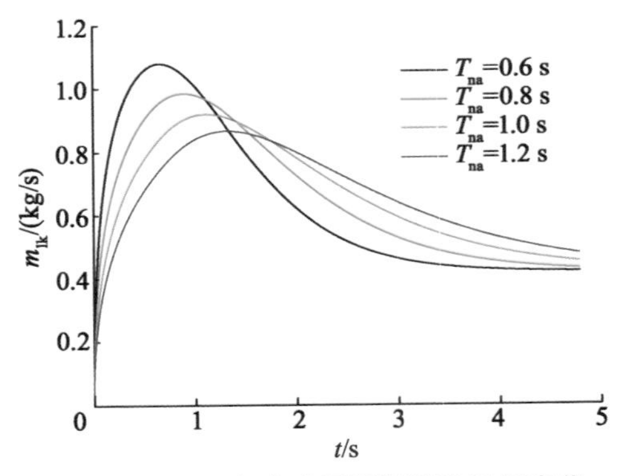

图 2-13 不同启动时间下间隙泄漏量变化

2.5 本章小结

本章通过理论分析建立了混流泵启动过程的理论扬程计算方法，结合管路特性方程求解混流泵启动过程的瞬态流量、扬程等水力性能参数，分析了线性与指数启动方式下，不同启动时间对瞬态特性的影响。

基于转矩能量平衡法与相对伯努利方程分别给出了瞬态扬程预测方法，综合考虑了叶片安放角与叶片排挤系数的影响，建立了瞬态预测模型。基于稳态与启动过程试验流量的理论计算值与试验值吻合较好，理论计算结果准确有效。

线性启动方式下，扬程在启动过程中逐渐上升且最大扬程随启动时间增加而减小。由相似换算所得的稳态项扬程从零开始逐渐增大，与实际扬程变化趋势一致；加速项扬程仅存在于启动过程且恒定，随着启动时间的增加而减小；惯性项扬程在启动过程先增大后减小，随着启动时间的增加，峰值逐渐减小。启动前期加速项影响占主导，且持续时间随启动时间的增加而增加，而在后期流动惯性项影响占主导。初始扭矩与冲击扭矩随启动时间的增加而减小。马鞍区对效率的影响与启动时间无关，启动结束时由于冲击扬程影响，效率突然上升并逐渐趋于稳定。启动过程泄漏量呈现近似线性增长的分布规律，启动结束后，流体惯性使其呈非线性缓慢增加，不同启动时间下均存在明显的冲击现象。

指数启动方式下，启动扬程先减小后增大，出现扬程极小值，且在不同名义加速时间 T_{na} 下，极小值出现在同一时刻。T_{na} 越小，启动过程扬程越大，极小值现象越明显。稳态项扬程从零开始逐渐增大至稳定值；启动过程加速扬程逐渐减小，惯性扬程先减小后增大，再逐渐减小至零，且 T_{na} 越小，启动前期的加速项扬程与惯性项扬程越大，而在后期则越小；总附加扬程变化与加速项一致，即启动过程加速项一直大于惯性项。扭矩变化与扬程一致，且在高加速度情况下，初始扭矩会超过稳定扭矩，造成功率过载。效率则逐渐上升，T_{na} 越小，同一时刻效率越大。泄漏量先快速增加后缓慢减小，启动前期 T_{na} 越小，泄漏量越大，启动后期则越小，指数启动方式的泄漏量总体上大于线性启动方式下的泄漏量。马鞍区对指数启动条件下的瞬态特性无明显影响。

3 基于准稳态假设的混流泵启动特性

3.1 概述

近年来国内外部分学者相继开展了离心泵瞬态水力特性与快速瞬变过程的研究,取得了一定的研究成果,但受研究难度与试验手段等诸多限制,目前还远未达到完善的程度。Thanapandi(1996)从准稳态角度出发,初步估算了蜗壳式离心泵启动过程中的各项损失,对两个不同的试验泵进行启停试验,通过数值计算与试验对比分析发现,离心泵在较慢的启动与停机过程中,准稳态方法能够较好地预测瞬态性能。Tsukamoto(1982,1986)对离心泵启动和停机瞬态过程进行了试验研究,发现启动初始阶段的无量纲扬程和流量快速下降直至低于稳态曲线后才回复到稳态水平,停机初始阶段的动态无量纲扬程大于稳态值。王乐勤(2008)基于数值计算和试验研究了离心泵启动过程瞬态流动,启动过程无量纲扬程偏离稳态值的外部原因是启动加速度的改变,内部原因是流动惯性和流场结构的演化。

上述研究表明,对于泵启停过程瞬态特性的研究,试验测量仍然是主要手段,而基于近似离散叠加的准稳态方法也被很多学者采用。但准稳态计算中单个离散点的实际工况为稳态工况下的小流量工况,这与瞬态工作过程中的低转速工况存在较大的差异。因而,准稳态假设计算方法获取的瞬态特性需要得到进一步验证。

3.2 准稳态数值计算方法

准稳态假设是指在极短的时间内泵内流动状态没有明显变化,从而忽略叶轮和流体加速带来的影响,可以采用稳态边界条件对泵内流场进行数值计算。准稳态流动特性是混流泵启动过程瞬态流动特性的近似离散叠加，准稳态性能的研究对了解、掌握混流泵瞬态流动特性具有重要的意义。

准稳态计算方法是在混流泵连续运行工况中，选取不同的计算点作为稳态计算的边界条件，计算结果作为分析瞬态过程的依据。

其计算过程如下：

① 选取几个不同的转速，准稳态计算时，为了保证和瞬态计算边界条件相同，在转速相同的情况下，将准稳态计算和瞬态计算的出口流量设为相同值。

② 采用和瞬态计算相同的计算模型和计算精度，且与瞬态计算选取相同的控制方程的参数、离散化格式。

③ 设定监控参数，进行迭代计算，并进行后处理。

瞬态计算方法和准稳态计算方法的根本区别在于，瞬态计算的边界条件随着时间连续地改变，而准稳态计算则是非连续工况，但其对应的计算边界条件和瞬态计算是相同的（刘二会，2012）。

3.3 计算模型

3.3.1 三维实体造型

应用 Pro/Engineer 软件对混流泵模型的进口段、叶轮、导叶、蜗室和出口段分别进行建模，装配后得到混流泵全流道的三维实体造型，如图 3-1 所示。计算区域为从泵的进口段到环形蜗室出口段的整个装置段。

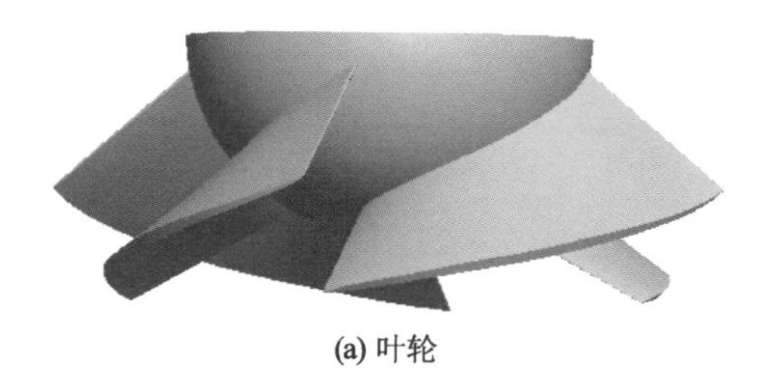

(a) 叶轮

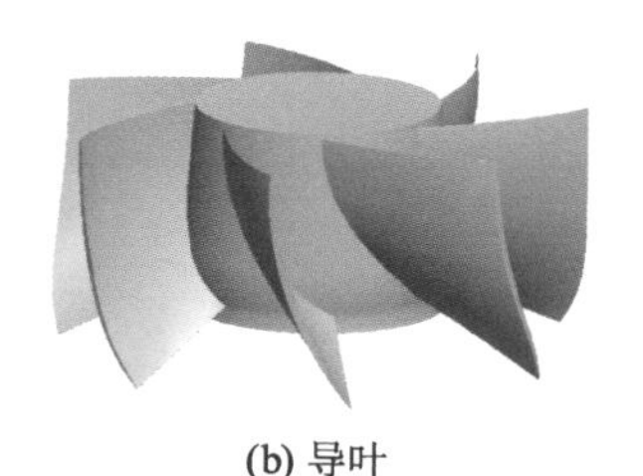

(b) 导叶

图 3-1 三维模型

3.3.2 计算网格的生成方法

混流泵的物理模型包括进口段、叶轮段、导叶段、环形蜗室段、出口段。考虑到叶顶间隙相对叶轮的尺寸很小，为保证间隙内部足够的网格单元数和有效节点数，以及间隙向叶轮内部网格的均匀过渡，采用六面体网格进行划分。在叶轮和导叶处分别采用 J/O 型拓扑结构和 H/O 型拓扑结构，进口段采用 Y－block 拓扑形式，并进行周期阵列形成完整的过流通道。通过对每根拓扑线上节点的控制，使得网格按照各个壁面的曲率大小均匀变化，并对叶轮进行加密处理。混流泵各部分及全流道计算区域网格划分情况分别如图 3-2 所示。

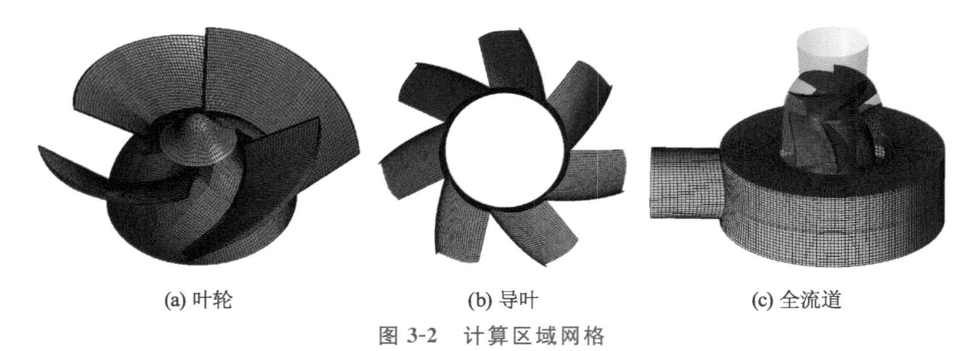

(a) 叶轮　　(b) 导叶　　(c) 全流道

图 3-2　计算区域网格

计算单元的总网格数约为 110.01 万，其中叶轮计算区域的单元数约为 46.11 万，导叶计算区域的单元数约为 45.37 万，详细网格情况见表 3-1。

表 3-1　混流泵三维网格划分

区域	质量	最小角度/(°)	网格数/万	节点/万
进口	0.60	39.14	5.13	4.6
叶轮	0.31	24.10	46.11	42.9
导叶	0.30	21.72	45.37	42.1
环形蜗室	0.31	21.03	13.40	12.1

3.3.3　控制方程及湍流模型

目前，标准 $k-\varepsilon$ 两方程模型是工程中应用较多也广被实践验证的湍流模型。因此，本章主要应用该湍流模型进行混流泵内流场的研究。它是在关于湍动能 k 的方程的基础上，引入一个关于湍动能耗散率 ε 的方程，最终组成一组封闭方程组，并与连续性方程、动量方程组成控制方程组，即数学模型。在定常条件下，流场不可压缩，其通用表达式为

① 连续性方程

$$\frac{\partial u_j}{\partial x_j}=0 \tag{3-1}$$

② 动量方程

$$\rho\frac{\partial u_i}{\partial t}+u_j\rho\frac{\partial u_i}{\partial x_j}=-\frac{\partial p}{\partial x_i}+\mu\frac{\partial^2 u_i}{\partial x_j^2}+\rho f_i \tag{3-2}$$

③ 湍动能方程

在标准 $k-\varepsilon$ 模型中，湍流黏性系数的表达式为

$$\mu_{\mathrm{T}}=\rho C_\mu\frac{k^2}{\varepsilon} \tag{3-3}$$

式中：C_μ，k，ε 分别为经验系数、湍动能、湍动能耗散率。其中，常数系数$C_\mu=0.09$。

ε 的定义如下：

$$\varepsilon=\frac{\mu}{\rho}\cdot\overline{\frac{\partial u_i'}{\partial x_j}}\,\overline{\frac{\partial u_i'}{\partial x_j}} \tag{3-4}$$

因此，湍动能 k 和湍动能耗散率 ε 的约束方程为

$$\frac{\partial(\rho u_j k)}{\partial x_j}=\frac{\partial}{\partial x_j}\left(\frac{\mu_{\mathrm{T}}}{\sigma_k}\frac{\partial k}{\partial x_j}\right)+G_k-\rho\epsilon \tag{3-5}$$

$$\frac{\partial(\rho u_j\varepsilon)}{\partial x_j}=\frac{\partial}{\partial x_j}\left(\frac{\mu_{\mathrm{T}}}{\sigma_\varepsilon}\frac{\partial\varepsilon}{\partial x_j}\right)+\frac{\varepsilon}{k}(C_1G_k-C_2\rho\epsilon) \tag{3-6}$$

式中：G_k 为湍流的产生项，$G_k=\mu_{\mathrm{T}}\left(\frac{\partial u_i}{\partial x_j}+\frac{\partial u_j}{\partial x_i}\right)\frac{\partial u_i}{\partial x_j}$。$C_1=1.44$，$C_2=1.92$，$\sigma_k=1.0$，$\sigma_\varepsilon=1.3$。

3.3.4 数值算法与边界条件

采用商用软件 CFX 对全流场进行定常数值计算，以时均 N-S 方程作为基本控制方程，以标准 $k-\varepsilon$ 两方程为湍流模型，采用二阶精度迎风格式，以基于微元中心有限体积法空间离散的方式（Manole，1993），通过 SIMPLEC 算法实现压力和速度的耦合求解。边界条件设置为速度进口、压力出口，取参考压力为 1 个标准大气压，收敛精度为 $10e^{-4}$。主要的边界条件设置如表 3-2 所示。

表 3-2 控制方程和边界条件

主要条件	CFX 设置
假设	定常，不可压
控制方程	RANS
湍流模型	标准 $k-\varepsilon$
进口	Velocity inlet

续表

主要条件	CFX 设置
出口	Pressure outlet
壁面	No slip
近壁区	Standard Wall Function

将定常数值计算结果作为非定常数值计算的初始条件，时间步长取叶轮旋转 3°为一个单位步长，计算周期为叶轮旋转 6 周，并取第 6 个周期为最终结果进行压力脉动和内部流场信息的处理等。

3.3.5 网格无关性分析

对混流泵在转速为 1 450 r/min 设计工况下的网格数进行了无关性检验，采用同样的网格拓扑结构，通过改变拓扑线条上的网格节点数目，并调整相应节点，使得网格质量保持一致，一共得到五种不同的网格数目，分别为 51.3 万、82.3 万、110.01 万、130.3 万、170.7 万，计算扬程分别为 5.951，6.01，6.208，6.21，6.194 m。图 3-3 为网格数和计算扬程的比较，从图中可以看出，当计算网格数达到 110.01 万时，再增加网格数计算扬程结果变化很小，误差在±5%以内，符合网格无关性检验要求。整个计算域的 Y^+ 小于 100，即网格的第一层节点处于对数律层，边界层内部采用标准壁面函数进行处理。

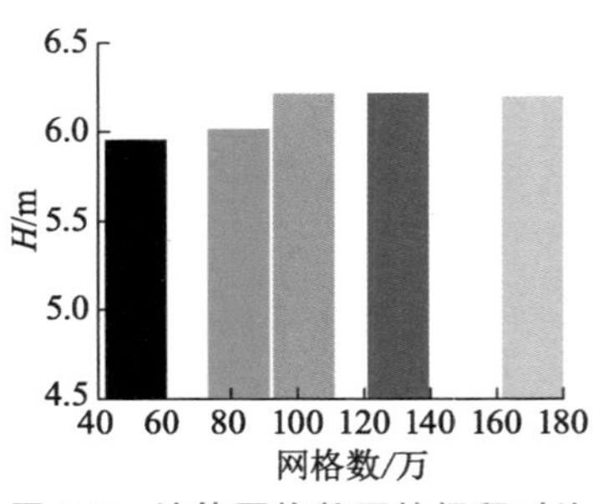

图 3-3 计算网格数下的扬程对比

3.4 准稳态计算工况点参数确定

3.4.1 稳态工况下的外特性

分别对混流泵模型在 750，1 150，1 450 r/min 三种转速下的外特性进行预测，并与稳态试验外特性进行对比，对比结果如图 3-4 所示。

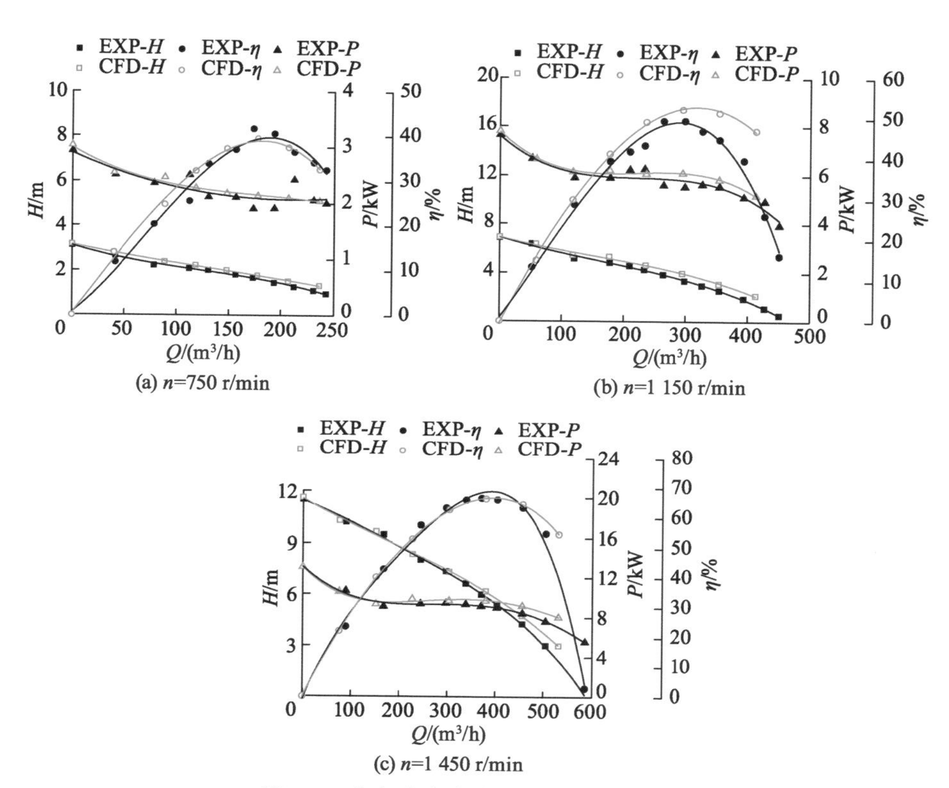

图 3-4 稳态试验外特性与数值预测对比

从图中可以看出，在稳定转速为 750 r/min 时，计算的扬程比模型试验值要高，效率比试验结果略低，在该转速小流量工况下数值模拟结果与试验结果十分相近，在效率最高点，扬程和效率的误差分别为 7.14%和 5.09%；在稳定转速为 1 150 r/min 时，计算的扬程和效率比模型试验值都高，在该转速小流量工况下数值模拟结果与试验结果较接近，在效率最高点，扬程和效率误差分别为 3.34%和 5.85%；在稳定转速为 1 450 r/min 时，计算的扬程比模型试验值要高，效率比试验结果略低，在该转速小流量工况下数值模拟结果与试验结果非常相近，在效率最高点，扬程和效率的误差分别为 3.29%和 0.27%。由于数值计算模型相比试验测量用泵存在局部结构差别和网格质量等因素的影响，数值计算与试验测量结果存在误差无法避免。但从整体上看，数值模拟的扬程、效率与试验测量的性能趋势基本一致，说明混流泵稳态数值计算选用的网格大小、湍流模型能够较好地预测其外特性。

为验证不同转速下混流泵的性能对相似定律的适用性，分别对三种转速下的外特性进行无量纲化处理，无量纲性能曲线如图 3-5 所示。从图中可以看出，试验外特性和数值计算外特性在各个转速下的无量纲曲线比较接近，在转速为 1 450 r/min 时，试验最高效率点处的无量纲流量和扬程分别为 0.191 9 和 0.554 3，数值计算最高效率点处的无量纲流量和扬程分别为 0.196 8 和 0.572 6。

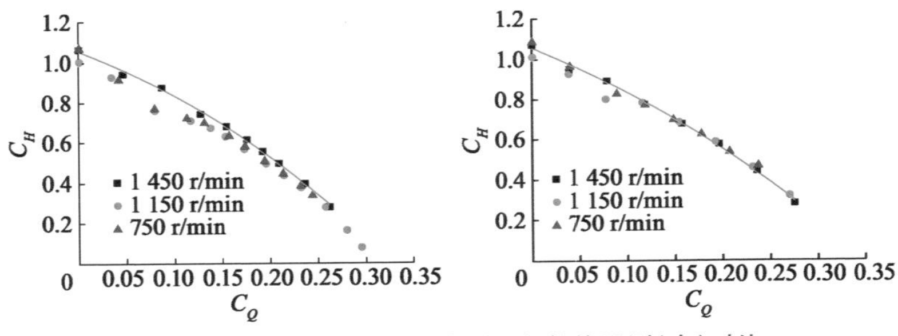

图 3-5　无量纲试验外特性(左)与数值预测(右)对比

3.4.2　确定准稳态计算边界参数

进行准稳态计算时，需找到混流泵稳态转速下对应瞬态启动过程某一时刻的实测体积流量，然后通过稳态性能曲线估算该时刻的扬程。研究模型在 1 s 内转速从 0 加速到 1 450 r/min 时，启动过程瞬态试验外特性曲线如图 3-6 所示(考虑计算方便，将获得的流量进行拟合处理，并将涡轮流量计测试试验中的响应误差去除。由于瞬时电流过大，泵的实际启动完成时间约为 1.35 s)。

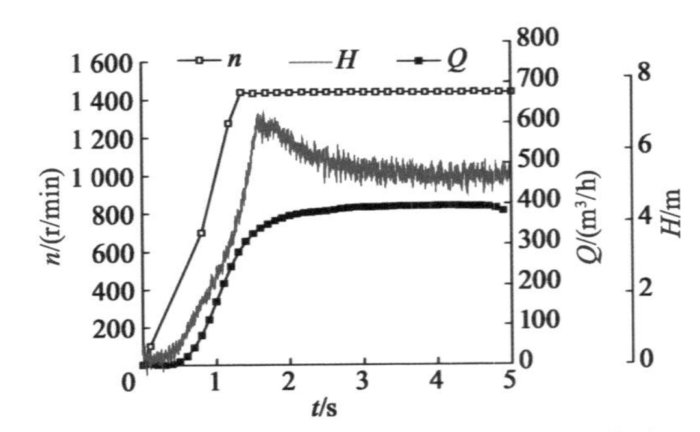

图 3-6　瞬态启动试验外特性曲线(启动时间 1 s，稳定转速 1 450 r/min)

通过计算，从图 3-6 中读取混流泵在稳态转速为 750，1 150，1 450 r/min 时所对应的瞬态流量分别为 73，190，296 m^3/h。在快速启动过程的研究中，假设转速从 0 到 1 450 r/min 的变化范围内混流泵性能都满足相似定律，可获得混流泵基于准稳态假设的启动过程瞬态外特性。准稳态外特性曲线与启动瞬态试验外特性曲线对比如图 3-7 所示。

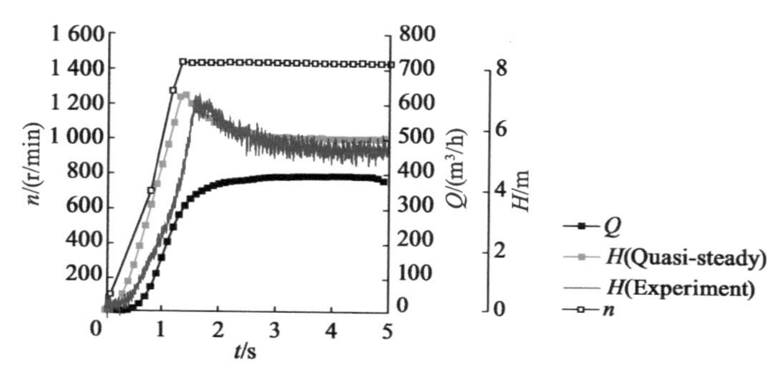

图 3-7 瞬态启动试验外特性与准稳态外特性对比

从图 3-7 中可以看出，在试验的启动加速度下，随着转速达到最大值，泵的实测扬程也随之立即达到最大值，并在转速稳定后产生一个大的扬程冲击，随后混流泵开始进入稳定运行状态，其性能也开始与稳态性能对应起来。但在整个启动过程的试验扬程与稳态估算扬程存在一定的差别，由于启动过程混流泵内部流动伴随各种尺度涡的产生和消失，使得进出口动静压转化变得十分不稳定，以至于扬程上下波动，而准稳态结果忽略了叶片加速的影响，内部流动较为平稳，因满足相似定律，扬程呈现直线上升趋势，并且随着体积流量的增大，两条曲线的偏离增大。当转速达到最大值后，测试扬程小于准稳态假设值，这是由于在启动过程中，有一部分扬程是提供给管路中流体加速的，压力传感器无法测到。因此，准稳态假设与瞬态过程的水力特性存在较大差别，准稳态计算扬程呈现直线上升趋势，并随着体积流量的增大逐步偏离试验扬程。这与美国工程师 Lefebvre(1995)研究离心泵瞬态过程特性得出的瞬态水力特性与准稳态假设不相符这一结论相一致。

3.4.3 无量纲参数描述瞬态性能

以无量纲扬程随时间的变化来描述混流泵的启动过程，并将试验无量纲扬程的时间历程与准稳态工况下无量纲扬程的时间历程进行对比分析。图 3-8 中准稳态无量纲扬程曲线的获得是通过以试验测试的瞬态无量纲流量为基准，由图 3-5 中无量纲稳态数值计算曲线取得瞬态试验测试无量纲流量对应稳态无量纲曲线上的扬程，并由此作出稳态无量纲扬程的时间历程。

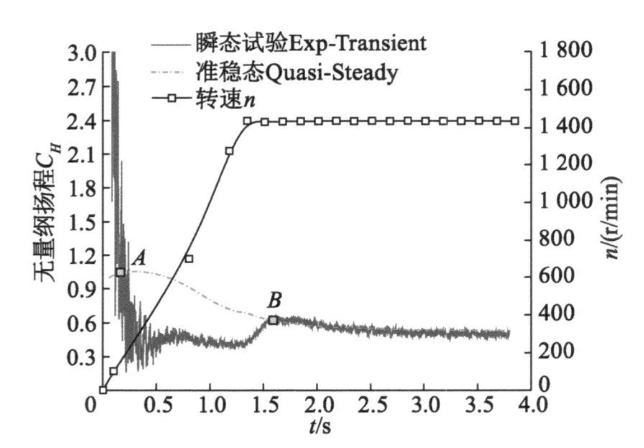

图 3-8　启动过程试验测量与准稳态计算无量纲扬程曲线

由图 3-8 可知，随着转速的增加，瞬态试验无量纲扬程从很大的值迅速减小，直至低于稳态曲线后继而增大到与准稳态无量纲曲线基本吻合，瞬态无量纲扬程和准稳态无量纲扬程曲线吻合后，混流泵开始进入稳态运行状态。混流泵启动过程中无量纲扬程经历一个从极大值下降后又上升的过程，这与启动过程中内部流场的一些非定常流动现象相关。启动初始阶段，瞬态无量纲扬程远远大于准稳态无量纲扬程并迅速下降，这可能是由叶轮突然加速引起的瞬时压力冲击造成的；同时，由于启动初始阶段整个流动呈现势流状态，几乎没有流动分离，这也是引起瞬时压力增高的重要因素。随着叶轮不断加速，从点 A 以后，瞬态无量纲扬程开始小于准稳态无量纲扬程并出现较大幅度的波动，此过程混流泵完全处于加速阶段，说明混流泵在启动加速阶段具有明显的瞬态效应。其中无量纲扬程的下降幅度与叶轮结构和启动加速度等因素有关，这种性能下降出现在转速达到最大值之前。随着转速稳定，即试验测量的瞬态无量纲扬程到达点 B 后，瞬态无量纲扬程曲线和准稳态无量纲扬程曲线基本重合，混流泵进入稳态工作过程，瞬态效应消失。

研究结果表明，混流泵启动过程无量纲扬程偏离准稳态工况，显示出明显不同于准稳态工况的瞬态效应（李伟，2016）。

3.5 准稳态数值计算结果

3.5.1 定常数值计算结果

准稳态工况 3 个转速下叶轮和导叶之间的静压分布情况如图 3-9 所示。由图可知，随着转速的升高，混流泵内压力明显增大，叶轮流道内的压力呈现梯度分布，并在叶片出口处形成高压区，因受到动静干涉作用，叶轮出口与空间导叶体进口之间的环形空间内流场非常紊乱，叶轮和导叶之间的区域交替出现低压区和高压区，并不断进行能量交换。但从整体来看，因准稳态计算忽略了叶轮和流体加速带来的影响，3 种转速下泵内压力具有相同的分布趋势，且转速越高，动静干涉作用越明显。

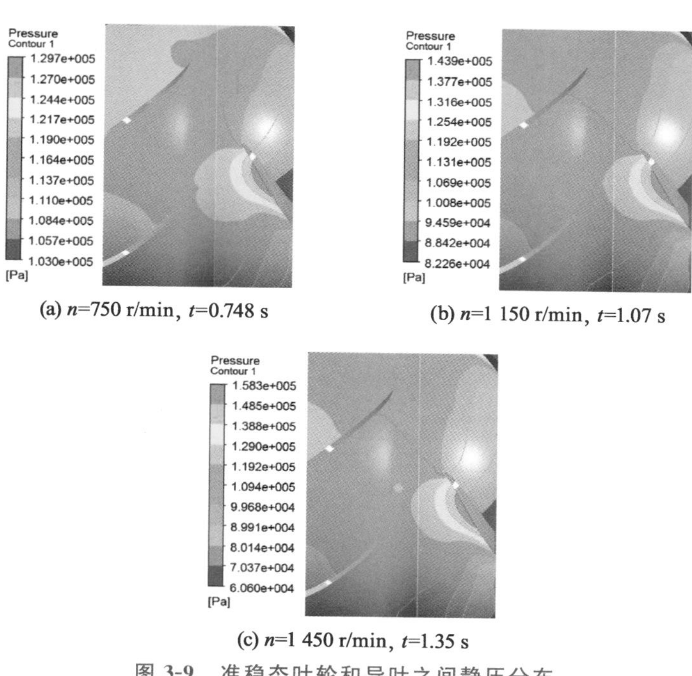

(a) n=750 r/min, t=0.748 s

(b) n=1 150 r/min, t=1.07 s

(c) n=1 450 r/min, t=1.35 s

图 3-9 准稳态叶轮和导叶之间静压分布

图 3-10 所示为准稳态工况下全流场的绝对速度分布。从图中可以看出，3 种转速下，流道内速度分布具有较好的相似性，并明显区别于 1 450 r/min 转速下的 3 种不同流量点的速度分布。因为在准稳态工况下，3 种转速对应启动过程中的流量点实际为稳态转速下的小流量工况，因此，流道内的流动

较为紊乱，在叶顶间隙区出现回流现象，回流与来流发生相互影响，形成旋涡；在叶轮出口和导叶进口因受到动静相干作用存在一个大尺度的旋涡，导叶进口处的旋涡堵塞了部分流道，水力损失较大。导叶出口后的环形蜗室流道内也出现了两个大小不同的旋涡，并由此影响环形蜗室出口流道速度矢量的非均匀分布，导致较大的水力损失。

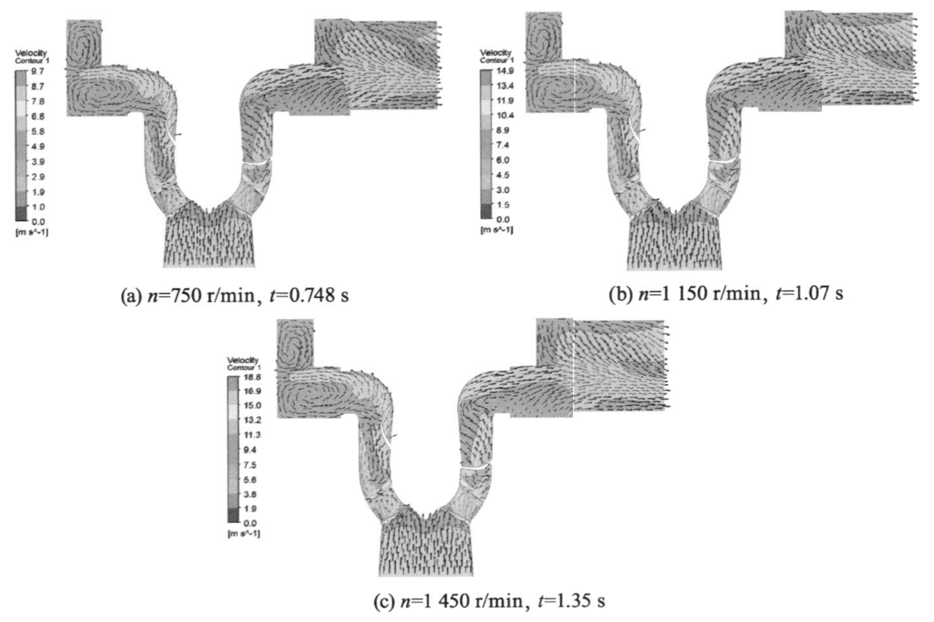

(a) n=750 r/min, t=0.748 s

(b) n=1 150 r/min, t=1.07 s

(c) n=1 450 r/min, t=1.35 s

图 3-10　准稳态流道内的绝对速度矢量

图 3-11 所示为准稳态工况下叶轮进口处截面相对速度矢量图和导叶内部绝对速度矢量图。从图中可以看出，3 种转速下的局部速度矢量变化趋势基本一致。在叶轮进口截面处，流道内由于科氏力的存在，其作用方向与旋转方向相反，即加速吸力面流速而减缓压力面流速，从而导致吸力面流速明显大于压力面。从相对速度云图中可以看出，沿圆周方向相对速度矢量分布很不均匀，叶顶间隙区因泄漏流的存在分别出现了旋涡流动，在 $t=0.748$ s 时叶顶泄漏涡的尺度最大，同时，在叶片吸力面靠近轮毂处出现流动低速区。在导叶内部，进口处出现大尺度旋涡，并由此导致靠近导叶外缘出现高速区。准稳态工况下的叶轮进口截面相对速度矢量和导叶内部绝对速度矢量近似满足相似定律，与 1 450 r/min 稳定转速下的 3 个流量点工况的变化趋势存在明显区别。

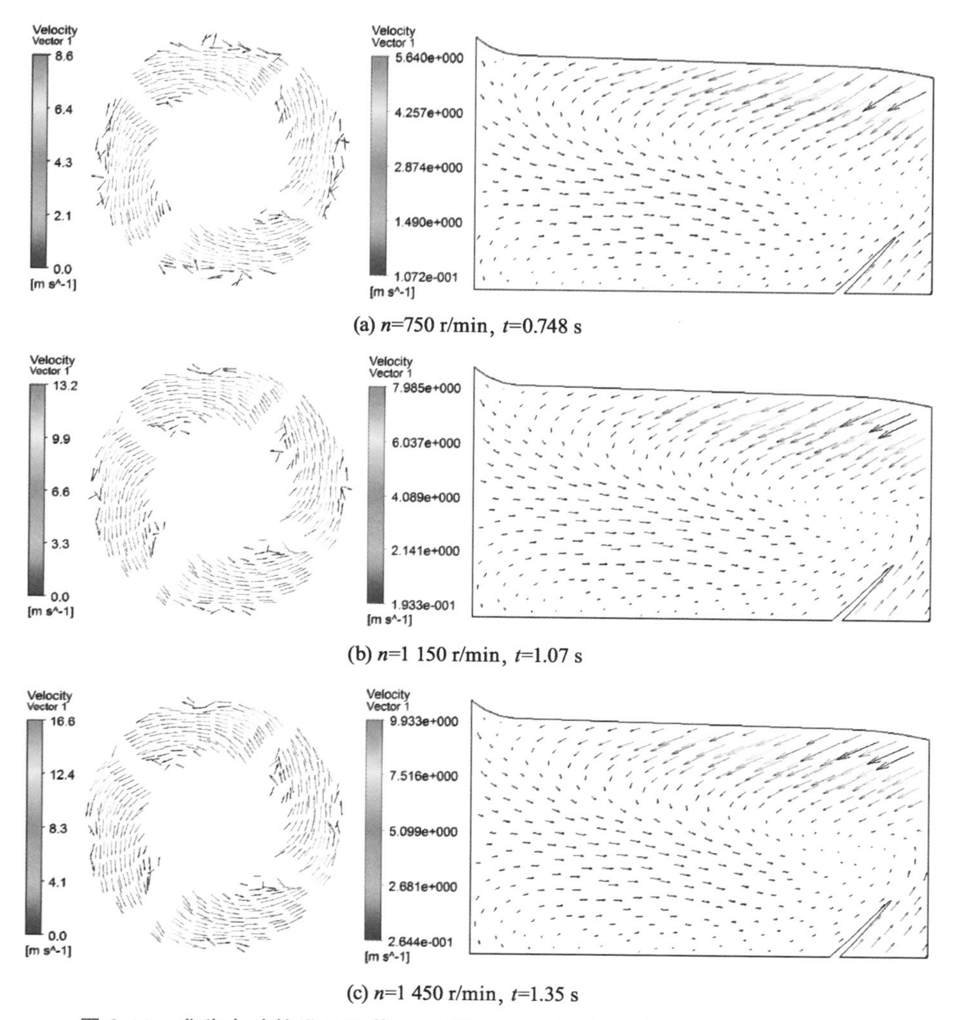

(a) n=750 r/min, t=0.748 s

(b) n=1 150 r/min, t=1.07 s

(c) n=1 450 r/min, t=1.35 s

图 3-11 准稳态叶轮进口处截面相对速度矢量图和导叶内部绝对速度矢量图

3.5.2 准稳态内流场与瞬态试验结果对比

由上述分析可知,混流泵启动过程中瞬态外特性数值预测结果优于准稳态数值计算结果,而内部流动特性的差别尚不得而知。

图 3-12 给出了准稳态计算和瞬态 PIV 测量获得的混流泵叶轮进口轴截面位置上的速度矢量图。由图可知,准稳态数值计算结果与瞬态试验测量结果在速度分布趋势上有相似之处,但本质存在较大的差别。在 t=0.748 s 时,准稳态数值计算中,在叶轮外缘出现明显的旋涡,在叶轮进口边附近出现明

显的回流现象。这是因为在进行准稳态数值计算时,混流泵运行在小流量工况下,叶顶泄漏明显,从而形成外缘处的旋涡和进口边的回流现象。瞬态 PIV 测量中,在叶轮进口边从轮缘到轮毂均出现高速流动区域,而端壁面和轮毂处由于叶轮转速较低,边界层正从层流向湍流发展,出现明显的低速区域,叶轮卷吸效应并不明显。在 $t=1.07$ s 时,准稳态数值计算中,叶轮进口速度矢量方向基本沿流道方向,分布较为均匀。而瞬态 PIV 测量中,由于存在叶轮加速,导致叶片的速度要高于流体的速度,流体在惯性力的作用下相对叶片有从轮毂向轮缘运动的趋势,因此在叶轮进口边外缘形成高速区域,在靠近轮毂处形成低速区,卷吸效应较为明显。在 $t=1.35$ s 时,准稳态数值计算结果与 $t=1.07$ s 时的速度场分布具有较强的相似性,在进入叶轮之前,大部分流体沿着流道方向水平流动,在到达进口边后,受轮毂和叶轮的影响,流动方向向上偏移。而瞬态 PIV 测量流场中,叶轮加速的卷吸作用更为明显,大部分流体在远未到达叶轮之前已呈向上运动趋势,且转速越快卷吸效应越明显,在叶轮进口边外缘区域形成高速区,与无量纲瞬态性能一致,显示出明显不同于准稳态工况的瞬态效应。因此,准稳态假设并不能全面真实地体现混流泵启动过程的瞬态特性。

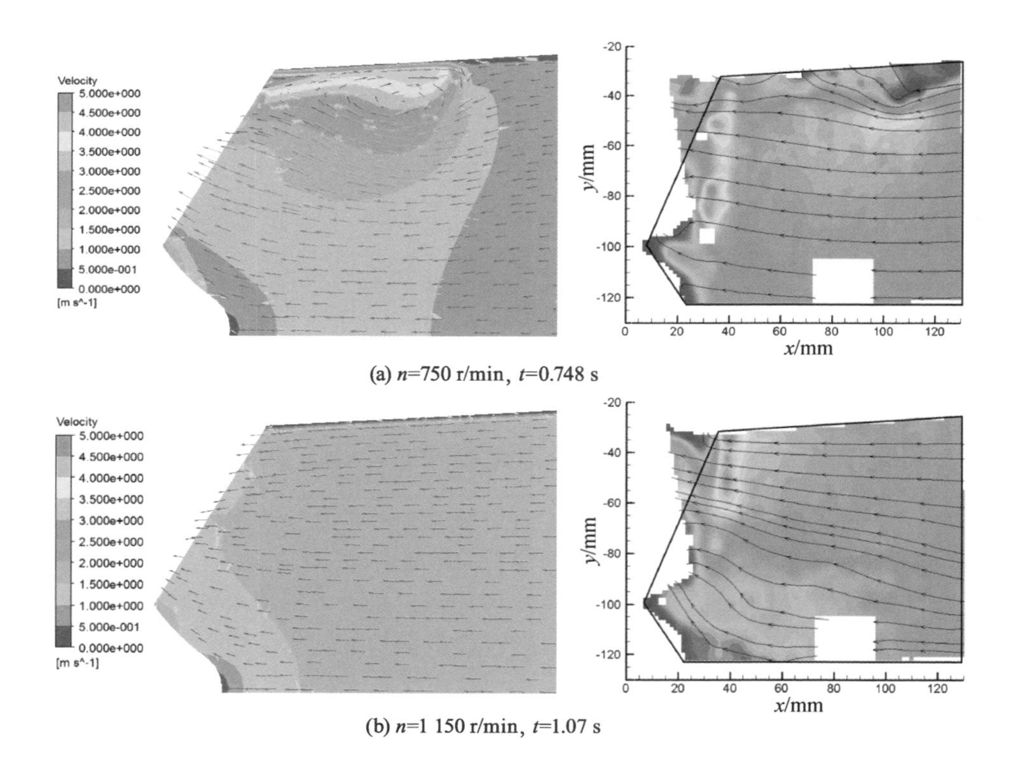

(a) n=750 r/min, t=0.748 s

(b) n=1 150 r/min, t=1.07 s

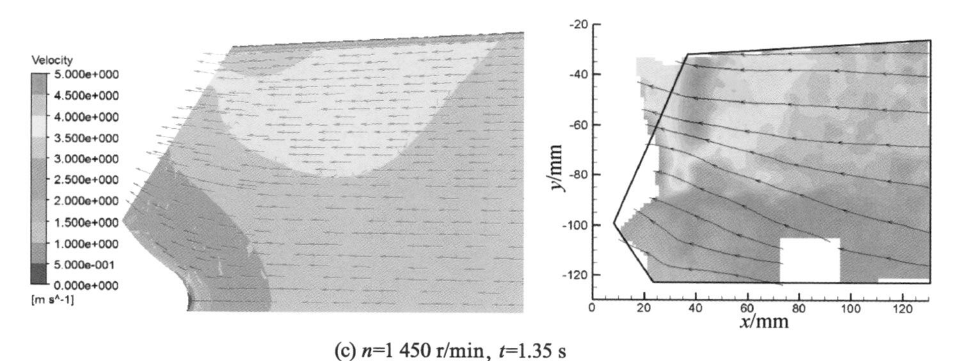

(c) n=1 450 r/min, t=1.35 s

图 3-12 叶轮进口轴截面速度矢量 CFD 计算与 PIV 测量结果对比

3.5.3 准稳态内流场与瞬态计算结果对比

图 3-13 所示为 0.008,0.3,0.7,1.0 s 四个时刻叶轮在三种不同叶高位置处的速度矢量图,由上至下分别为 span=0.9,span=0.7 与 span=0.2。

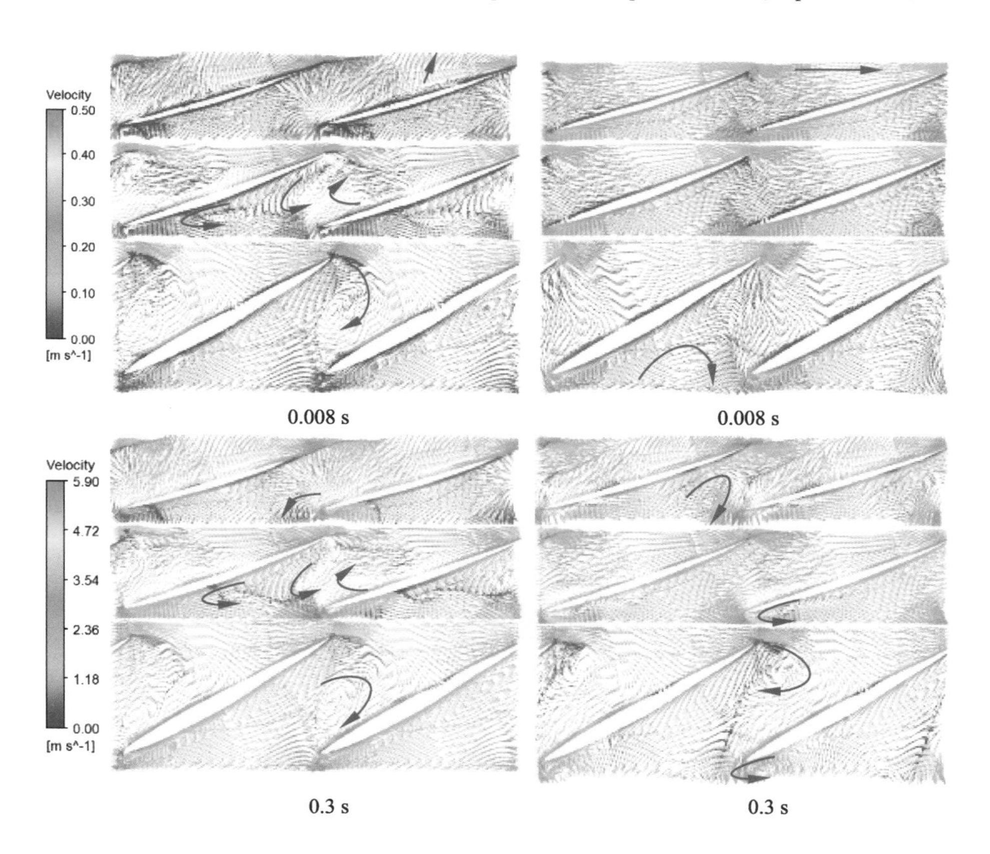

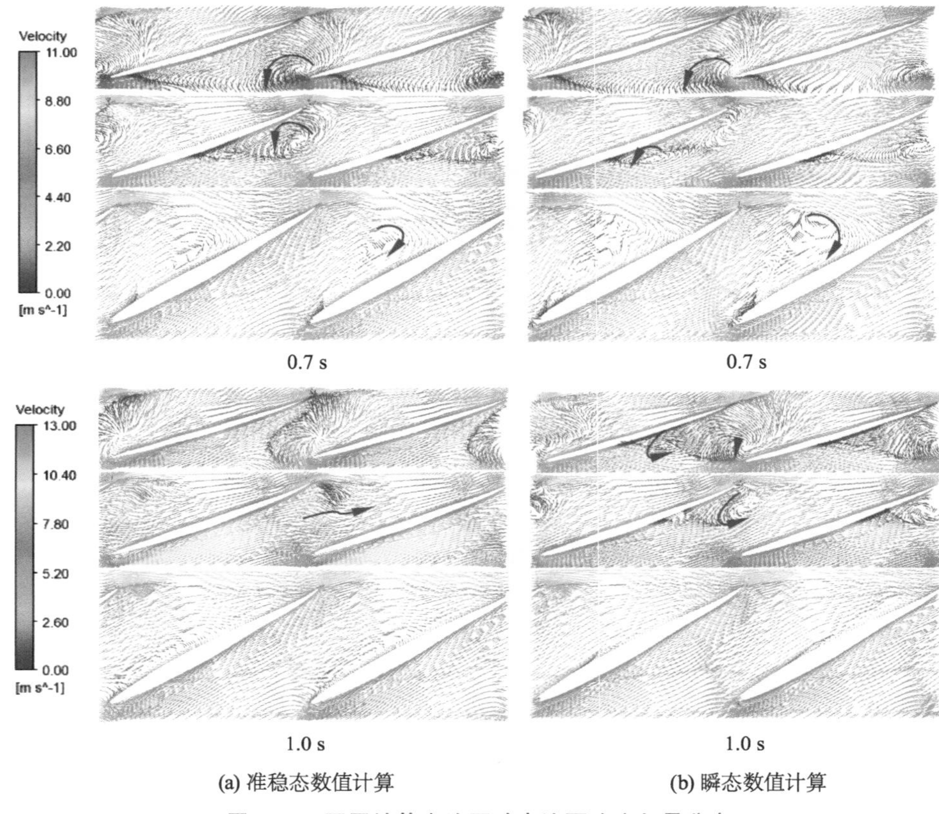

图 3-13　不同计算方法下叶高流面速度矢量分布

在 0.008 s 时刻，准稳态条件下的内流场分布非常紊乱，span＝0.2 处，因为有限叶片数的影响，流经叶片出口边的液体在流道内产生大范围的轴向旋涡，其旋转方向与叶轮转向相反。在 span＝0.7 处，叶轮做功能力随叶高增加有所增强，流道内轴向旋涡区域明显减小，但是在叶片吸力面附近产生了多尺度的逆时针方向的分离涡结构。在 span＝0.9 截面处，叶片做功明显，压力面附近的液体均被甩出叶轮，进口处基本被吸力面分离涡造成的回流所占据。瞬态工况下，整体流态与准稳态截然不同。在 span＝0.2 处，由于叶高较低，叶片做功能力弱，部分流体紧靠吸力面流动并在流道中部回流至相邻叶片进口，此时转速较低，大量流体在叶片出口边回流至叶轮流道内，一部分随进口回流发展至相邻叶片进口，另一部分则受压力面做功影响，流出叶轮或从相邻叶片的出口边进入下一流道。在 span＝0.7 处，随着叶高增加，叶轮做功增强，进口回流区域缩小、强度有所减弱。在 span＝0.9 处，回流区域进一步缩减，出口处的周向运动趋势明显。

启动初期瞬态与准稳态内流场存在巨大差异的原因，是在实际启动过程中存在由角加速度引起的圆周方向的加速惯性力。因此，瞬态流场具有显著的静止流态特性，相比于准稳态更流畅。瞬态流速从轮毂向轮缘逐渐增加。启动初期，由内流分布可知瞬态水力损失相比于准稳态更小，而且由相对伯努利方程可知，由于角加速度的存在，瞬态过程静压做功更多，因此这两方面因素导致启动初期的扬程值要大于准稳态值。在 0.3 s 时刻，准稳态内流场与 0.008 s 时刻相似，并无明显区别。而此时瞬态内流场存在显著改变，在 span＝0.5 处开始出现明显的顺时针旋涡。各截面出口处液流方向也明显改变，说明随着转速与流量的上升，加速惯性力对流态的影响减弱。由 span＝0.2 与 span＝0.7 进口边与吸力面附近的旋涡位置可推断，旋涡从进口边与轮毂交界处产生，在吸力面沿着叶高方向发展且逐渐远离进口边。轮缘间隙泄漏流在 span＝0.9 处造成小范围进口回流。由于转速增加，瞬态与准稳态的流速均有所增加，在叶轮 span＝0.7 与 span＝0.2 出口处，瞬态流速要小于准稳态。在 0.7 s 时刻，准稳态下在 span＝0.2 处的轴向旋涡减弱，说明随着转速增加，叶轮做功能力增强。在 span＝0.7 处，吸力面出口附近与中部存在一大一小分离涡结构，对 span＝0.9 处流体的卷吸作用显著。瞬态下的内流特征与 0.3 s 时刻的准稳态流场相比存在显著差异，尽管旋涡结构和流速分布与准稳态比较相似，但瞬态工况下 span＝0.7 处的吸力面分离涡要弱于准稳态。在 1.0 s 时刻，准稳态内流场分布逐渐趋于稳定，在 span＝0.2 处流态较为稳定，在 span＝0.7 处吸力面分离涡基本消失，出口边附近出现小范围的低速区，因此 span＝0.9 处的低速回流区主要受间隙泄漏流影响。在瞬态工况下，span＝0.2 处流态与准稳态相似。在 0.7 s 时刻出现在吸力面出口附近的分离涡结构在 1.0 s 时刻有所增强，对 span＝0.9 处流体的卷吸作用显著，造成大范围的低速区。此时，从内流分布可知，瞬态内部的水力损失大于准稳态。此外，由于流量变化较快，由瞬态过程的相对运动伯努利方程可知，流体加速所消耗的能量增加，此时静压做功小于准稳态值。因此，此时的瞬态扬程低于准稳态值。

图 3-14 给出了准稳态和瞬态计算中的泵段中间截面位置上的速度矢量图。从图中可以看出，准稳态数值计算结果与瞬态数值计算结果在速度分布趋势上基本相同，但仍然存在一定的差别。准稳态数值计算中，叶轮外缘附近出现明显的高速流动现象，且速度矢量方向基本沿叶轮轮廓方向，分布较为均匀，出现少量的旋涡，但不明显；而瞬态数值计算中，在叶轮外缘出现明显的旋涡，在叶轮进口边附近出现明显的回流现象。这是因为在进行瞬态计

算时，由于叶轮具有一定的角加速度，流体与叶片之间存在主动与被动关系，当叶轮沿着旋转方向进行加速时，流体由于惯性作用而保持原有状态，因此叶片表面附近壁面与速度之间存在相对滑移现象，导致叶顶泄漏增加，从而形成外缘处的旋涡现象和进口边的回流现象。在导叶内部，准稳态与瞬态数值计算均出现了明显的旋涡，但准稳态数值计算的旋涡范围要明显小于瞬态数值计算。

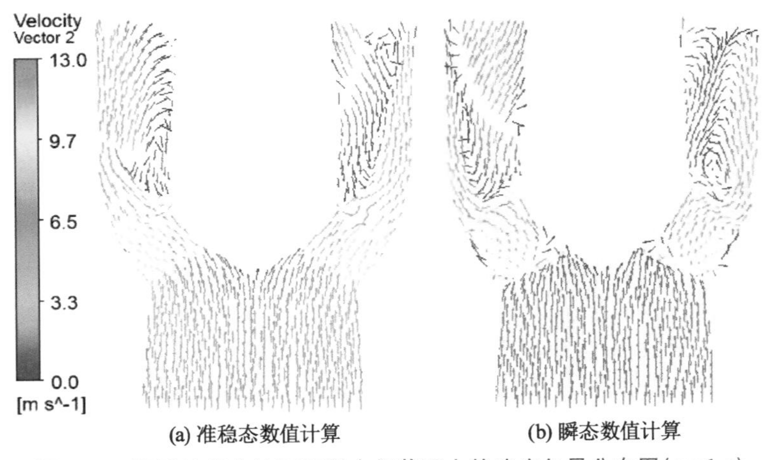

图 3-14 不同计算方法下泵段中间截面上的速度矢量分布图(t=1 s)

图 3-15 给出了准稳态和瞬态计算下的叶轮表面静压、流线及相同涡核强度下的涡量分布。从图中可以看出，二者的静压分布趋势较为接近，而从叶片表面的流线分布来看，由于采用准稳态数值计算时，流体与叶片的运动速度相同，而瞬态数值计算过程中存在叶轮加速度，导致叶片的速度要高于流体的速度，流体在惯性力的作用下相对叶片有从轮毂向轮缘运动的趋势，因此，瞬态数值计算中叶片表面的流线偏流程度更为严重。从相同涡核强度下的涡量分布来看，二者均是主要分布在叶片进口边吸力面一侧，这是因为叶片进口边处压力面与吸力面之间的压差较大，容易形成叶顶泄漏，泄漏流与主流发生卷吸作用而形成通道涡，并随着主流的作用不断耗散。从图中可以看出，涡量的分布形态基本相同，准稳态数值计算中泄漏涡沿传播方向较长，而瞬态数值计算中较短，但在垂直于涡的运动方向表现出涡核截面积大的特点。

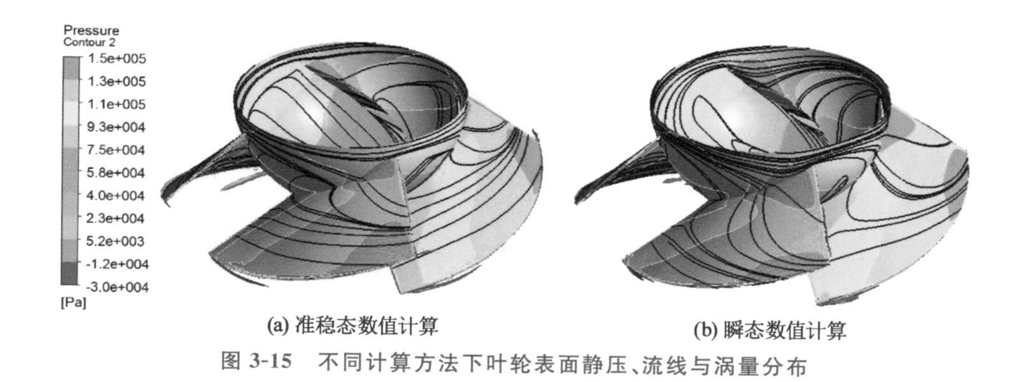

(a) 准稳态数值计算　　(b) 瞬态数值计算

图 3-15　不同计算方法下叶轮表面静压、流线与涡量分布

3.5.4　非定常计算结果

在叶轮进口、叶轮中间、叶轮出口、导叶中间和导叶出口 5 个截面上分别设置 3 个压力脉动的监测点 X_i（X 为 $A-E$ 截面，$i=1,2,3$），位置分布如图 3-16 所示。

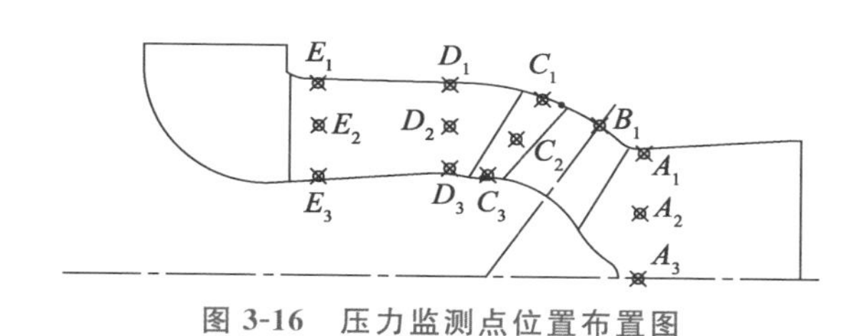

图 3-16　压力监测点位置布置图

（1）非定常静压分布

由于叶轮与导叶间的流动相互干扰，叶轮内部压力场和导叶压力场存在相互作用，图 3-17 所示为叶轮和导叶相互作用时压力随时间变化的过程，叶轮每次旋转 15°。从图中可以看出，旋转叶轮与静止空间导叶体之间的动静相干作用使叶轮出口与空间导叶体进口之间的环形空间内流场非常紊乱，随着叶轮旋转，叶片出口压力面形成的高压区及叶片出口吸力面形成的低压区不断与导叶进口流场进行压能转换，在导叶进口流场内交替出现高压区和低压区。同时，静止空间导叶对叶轮出口流场形成干涉，在叶轮出口流场内也出现周期性的压力波动。

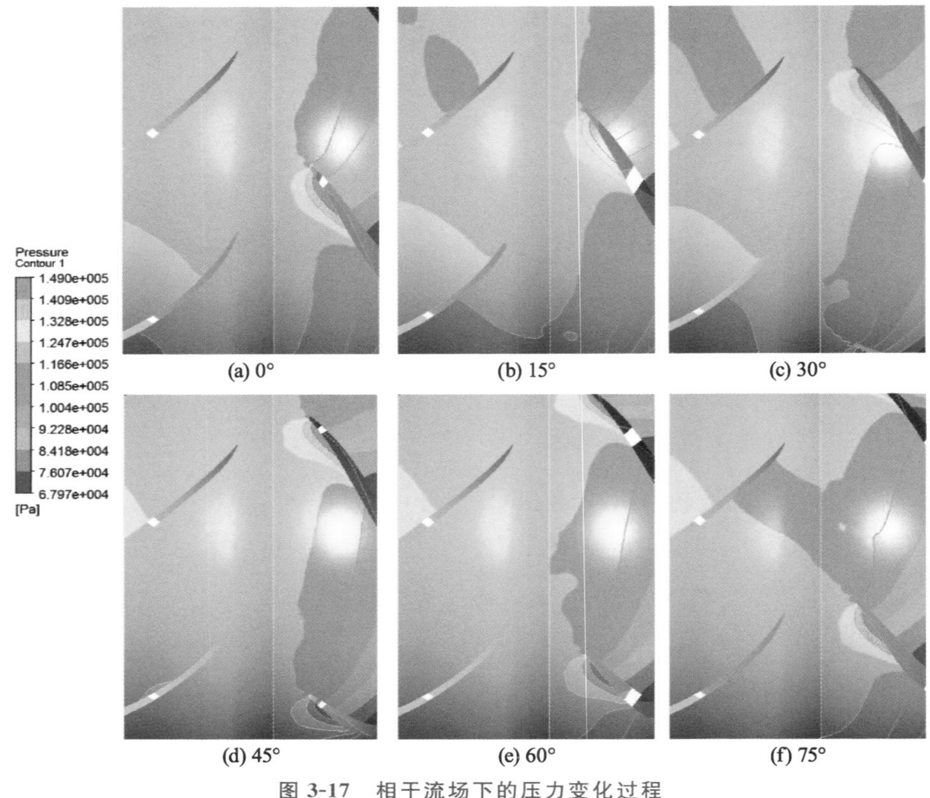

图 3-17　相干流场下的压力变化过程

(2) 稳态 1 450 r/min 转速下的压力脉动

获得混流泵叶轮进口、叶轮中间、叶轮出口、导叶中间和导叶出口 5 个截面处 15 个点的压力脉动，并用压力系数来表示其结果。压力系数 C_p 的表达式为

$$C_p=\frac{\Delta p}{\frac{1}{2}\rho u_2^2} \tag{3-7}$$

式中：Δp 为监测压力与平均压力之差，Pa；u_2 为叶轮出口圆周速度，m/s。

图 3-18 所示为混流泵叶轮进出口、叶轮中间和导叶进口处 4 个监测点在不同工况下的压力脉动时域变化规律。从图中可以看出，由于叶轮的旋转，各监测点压力呈明显的周期性变化，在一个旋转周期内，压力波动有 4 个波峰和 4 个波谷，可知叶片的通过频率，叶片通过频率在各点处占据主导作用。在叶轮中间点，由于叶轮前后压差较大，并存在泄漏涡，使得压力波动出现突然

下降和上升现象。在不同工况下，流量对叶轮进口处和导叶进口处的压力脉动影响最明显，对于叶轮中间和叶轮出口的压力脉动影响相对较小，小流量工况下的压力脉动最大。

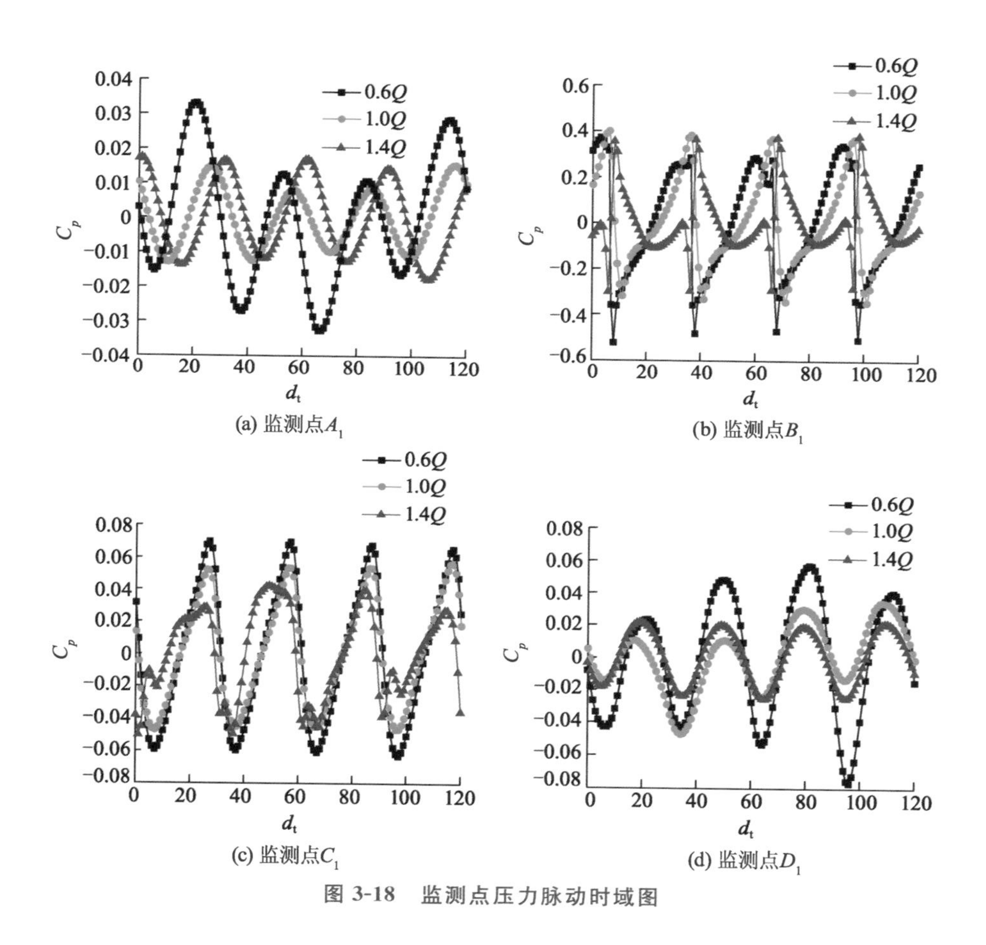

图 3-18 监测点压力脉动时域图

将各点的压力脉动数据进行快速傅里叶变换（FFT）分析，得到各点的频域图。通过计算得到各点压力脉动的基频为 24.17 Hz，主频为 96.67 Hz，主频为基频的 4 倍。图 3-19 所示为各个监测点在不同工况下的频域图。从图中可以看出，叶轮进出口和中间的压力脉动的主要频率基本一致，均为叶轮旋转频率的 4 倍，即为叶轮叶片的通过频率，次主频为 190 Hz，即叶频的二倍频，且各点均未出现明显的高频脉动，这说明叶片通过频率始终占主导作用。对比脉动幅值，叶轮中间点处的压力系数最大，逐渐向两边递减。对比 3 种工况下的压力脉动频域图，各点的脉动周期基本一致，主频均出现在 96 Hz，压力系数在小流量工况下最大，与时域分析结果一致。

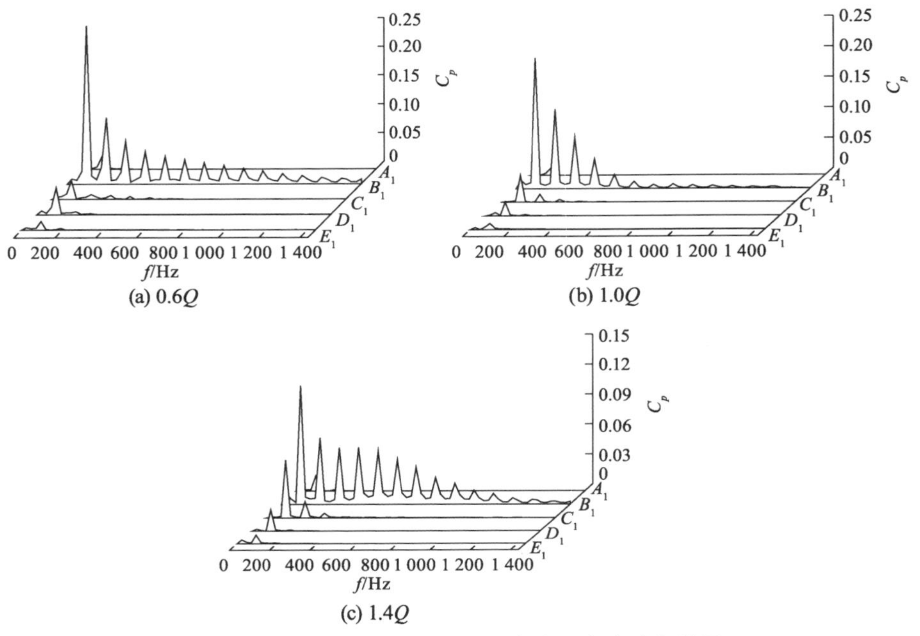

图 3-19 各监测点在不同流量点的压力脉动频域图

(3) 准稳态工况下的压力脉动

图 3-20 所示为混流泵叶轮进出口、中间和导叶进出口处不同转速下的稳态压力脉动时域和频域图。从时域图可以看出，不同转速工况下，各点压力脉动均出现周期性的波动，在一个叶轮旋转周期内，分别出现了 4 个波峰和 4 个波谷，说明叶轮的旋转在各点产生了较大影响，在叶顶 B_1 处脉动幅度最大，并向两边逐渐衰减。对比 3 个转速下的脉动趋势，波动规律基本一致，并随着转速的增大，各点脉动幅值有所增大，但除叶轮中间点在转速从 750 r/min 增大到 1 150 r/min 时幅值增大近 1 倍外，其他各点压力系数增幅平缓。对比 3 个转速下各点的频域图，脉动主频均为 96.67 Hz，次频分别为转频的整数倍，脉动规律与时域分析结果一致。从 3 个稳态工况下各监测点周期性压力脉动幅值变化情况看，准稳态方法很难反映出启动过程瞬时压力波动的变化规律。因此，稳态压力脉动幅值的离散叠加与启动过程瞬态压力波动变化趋势存在何种差异和联系，需进行更多准稳态工况的非定常求解。

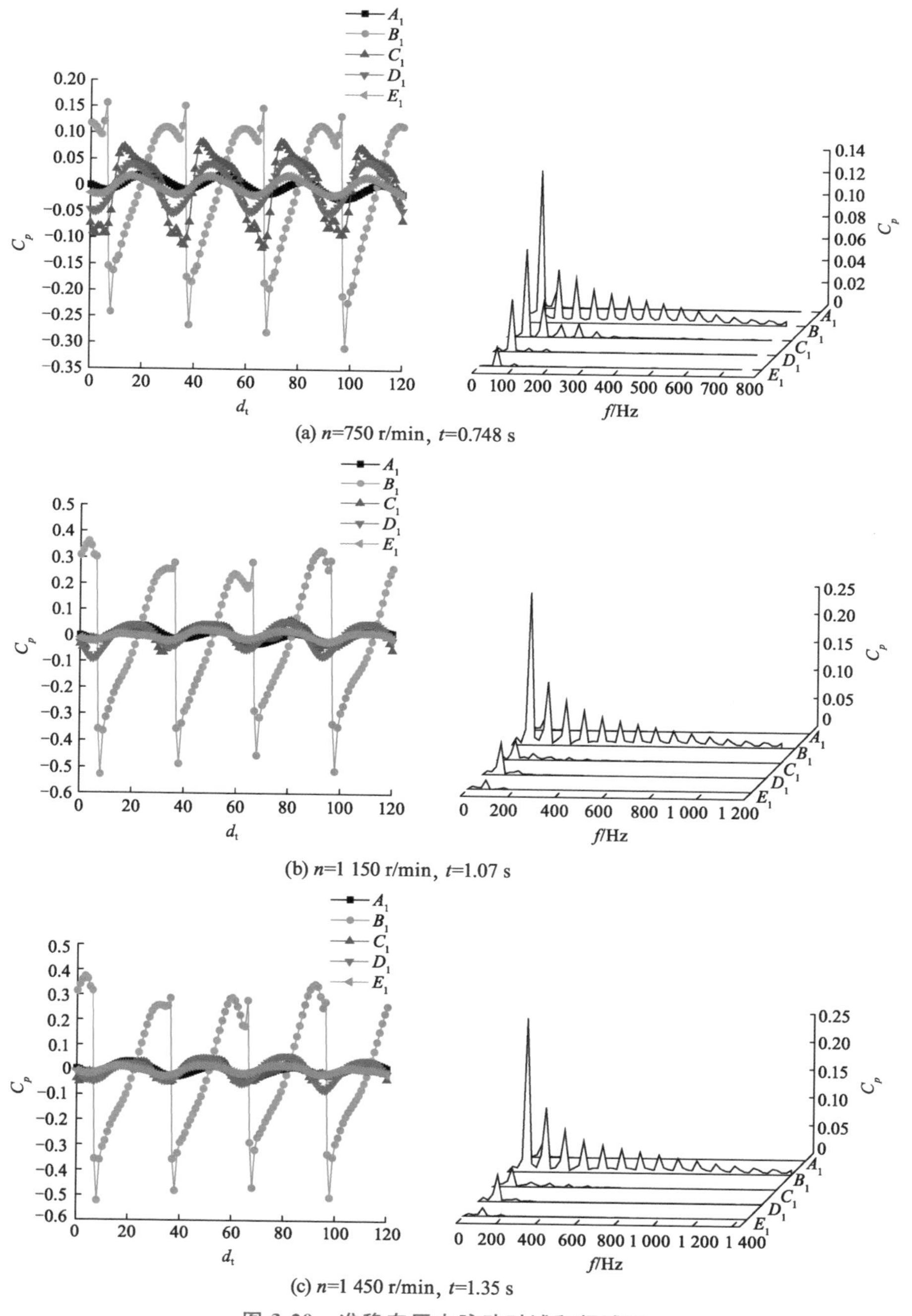

(a) n=750 r/min，t=0.748 s

(b) n=1 150 r/min，t=1.07 s

(c) n=1 450 r/min，t=1.35 s

图 3-20 准稳态压力脉动时域和频域图

3.6 本章小结

本章以瞬态外特性试验性能参数为依据，获得了混流泵准稳态计算的外特性曲线和无量纲扬程瞬态性能曲线，通过对3种转速下的压力场、速度矢量分析，总结出准稳态计算混流泵内部流动的一般性规律，并与粒子图像测速技术（particle image velocimetry，PIV）测量的瞬态内部流场进行对比。

获得了混流泵准稳态计算的外特性曲线。对比发现，准稳态计算方法获得的水力特性与混流泵启动过程瞬态水力特性表现出较大的差异，准稳态计算扬程呈现直线上升趋势，并随着体积流量的增大逐步偏离试验扬程。

因准稳态计算忽略了叶轮和流体加速带来的影响，3种转速下泵内压力具有相同的分布趋势，速度矢量近似满足相似定律，且由于准稳态计算工况下混流泵均偏小流量运行，在叶顶区和进口处分别出现了泄漏涡和回流现象，转速越低回流和叶顶泄漏越明显。瞬态粒子图像测速技术的测量结果表明，准稳态计算方法获得的混流泵启动过程瞬态流场不同于常规意义上的因流量变化而引起流态和湍流结构的改变，整个过程与无量纲瞬态性能一致，显示出明显不同于准稳态工况的瞬态效应。

稳态压力脉动变化趋势不能完全真实反映启动过程瞬态压力的变化规律，因此，为了获得混流泵启动过程瞬态流场的真实分布和湍流结构，需进行启动过程的瞬态流动数值计算和流场测试研究。

4 基于瞬态数值计算的混流泵启动特性

4.1 概述

对于泵启动过程的数值计算，在离心泵领域已经进行了较深入的研究，且大多采用准稳态和动网格计算方法。由第 3 章的研究可知，虽然准稳态计算方法较为简单，但由于未考虑叶轮加速度的影响，因此计算误差较大。采用动网格计算方法进行模拟时，网格的更新常常跟不上叶轮的加速运动，网格质量下降明显，甚至出现负体积而导致计算失败，而将时间跨度取得足够小，又导致计算时间成倍增加。

为了寻求高效求解的数值计算方法，王乐勤(2007)使用动态网格法(DMM)处理移动边界，模拟了二维不可压缩黏性流体在圆柱上的启动旋转和平移。采用网格变形和局部重网格两种方法实现了计算场的变形计算，并对计算结果进行了比较，两者吻合较好。吴大转(2012)使用动网格、滑移网格和动态参考系方法对二维十字桨叶片的启动过程进行数值模拟，滑移网格法的计算效率与准确性最好。李伟(2018)采用滑移网格方法对混流泵启动过程的内部流场进行数值计算，对比分析了混流泵启动过程中压力、流线和相对速度随时间变化的规律。吴大转(2013)为了建立一种可靠的数值方法来求解变速叶轮引起的瞬态旋转流动，分别采用差分法和区域动态滑移网格法(DSR)对启动过程中叶轮内不可压缩瞬态非定常流动进行了二维数值模拟。两种方法都能捕捉到瞬态流动，DSR 方法具有较高的计算效率。由于启动过程的数值计算在没有试验数据的基础之上很难量化流量与压力变化，李志锋(2010)提出建立全三维的闭合回路计算模型，将实际启动转速拟合表达式作为边界条件，使用 DSR 法与层流模型对离心泵启动过程进行数值模拟，验证了 DSR 方法在离心泵瞬态流动模拟中的有效性。刘竹青(2015)对比分析了闭合回路、局部边界和试验三种瞬态计算结果，发现闭合回路获得的瞬态特性更加接近试验。张玉良(2012)、高杨(2013)和郭广强(2019)采用闭合回路自耦的方法，郭宪军(2012)和 Ma(2013)采用输入转矩自动迭代更新转速的方法分别对启动过程进行了数值模拟。针对闭合回路计算量大的缺点，吴大转(2015)和邹志超(2018)采用 MOC - CFD 耦合方法开展瞬态特性研究，基于特征线法将管路部分一维仿真获得的流量和压力作为边界条件进行瞬态数值计算。Liu(2011)在建立了闭合回路的三维模型基础上采用动网格和 VOF 模型，数值模拟了离心泵的停机过程，分析了瞬时流量系数与总压升系数关系的瞬态曲线。Liu(2017)采用流体体积(VOF)多相流模型和动网格模拟了虹吸式轴流泵在提前开启或不开启气阀的情况下停泵过程的瞬态特性。Fu(2019)采用动网格方法实现轴流泵站闸板开启过程，分析了轴流泵站启动过程的速度场、压力场和涡量场分布，研究表明，启动过程中整个叶轮通道充满了回流、流动分离和涡流，叶轮和导叶区的流动非常不稳定，泵的瞬态启动引起的瞬时冲击特性非常明显。张玉良(2012)对离心泵在关死点处的启动性能进行了数值模拟，发现随着转速的增加，叶轮与蜗壳间的动静干涉作用愈发明显。

4.2 基于滑移交界面的瞬态计算方法

基于滑移交界面的瞬态计算方法将混流泵划分为静止区域与旋转区域，对旋转区域做整体加速运动，旋转区域与静止区域之间通过滑移面进行连接，在旋转区域加速旋转过程中，交界面之间的数据通过差值方式进行传递。

4.2.1 物理模型

由于混流泵尺寸和流量较大，导致系统循环管路长、水箱体积大；同时，受低扬程影响，在系统中增加了辅助泵来克服管阻。若按照实际系统物理模型进行数值计算，则网格太多，对硬件要求过高，耗时过长。因此，这里首先选择与第 3 章中相同的物理模型进行启动过程的瞬态数值计算。为了研究管阻特性对混流泵启动过程瞬态性能的影响，在数值计算中用物理模型的出口进行堵塞来模拟阀门的开度，分别选取阀门半开和全开两种工况进行研究，其物理模型如图 4-1 所示，各设计参数参见表 1-6。

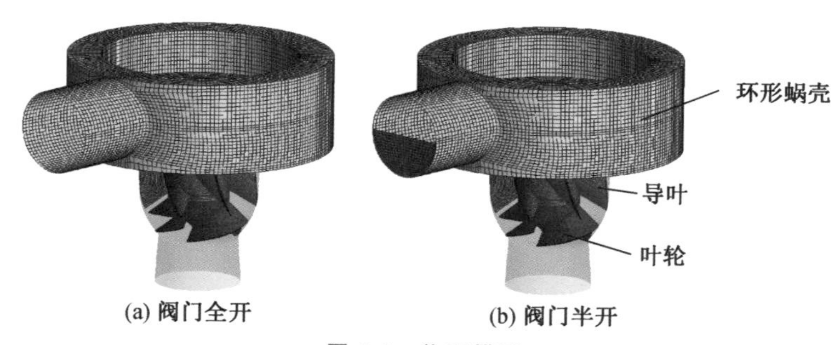

图 4-1 物理模型

4.2.2 控制方程和边界条件

假设混流泵从启动开始，其内部流动即为湍流进行计算，以雷诺时均 N－S 方程作为基本控制方程，调用标准 $k-\varepsilon$ 两方程湍流模型，采用二阶精度迎风格式，以基于微元中心有限体积法空间离散的方式，实现压力和速度的耦合求解。

计算中，将泵划分为静止区域与旋转区域，对旋转区域做整体加速运动，旋转区域与静止区域之间通过滑移面进行连接，采用多重坐标系算法，在旋转区域加速旋转过程中，将旋转区域与静止区域之间的交界面选择"Transient Frozen Rotor"模式，交界面之间的数据通过差值方式进行传递。在数值模拟时，将加速时间设置与试验中的实际情况一致(本章混流泵启动加速过程实际时间为 1.35 s)，加速为匀加速。将试验过程中的实测流量随时间的变化曲线用三角函数进行拟合，并将此函数用 CEL 表达式写到 CFX 软件中作为出口流量的变化条件。将进口设置为"Opening"，参考压力设置为"1.01×10^5 Pa"。由于叶轮室壁面附属于旋转区域，而叶轮室壁面应为绝对静止状态，因此将其设置为"The Counter Wall"，静止区域壁面设置为"No Slip Wall"。数值计算时主要通过调用 CEL 表达式来控制泵的加速运动过程及对变量进行监测，假设泵的加速过程为线性加速。计算介质为常温清水，密度为 1 000 kg/m^3，动力黏度为 1.0×10^{-3} Pa·s，并考虑重力影响。在进行非定常计算时，取总时间步长为 5 s，每个时间步长取 0.000 413 8 s，即每转内经历 100 步。在每个时间步长内取最大迭代次数为 2 000 次，以保证在每个时间步长内都绝对收敛。残差收敛精度设置为 10^{-4}。

4.2.3 瞬态外特性

为了验证采用 CEL 表达式来控制叶轮转速，并通过滑移交界面来实现泵启动过程数值计算方法的正确性，将试验中的一组实测转速和流量变化作为数值计算过程中的边界条件，并将数值计算结果与试验结果进行对比。将试验过程中的实测转速随时间的变化曲线进行拟合，可以得到近似等斜率变化的加速过程。因此，在数值计算中将加速时间设置与试验中的实际情况一致，即 1.35 s，加速为匀加速，将实际测得流量用三角函数进行拟合，并将此函数用 CEL 表达式写到 CFX 软件中作为出口流量的变化条件。准稳态数值计算的结果、瞬态外特性预测结果与试验瞬态外特性结果对比曲线如图 4-2 所示。

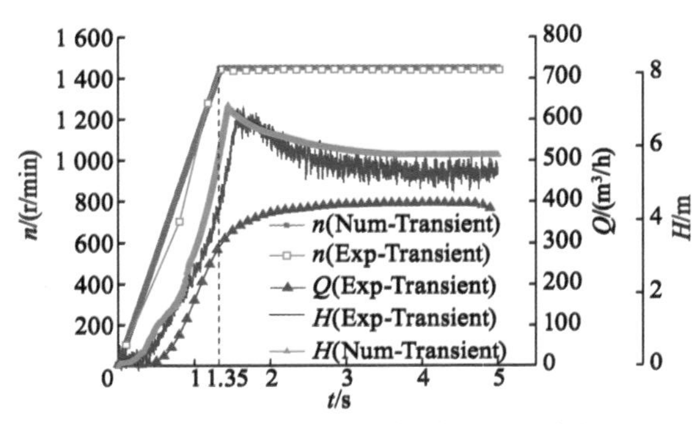

图 4-2 瞬态预测结果与试验结果对比

由图可知，虽然变频器设置的启动时间为 1 s，但在实际测量时，混流泵从转速为 0 加速到 1 450 r/min 的时间为 1.35 s。在混流泵启动过程中，试验转速近似呈匀加速上升趋势，与数值模拟相一致。数值计算扬程与试验测量扬程保持了较好的一致性，随着转速到达最大值，扬程也立即到达最大值，且均出现一个瞬时冲击扬程，但流量随时间的变化滞后于扬程的变化。随着启动过程的结束，转速逐渐趋于稳定，试验扬程和瞬态计算扬程均随着时间的增加呈下降趋势，在 3 s 后扬程逐渐趋于稳定值，下降幅度为 1 m 左右。在转速稳定阶段，数值计算结果高于试验测试扬程 0.3 m 左右。从预测扬程与试验扬程的相似程度来看，两者误差较小，趋势基本一致，说明混流泵启动过程的数值计算方法具有较高的准确性。

4.2.4 无量纲扬程对比分析

为进一步了解混流泵启动过程中的瞬态水力特性和流量、扬程的增大相对转速的滞后情况，将瞬态过程水力性能与稳态工况下的性能进行对比。图 4-3 中曲线与第 3 章无量纲性能曲线一致，随着转速的增加，瞬态无量纲扬程曲线从很大值迅速减小，继而增大到与稳态无量纲曲线基本吻合，瞬态无量纲扬程和稳态无量纲扬程曲线吻合后，混流泵开始进入稳态运行状态。对比试验测量和数值计算获得的瞬态无量纲曲线，整体变化趋势基本一致，试验测试扬程稍微滞后于转速到达最大值（试验瞬态无量纲扬程曲线和稳态无量纲扬程曲线交汇于点 C），而数值计算扬程与转速几乎同时到达最大值（瞬态无量纲扬程曲线和稳态无量纲扬程曲线交汇于点 B），这可能是由试验测量中测试设备对数据处理时引起的时间误差造成的。数值计算和试验测量结果同样表明，混流泵启动过程无量纲扬程均偏离稳态工况，显示出明显不同于稳态工况的瞬态效应。

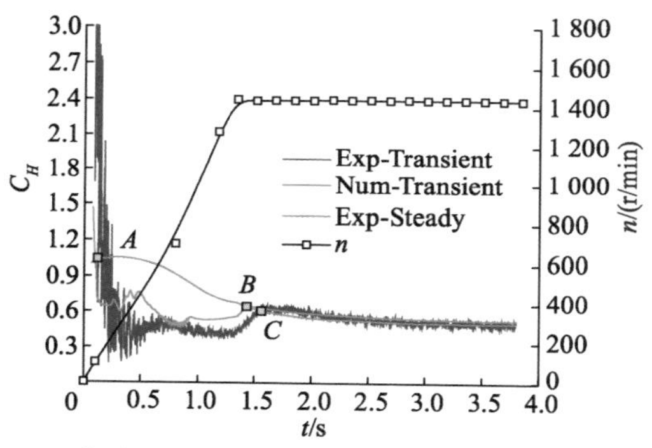

图 4-3　启动过程试验测量与数值计算无量纲扬程曲线

4.2.5　瞬态启动过程内流场分布

（1）启动过程压力分布

为了进一步了解混流泵启动过程中的瞬态水力特性，获得了启动过程混流泵叶轮段和导叶段的压力分布云图，如图 4-4 所示。由图可知，在叶轮转速从 0 增加到 1 450 r/min 的过程中，叶轮进口压力逐渐减小，而叶轮和导叶的出口压力逐渐增加，这和瞬态扬程随着时间的增加而呈上升的趋势相一致。在启动初始 0.045 s 时刻，叶轮刚刚开始旋转，流体流动还不充分，在叶片压力面前缘，叶片的剪切作用使得该处压力梯度较为明显，而在压力面尾缘和导叶区域内，受叶片角速度变化和流体惯性力的影响，出现整片的红色高压区域。在叶片吸力面，液体受惯性力的作用而呈现远离叶片吸力面的趋势，相比叶片压力面，该处的压力较低。当加速时间达到 0.150 s 时，液体受惯性力的作用有所减弱，叶轮和导叶流道内的液体受到叶片的挤压做功，流体压力逐渐升高，在叶片压力面出口附近，出现大块高压区，并且压力值较大。随着叶轮转速的进一步增加，叶轮和导叶内流体的压力也相应地有所增大，在

0.495 s时刻，由于流过叶轮的流体逐渐增多，在叶片轮缘区容易形成的泄漏流也增多，该处液体由于受到加速过程叶片轮缘间隙区的挤压，在叶片压力面轮缘附近流体压力较高。同时，泄漏流汇入叶片后方流道中，与主流形成卷吸，在靠近叶轮出口轮毂处压力也较高。而在0.855 s时刻，随着叶轮转速的进一步增大，内部流场的压力均有所上升，在叶片压力面出口边和导叶出口轮毂处的压力值较高，同时，在导叶进口边端壁附近，受液流冲角的影响，该处的压力值也较高。当转速逐渐接近并达到额定转速时，流场逐渐稳定，内部流场的压力分布也趋于稳定，但相比启动中期，叶轮和导叶出口高压区面积有所增大。

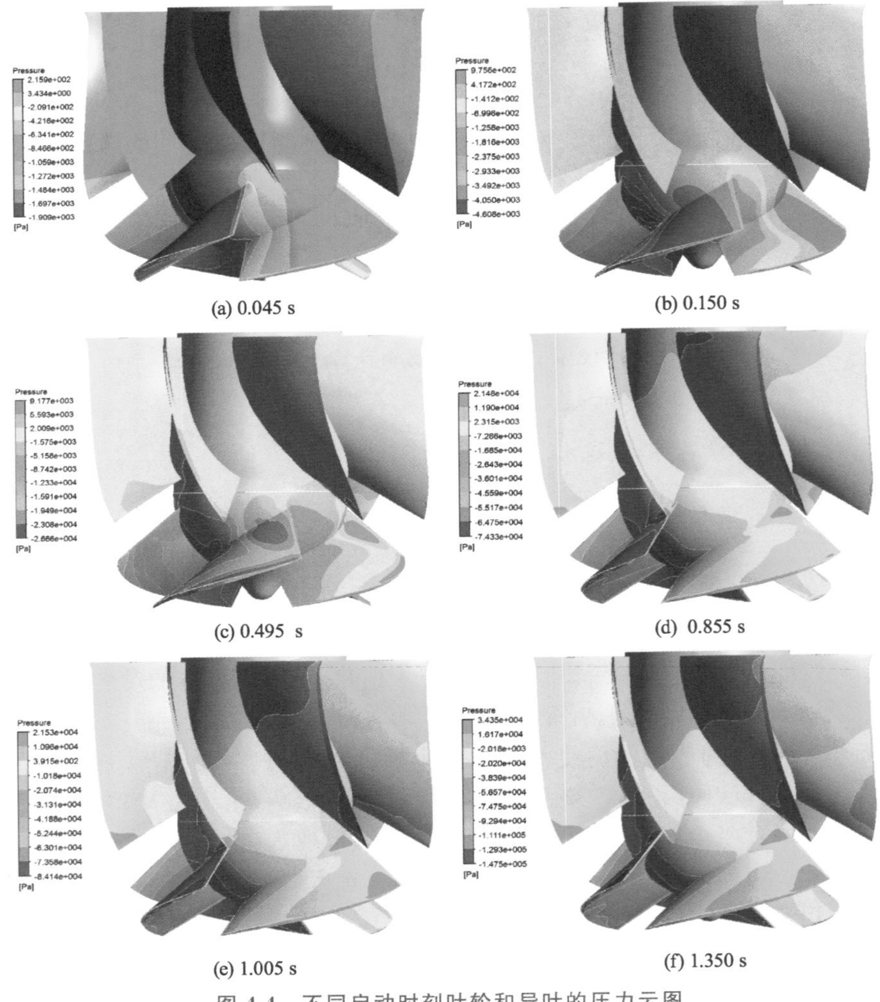

(a) 0.045 s　　(b) 0.150 s

(c) 0.495 s　　(d) 0.855 s

(e) 1.005 s　　(f) 1.350 s

图 4-4　不同启动时刻叶轮和导叶的压力云图

(2) 启动过程三维流线分布

在混流泵启动过程中，由于叶轮的突然加速和流体惯性的存在，容易在叶轮和导叶内形成一些阻塞流体通过的旋涡结构，为了研究启动过程中叶轮和导叶内流体的流动状态，截取了不同时刻下叶轮和导叶内的三维流线分布，如图 4-5 所示。

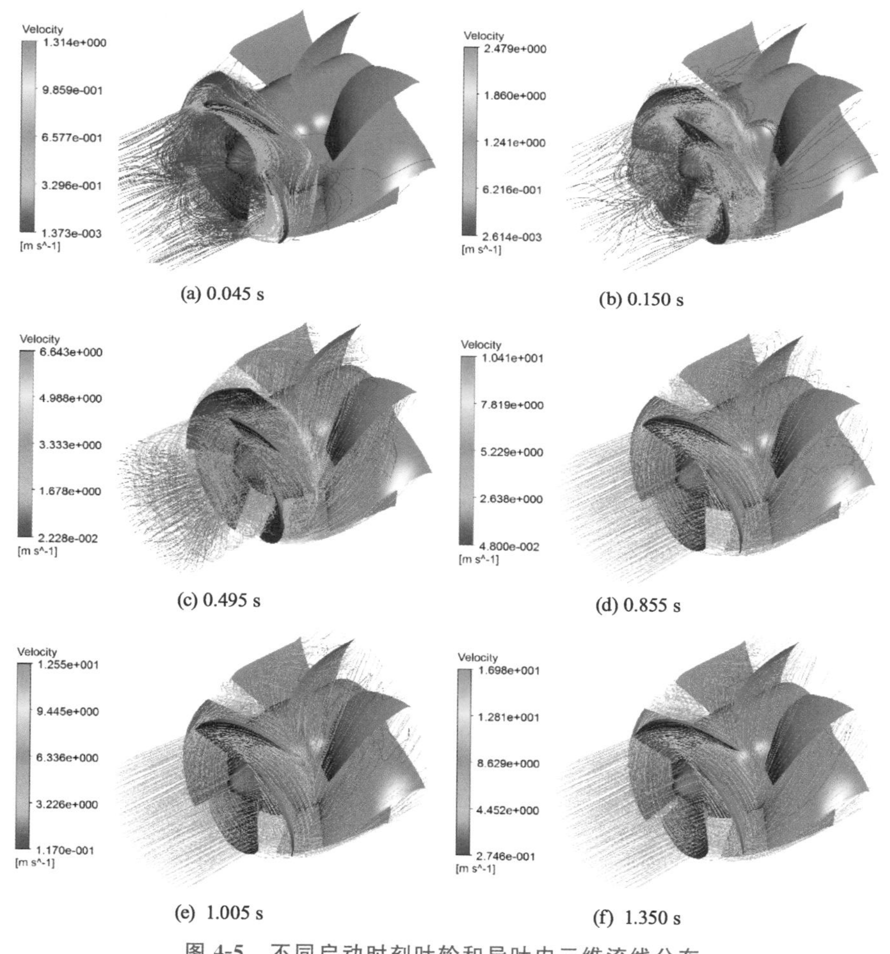

(a) 0.045 s　(b) 0.150 s

(c) 0.495 s　(d) 0.855 s

(e) 1.005 s　(f) 1.350 s

图 4-5　不同启动时刻叶轮和导叶内三维流线分布

由图可知，在混流泵启动过程中，流体的运动速度随着时间的增加而增大，在不同时刻下，叶轮和导叶内的流线分布差别较大，尤其是在混流泵启动初期，在叶轮和导叶内呈现明显的不稳定流动。在启动初始 0.045 s 时刻，由于流体惯性的存在，导叶内流体还未开始流动。同时，在叶轮流道中出现了明显的旋涡，方向和叶轮旋转方向相反。由于叶轮流道内旋涡结构阻塞了流道，阻碍了流体流动，因此在叶轮进口处出现明显的回流。在 0.150 s 时刻，叶轮转速有所增加，导叶内也开始有流体流动，但此时，叶轮流道中的旋涡结构明显增大，几乎占据整个叶轮进口流道。随着转速的进一步增大，混流泵导叶内流体流动逐渐发展，叶轮进口处的旋涡逐渐减少，而在叶轮出口和导叶进口之间的干涉区域内，由于叶轮和导叶的动静干涉现象，该处产生了较大的旋涡，能量损失较多。从混流泵加速中期 0.855 s 时刻到叶轮转速逐渐稳定，从混流泵进口到导叶出口，流体的流动速度明显增加，流线分布状态也较好，明显区别于混流泵启动初期。由此可知，混流泵的不稳定流动主要发生在启动初始阶段，而在加速中期和末期，流线分布状态较好，流体流动逐渐稳定。

(3) *启动过程叶轮内流场分布*

为了进一步分析混流泵启动过程中流体在叶轮转速增加过程中的瞬时特性，获得了叶轮段中间轴截面上(图 4-6)的压力分布和流线分布，将不同时刻的轴截面的压力和流线分布图调整在同一相位下进行对比分析，如图 4-7 所示。

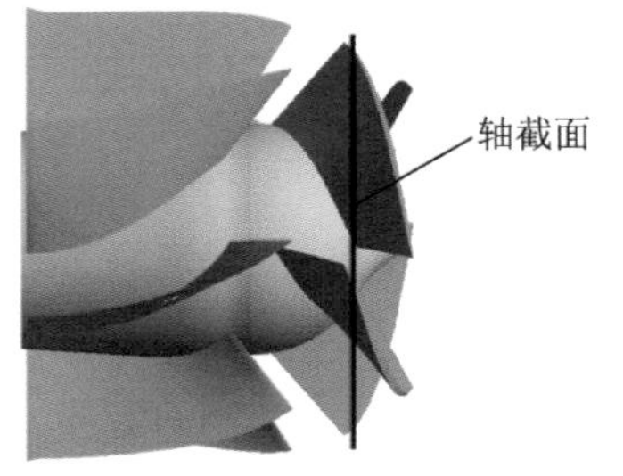

图 4-6　叶轮轴截面位置示意图

由图 4-7 可知，在启动初始 0.045 s 时刻，在该截面内压力从上级叶片吸力面轮毂处向下级叶片压力面轮缘处呈梯度增加，并且在叶轮流道中存在一个明显的旋涡，且该旋涡的方向与叶轮旋转方向相反，这是因为在启动开始之前，系统内的液体为静止状态，当泵突然启动时，轮毂处的液体由于惯性力和壁面摩擦阻力的影响，从而形成与叶轮旋转方向相反的旋涡。随着叶轮转速的增加，在相同时间间隔内，叶片压力面对液体做的功逐渐增多，在 0.150 s 时刻，轴截面上的压力有所增加，最高压力和最低压力分别出现在叶片压力面靠近轮缘和轮毂处。同时，由于叶轮克服了流体惯性作用的影响，通过叶轮的流量也逐渐增大，该时刻叶轮流道内旋涡范围也有所增加。在 0.495 s 时刻，此时叶轮转速进一步增大，流体流动极不稳定，叶轮内部流线分布较为紊乱，在靠近叶片吸力面出口处形成一个大尺度的旋涡结构，但相比前一时刻，叶片轮缘处的高压区面积有所减少。在叶轮加速初期，由于旋涡结构的存在堵塞了叶轮流道，因此流量增加较慢，这与瞬态外特性流量曲线的特性相一致。在叶轮加速中期的 0.855 s 时刻，经过叶轮的流量逐渐增大，叶轮内流体流动逐渐趋于稳定，流道内旋涡结构逐渐缩小，只在靠近轮毂处形成一个细小的旋涡。在叶轮加速末期，旋涡结构基本消失，由于没有旋涡结构堵塞流道，在相同时间间隔内，外特性流量曲线增加较快。当叶轮转速接近额定转速并逐渐稳定时，叶轮轴截面内的压力沿径向呈梯度增加，此时在该截面内流线分布状态较好，基本沿径向均匀分布，这与轮毂、端壁的型线相一致。

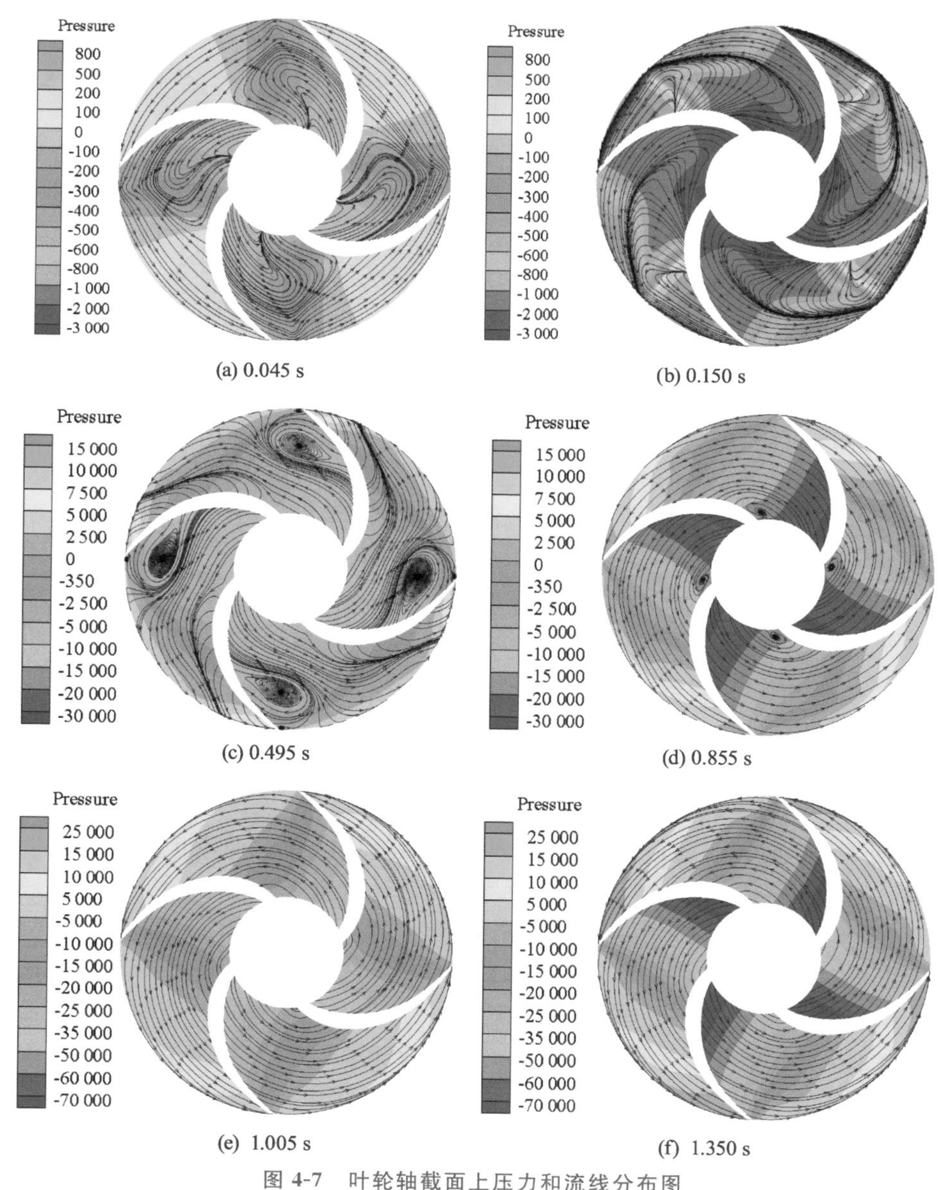

(a) 0.045 s　(b) 0.150 s

(c) 0.495 s　(d) 0.855 s

(e) 1.005 s　(f) 1.350 s

图 4-7　叶轮轴截面上压力和流线分布图

(4) 启动过程叶轮内相对速度分布

为了定量分析在混流泵启动过程中叶轮内流体的相对速度变化，获取了上述叶轮轴截面内三条监测线上(图 4-8)在混流泵启动过程不同时刻、不同半径处的相对速度分布图，如图 4-9 所示。

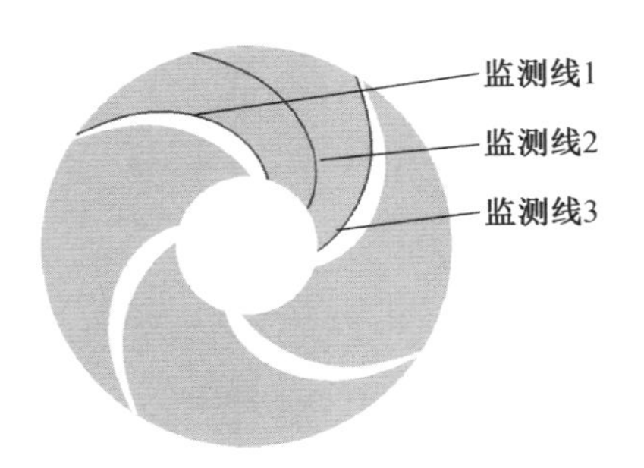

图 4-8 叶轮轴截面上监测线位置图

由图 4-9 可知，三条监测线上的相对速度均随着时间的增加呈增大的趋势，在叶轮转速到达额定转速时，各监测线上的相对速度均有最大值，并且在启动中后期，随着半径的增大，三条监测线上的相对速度值也逐渐增大。而在启动初期，由于叶轮转速较低，对液体的做功较少，沿半径方向相对速度增加的值不明显。在监测线 1 上，由于该位置刚好位于轴截面叶片压力面型线上，而叶片压力面是叶轮做功的主要工作面，在轮毂和端壁处，相对速度分布差值较大。在启动初始时刻，由于流体惯性，流体的相对速度分布沿半径增大方向出现轻微的波动，随着叶轮转速的逐渐增加，叶片对流体的做功逐渐克服流体惯性的影响，在 0.495 s 时刻，叶片压力面上流体相对速度分布呈先增大后减小再增大的变化趋势，并在叶片压力面中部出现速度最大值。之后，随着叶轮转速的增加，该监测线上的相对速度分布近似呈正斜率函数上升，在靠近端壁区出现相对速度最大值。在叶轮流道中部的监测线 2 上，相对速度分布相比监测线 1 出现明显不同的变化趋势；在启动初期，该监测线上的相对速度分布变化不大，而在启动中后期靠近轮毂处有个快速上升的初始速度，相对速度分布差值明显增大，并且在 0.495 s 时刻后各相对速度分布均呈现先上升后下降再上升的趋势，最高速度值随着时间的增加向半径增大的方向偏移。在叶片吸力面型线的监测线 3 上，由于叶片吸力面对流体的做功较少，该监测线上的相对速度分布较为平稳，随着半径的增大，相对速度的差值不大。但在 0.495 s 时刻，流体流动较不稳定，在 $r=0.09$ m 附近，相对速度先陡然减小，随后又迅速增大，这与前文在靠近叶片吸力面出口处形成一个大尺度旋涡结构的分析结论相一致。在启动末期，当转速逐步达到额定转速时，相对速度在靠近端壁处出现最大值并又急剧下降，这可能是受到叶轮和导叶动静干涉作用的影响。

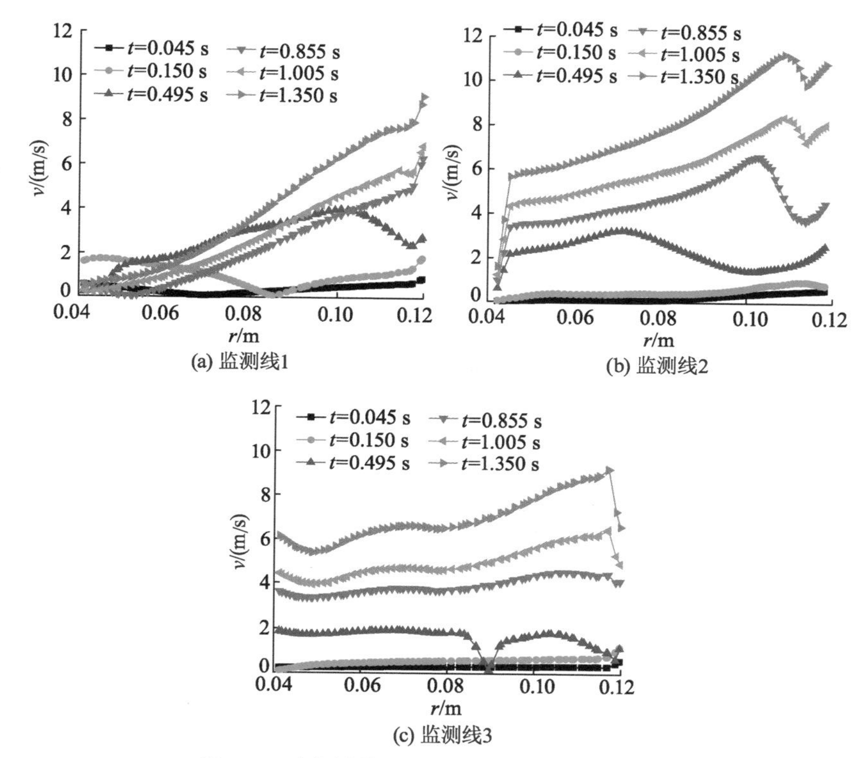

(a) 监测线1

(b) 监测线2

(c) 监测线3

图 4-9 叶轮轴截面监测线上相对速度分布图

4.2.6 不同启动加速度对瞬态特性的影响

为了研究不同加速度下的启动特性，选择不同启动加速度进行瞬态数值计算，加速度分别为 189.71，151.77，75.88 rad/s^2，对应于在阀门全开情况下混流泵从 0 启动到 1 450 r/min 转速持续时间分别为 0.8，1.0，2.0 s。

（1）瞬态外特性对比

图 4-10 给出了 3 种加速度下装置扬程随时间的变化趋势图。从图中可以看出，由于计算忽略了管路阻力，在阀门全开的状态下，扬程较低。随着转速达到最大值，混流泵预测扬程也随之立即或提前达到最大值。在 3 种不同加速度下，泵稳定之后的扬程基本一致，即泵的稳定扬程与泵启动时间无关。

为了较好地阐述扬程的变化趋势，分别对3种启动时间情况进行讨论：

① 启动时间为0.8 s。在0～0.2 s之间，该段曲线较为平缓，斜率较小；在0.2～0.8 s之间，扬程随时间增加较快，并在0.8 s时出现峰值；在0.8～1.0 s之间，扬程随时间回落到稳定状态。

② 启动时间为1.0 s。在0～0.25 s之间，该段曲线较为平缓，斜率较小；在0.25～1.0 s之间，扬程上升较快，并出现峰值，但上升幅度小于0.8 s的情况；在1.0 s之后扬程也不断趋于稳定。

③ 启动时间为2.0 s。在0～0.5 s之间，该段曲线较为平缓，斜率很小；在0.5～2.0 s之间，扬程同样上升较快，但小于高加速情况；在2.0 s时并未出现扬程的冲击峰值；2.0 s以后扬程基本保持水平状态。

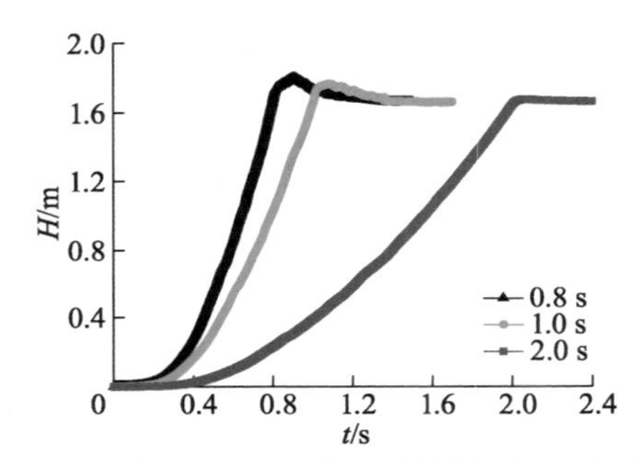

图 4-10　3种启动加速度下装置扬程的变化趋势

综合以上分析，当加速时间从静止时刻上升至启动时间的1/4时，扬程随时间变化曲线的斜率较小，在1/4启动时间至加速完成阶段内，扬程一直保持较大的斜率上升。在加速结束时，高加速度的启动过程出现了一个明显的扬程峰值，在此称之为冲击扬程，而在低加速度时冲击扬程并不明显，加速度的大小决定着冲击扬程的峰值。在3种加速度条件下，扬程最大值均是在转速接近或达到最大值时出现的，说明扬程与转速保持了较好的同步性。3种加速度下，流量均滞后于转速到达最大值，加速度越大，流量滞后越明显。

(2) 瞬态内流场对比

将3种启动加速度下瞬时转速达到 $n=750$ r/min时的内流场进行对比分析，以揭示不同启动加速度对混流泵启动瞬态内流场的影响规律。

图4-11给出了3种启动加速度下叶轮、导叶表面压力及流线分布。从图中可以看出，在3种启动加速度下，叶片表面的流线分布趋势较为接近，但高启动加速度下叶片压力面的相对高压区域面积大于低加速度下的情况，在2.0 s启动时间下，压力面的相对高压区域面积最小，而导叶内部的流场在

3种启动加速度下均存在明显的旋涡。在0.8 s启动时间下旋涡位于导叶进口边附近,随着转速的增加,该旋涡向导叶出口高速移动。研究发现,启动加速度对内部瞬态流场的影响较大,加速度越大,混流泵启动过程瞬态内流场越紊乱。内部流场的瞬态变化与趋势表现为瞬时扬程的水力冲击和流量的滞后效应。

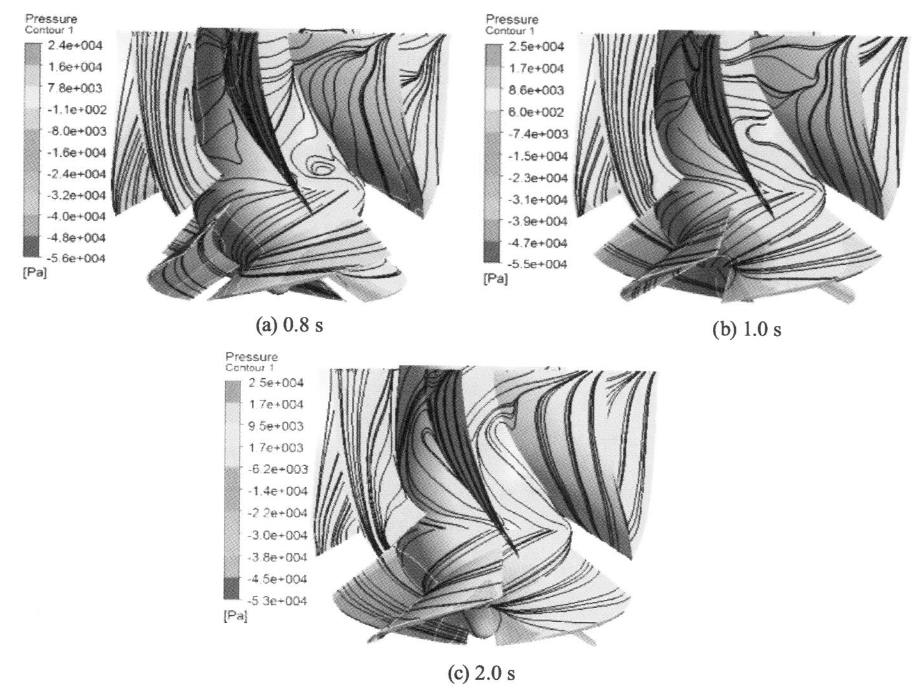

图 4-11 不同启动加速度下转速为 750 r/min 时的静压及流线分布

4.2.7 不同管阻对瞬态特性的影响

为了研究在1.0 s启动时间内混流泵从0加速到1 450 r/min转速下不同管路阻力对瞬态性能的影响,分别模拟阀门全开和阀门半开两种工况下的瞬态水力特性。

(1) 瞬态外特性对比

不同阀门开度下流量的变化及叶轮出口后的压力变化趋势分别如图4-12和图4-13所示。从图4-12中可以看出,阀门半开时,稳定流量要小于阀门全开流量,但流量上升的比例并不与阀门开度呈线性关系。从流量的变化趋势来看，不同管阻下，启动初期流量的上升历程基本一致，但在启动后期，管路阻力小的情况下流量增长率比阀门半开时大。分析图 4-13 可知，在泵刚达到稳定转速附近时，小管阻情况下（即大流量工况）的压力波动要大于大管阻（即小流量工况）情况，表现在外部特性上，就是加速结束后阀门全开时的扬程波动大于阀门半开的情况。

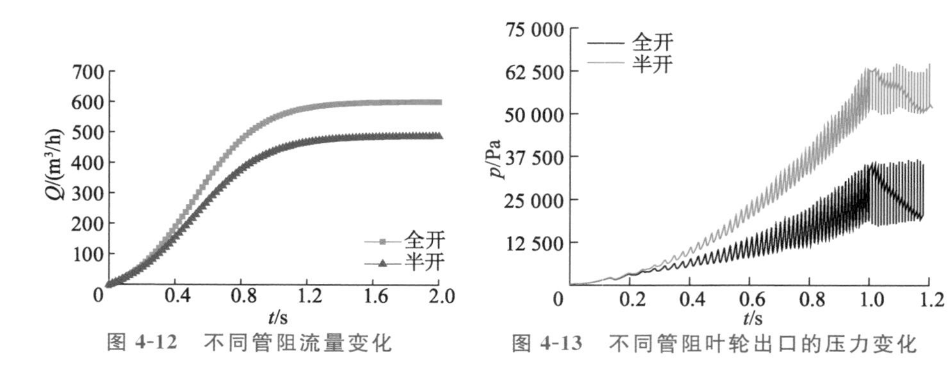

图 4-12　不同管阻流量变化　　图 4-13　不同管阻叶轮出口的压力变化

（2）瞬态内流场对比

图 4-14 给出了出口阀门半开情况下泵内部同一轴截面上的绝对速度矢量图。从图中可以看出，在 0.005 s 时，叶轮进口边出现明显的回流与旋涡，且叶轮内部的流场有向叶片外缘偏转的趋势，而导叶内部受影响不大；在 0.05 s 时，叶轮出口附近出现了明显的旋涡，该旋涡占据了大部分流道径向方向；当启动到 0.15 s 时，叶轮出口附近的旋涡向导叶进口边偏移，而在叶轮进口之前及叶轮内部，轴截面上的流场还具有较好的分布状态；在启动到 0.5 s 时，导叶内部的旋涡逐渐向出口移动；在 1 s 时，该轴截面上的旋涡逐步减小并消失，内部流场分布较好；在 1.5 s 后达到稳定转速，该轴截面上的流场进一步向着均匀的方向发展。

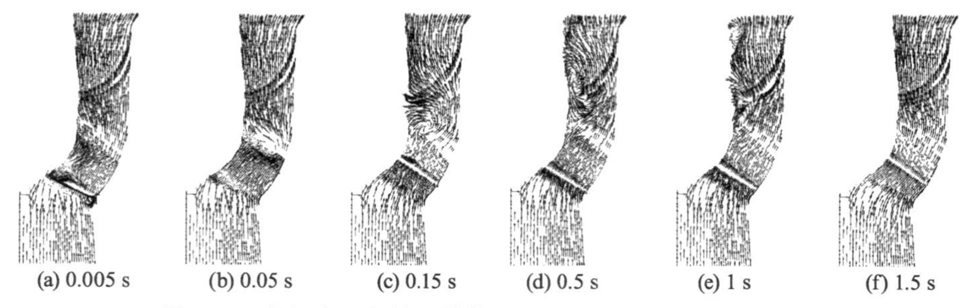

图 4-14　阀门半开条件下轴截面绝对速度矢量随时间的变化

图 4-15 给出了出口阀门全开情况下泵内部同一轴截面上的绝对速度矢量图。由于时间步长及计算过程中保存频率的不同，图中的时间为近似值而非绝对值，因此，图中叶片的位置略有出入。从图中可以看出，在 0.005 s 时刻，叶片进口边存在一定的撞击现象，并在靠近轮毂处存在一定的回流现象；在 0.05 s 时刻，叶轮内部和出口附近出现了一个较大的旋涡，该旋涡范围略大于图 4-14 中的相对应时刻，同样占据了大部分流道位置，此时泵相当于运行在低转速小流量工况下；在 0.15 s 时刻，该旋涡耗散成两个旋涡，一个位于叶轮轮毂中部附近，另外一个位于叶轮与导叶的轴向间隙处；在 0.5 s 时刻，该轴截面上仅仅在导叶进口边附近存在一个较小的旋涡，整体流场较阀门半开更为光顺，到达 1 s 时流场已完全趋于稳定，阀门全开状态下内部流场比阀门半开时更快趋于均匀。

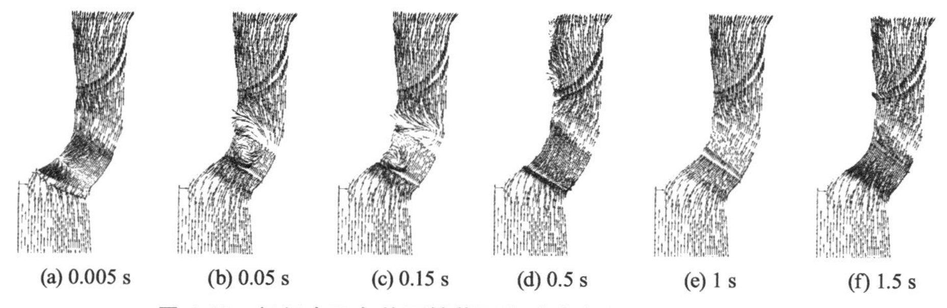

(a) 0.005 s　(b) 0.05 s　(c) 0.15 s　(d) 0.5 s　(e) 1 s　(f) 1.5 s

图 4-15　阀门全开条件下轴截面绝对速度矢量随时间的变化

由以上分析可知，不同管阻对混流泵启动过程瞬态内流特性的影响很大，随着管阻的变化，流道内流体呈现出强烈的非定常性，各种尺度涡的大小、旋转方向和移动趋势影响着流场的发展。其瞬态外部特性表现为瞬时冲击扬程的大小不同和流量到达最大值的过渡期不同。

4.3　基于闭合回路模型的瞬态计算方法

4.3.1　基本控制方程

连续性方程

$$\frac{\partial \rho}{\partial t}+\frac{\partial(\rho u)}{\partial x}+\frac{\partial(\rho v)}{\partial y}+\frac{\partial(\rho w)}{\partial z}=0 \tag{4-1}$$

动量方程

$$\rho\frac{\partial u_i}{\partial t}+u_j\rho\frac{\partial u_i}{\partial x_j}=-\frac{\partial p}{\partial x_i}+\mu\frac{\partial^2 u_i}{\partial x_j^2}+\rho f_i \tag{4-2}$$

式中：u, v, w 分别为速度在 x, y, z 方向的分量；t 为时间；ρ 为介质密度；u_i 为 i 方向的速度分量；p 为流体微元上的压力；f_i 为体积力；μ 为动力黏度。

4.3.2 湍流模型

在进行混流泵稳态数值模拟时选用 SST $k-\omega$(Shear Stress Transport)湍流模型。利用该模型能够在逆压梯度存在的情况下准确预测分离流动，其控制方程如下：

k 方程

$$\frac{\partial k}{\partial t}+U_j\frac{\partial k}{\partial x_j}=P_k-\beta^* k\omega+\frac{\partial}{\partial x_j}\left[(\nu+\sigma_k\nu_{\mathrm{T}})\frac{\partial k}{\partial x_j}\right] \tag{4-3}$$

ω 方程

$$\frac{\partial \omega}{\partial t}+U_j\frac{\partial \omega}{\partial x_j}=\alpha S^2-\beta\omega^2+\frac{\partial}{\partial x_j}\left[(\nu+\sigma_\omega\nu_{\mathrm{T}})\frac{\partial \omega}{\partial x_j}\right]+2(1-F_1)\rho\sigma_{\omega 2}\frac{1}{\omega}\frac{\partial k}{\partial x_i}\frac{\partial \omega}{\partial x_i} \tag{4-4}$$

式中：ν 为运动黏度；P_k 为湍流生成速率；β^*，β，σ_ω，$\sigma_{\omega 2}$ 为常系数，$\beta^*=0.09$，$\beta=0.075$，$\sigma_\omega=0.5$，$\sigma_{\omega 2}=0.856$。

为了能够尽可能预测黏性影响，引入涡黏性系数

$$\nu_{\mathrm{T}}=\frac{a_1 k}{\max(a_1\omega, SF_2)} \tag{4-5}$$

当 SST 模型使用混合函数 F_1 求解自由剪切流存在误差时，引入混合函数 F_2 来进行修正，二者的表达式如下：

$$F_1=\tanh\left\{\min\left[\max\left(\frac{\sqrt{k}}{\beta^*\omega y},\frac{500\nu}{y^2\omega}\right),\frac{4\sigma_{\omega 2}k}{CD_{k\omega}y^2}\right]\right\}^4 \tag{4-6}$$

$$F_2=\tanh\left[\max\left(\frac{2\sqrt{k}}{\beta^*\omega y},\frac{500\nu}{y^2\omega}\right)\right]^2 \tag{4-7}$$

式中：y 为节点到壁面的距离。

然而，对于启动这一特殊的瞬态过程的计算，流体从静止加速至稳定发展状态，需要考虑边界层转捩流动的问题，为了能够准确预测启动过程中的流动分离，采用 DES 湍流模型模拟混流泵的启动过程。该模型可以在附着和轻微分离的边界层内使用 RANS 方法求解，大规模分离的区域采用 LES 模拟。基于 SST $k-\omega$ 的 DES 尺度 l 的表达式为

$$l=\min(L_{\mathrm{t}}, C_{\mathrm{DES}}\Delta_{\max}) \tag{4-8}$$

式中：L_{t} 为湍流长度尺度，$L_{\mathrm{t}}=\sqrt{k}/\beta^*\omega$；$\Delta_{\max}$ 为最大网格尺度；C_{DES} 为自适应参数。

4.3.3 闭合回路模型

采用 Pro/Engineer 软件进行全三维建模，包括混流泵模型(进口段、叶轮、导叶、蜗室和出口段)、管路、闸阀及稳压水箱，全流场计算域如图 4-16 所示。

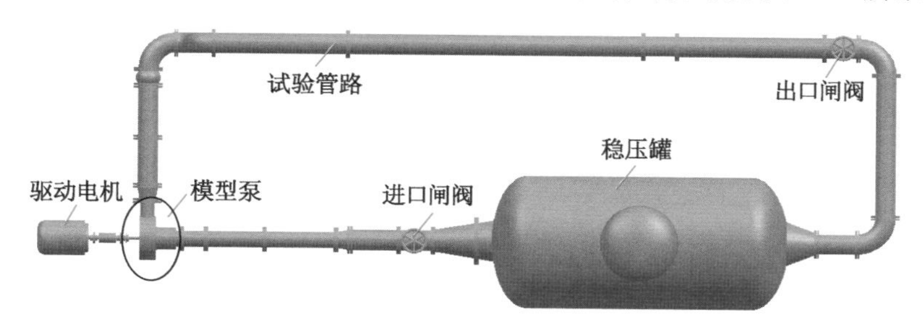

图 4-16 全流场计算域

4.3.4 网格划分

采用 ANSYS 中的 ICEM 对各个计算域分别进行网格划分。叶轮部分采用 J/O 型拓扑结构，如图 4-17a 所示；导叶采用 H/O 型拓扑结构，如图 4-17b 所示。考虑到湍流边界层及叶顶间隙内的微小间隙，在固体壁面法向及叶顶间隙区域进行网格加密。其中叶顶间隙内设置了 20 个节点，对固体壁面进行边界层加密时，第一个节点到壁面的距离为 0.004 mm。叶轮域网格为 287 万，导叶域网格为 289 万，进水管域网格为 220 万，压水室域网格为 57 万，出水管域网格为 27 万，管路域网格为 583 万，全回路网格总计 1 463 万。

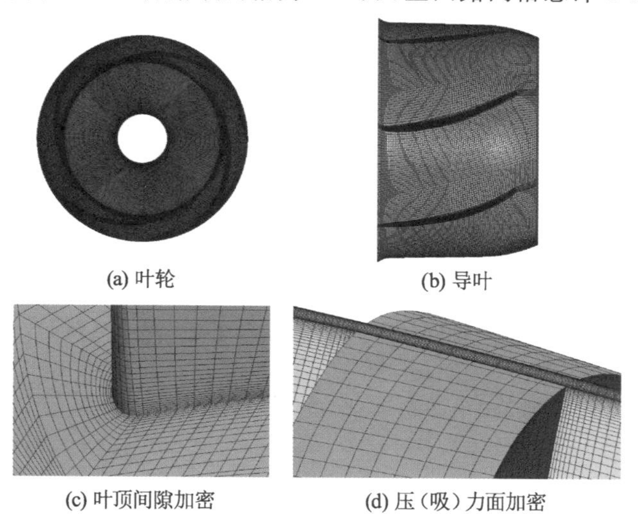

图 4-17 计算域及局部加密网格

4.3.5 边界条件设置

由于叶轮为旋转部件,因此在计算过程中,将叶轮设置为旋转区域,其他域设置为静止区域。在稳态数值计算时,将与叶轮域连接的交界面设置为 Frozen - Rotor 方法,而在进行瞬态数值计算时则采用 Transient Rotor - Stator 方法。近壁面选择无滑移壁面,残差收敛精度设置为 $10e^{-4}$。

由于采用全三维的闭合回路模拟方法可让系统自行耦合模拟,因此只需要拟合出实际启动过程的转速变化规律即可进行数值计算。其启动方式如下:

$$n=\begin{cases} n_{max}t/t_0, & 0\leqslant t\leqslant t_0 \\ n_{max}, & t>t_0 \end{cases} \tag{4-9}$$

式中:n_{max}为额定转速,线性启动方式中的 t_0 为实际转速达到额定转速所需的时间。

4.3.6 数值计算结果与试验验证

图 4-18 所示为数值计算与试验瞬态外特性对比结果。在启动初期,数值计算的扬程稍高于试验扬程;在启动结束时,扬程出现一个由启动加速度与低负载运行共同引起的冲击峰值;启动结束后,扬程开始下降并最终恢复至稳定值。从整体上来看,模拟扬程与试验扬程高度吻合,模拟结果具有较高的可靠性。

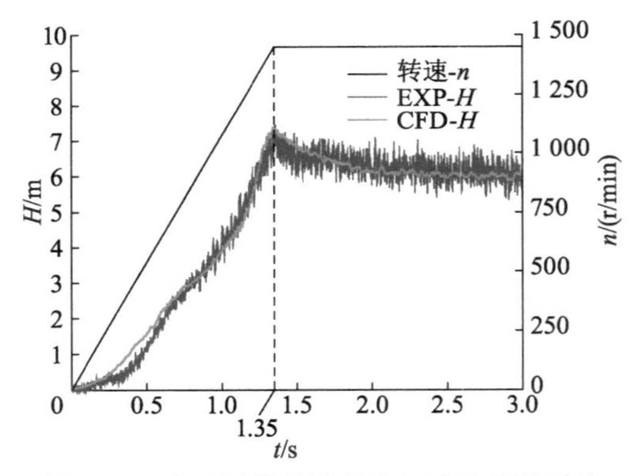

图 4-18　启动过程模拟扬程与试验扬程对比

4.3.7 启动过程瞬态计算结果

(1) 叶片表面压力分布特性

启动过程叶片表面压力分布如图 4-19 所示。在启动初始时刻,吸力面低压区主要在叶片中部轮缘区域,叶片出口边压力较高,沿着流线方向压力逐渐增加,表明内部流动相对稳定,此时叶轮内并无明显旋涡,说明加速惯性力作用显著。压力面压力分布同样是沿着流线方向逐渐增加,不同在于压力在进口附近变化较为显著。在 0.3 s 时刻,吸力面低压区位置出现在叶片进口轮毂和轮缘附近且压力变化明显,这是由于存在由轮毂至轮缘方向发展的旋涡,叶片出口边与轮缘交界处压力最大。此时由于转速较低,部分流体回流至叶轮流道内。受有限叶片数的影响,在流道中部形成与叶轮旋转方向相反的旋涡并逐渐向压力面发展,在压力面轮毂附近形成撞击,速度骤降,因此撞击点附近的压力较高,且压力变化显著。以撞击点为分界点,前半部分流体由于叶片做功不足,沿压力面与轮毂的交界处回流至叶片进口处,形成低压区。另一部分流体则由于叶片的二次做功,压力逐渐增大,并在轮缘区达到最大。值得注意的是,此类叶轮内循环会造成附加轴功率损失。在 0.7 s 时刻,最小压力在进口边,出口轮缘处压力最大。在叶片吸力面存在较大范围低压区,这主要是吸力面的分离涡造成的回流导致的。在 span=0.9 处,叶轮进口基本被回流所占据,因此叶片压力面进口轮缘附近出现低压区。由轴向旋涡与压力面撞击引起的回流在压力面轮毂侧形成低压区。在 1.0 s 时刻,叶片吸力面压力分布与 0.7 s 时刻相似,分离涡是造成大范围低压区的主要影响因素。此时转速与流量均显著增加,叶片出口与导叶间无明显回流,但由于有限叶片数的影响一直存在,因此压力面轮毂侧依然存在微小撞击,形成较小范围的高压区域。

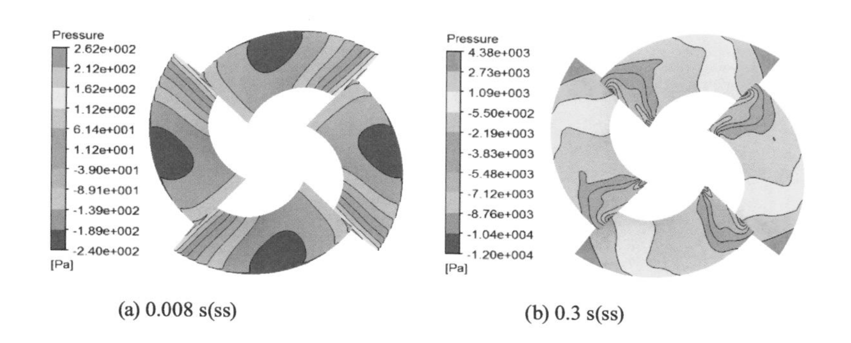

(a) 0.008 s(ss)　　(b) 0.3 s(ss)

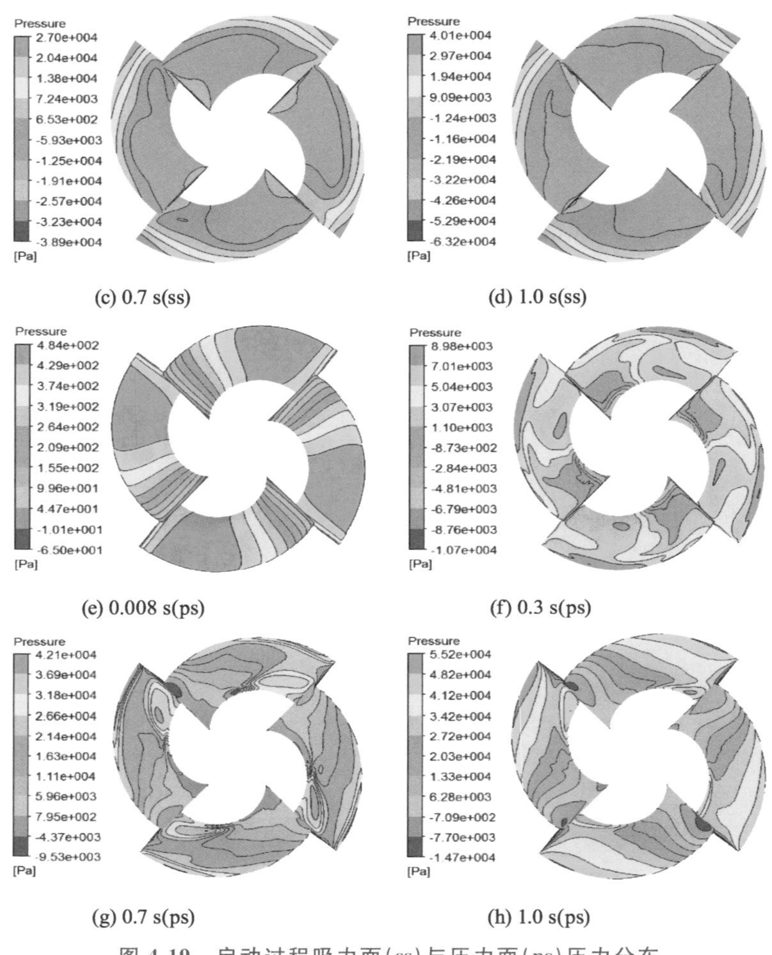

图 4-19 启动过程吸力面(ss)与压力面(ps)压力分布

（2）轮缘间隙泄漏流形态轨迹

图 4-20 所示为启动过程轮缘间隙泄漏流形态轨迹。在启动初期，流动惯性影响显著，间隙流动基本在轮缘间隙与叶轮流道内循环流动，轮缘间隙处的流速最大且叶顶与流道交界处速度梯度较大。在 0.3 s 时刻，间隙泄漏流明显分为两部分，距离进口约 3/4 弦长范围内的泄漏流回流至叶轮进口，另 1/4 弦长范围内的泄漏流沿着流道向出口运动，此过程受轴向旋涡与相邻叶片压力面做功的影响，在叶轮中部以较大流速螺旋式流出。在 0.7 s 时刻，随着转速的上升，间隙流速明显增大，相比于 0.3 s 时刻，此时泄漏流所占区域有所减小。大部分间隙泄漏流继续回流至叶轮进口，吸力面已出现分离涡，

出口处附近的泄漏流受吸力面分离涡卷吸影响，此部分流速较低并随着分离涡回流至叶轮进口。在 1.0 s 时刻，瞬态流动中吸力面分离涡导致流道堵塞相对严重，吸力面分离涡对间隙泄漏流（尤其是前缘处泄漏流）的影响加剧，前缘泄漏流在吸力面出口附近回旋且造成堵塞，并对相邻流道造成一定影响，堵塞区域的速度明显降低。稳定后混流泵以额定转速运行，间隙流速明显增大，间隙泄漏流影响范围较大，并沿着下游流道逐渐减弱。

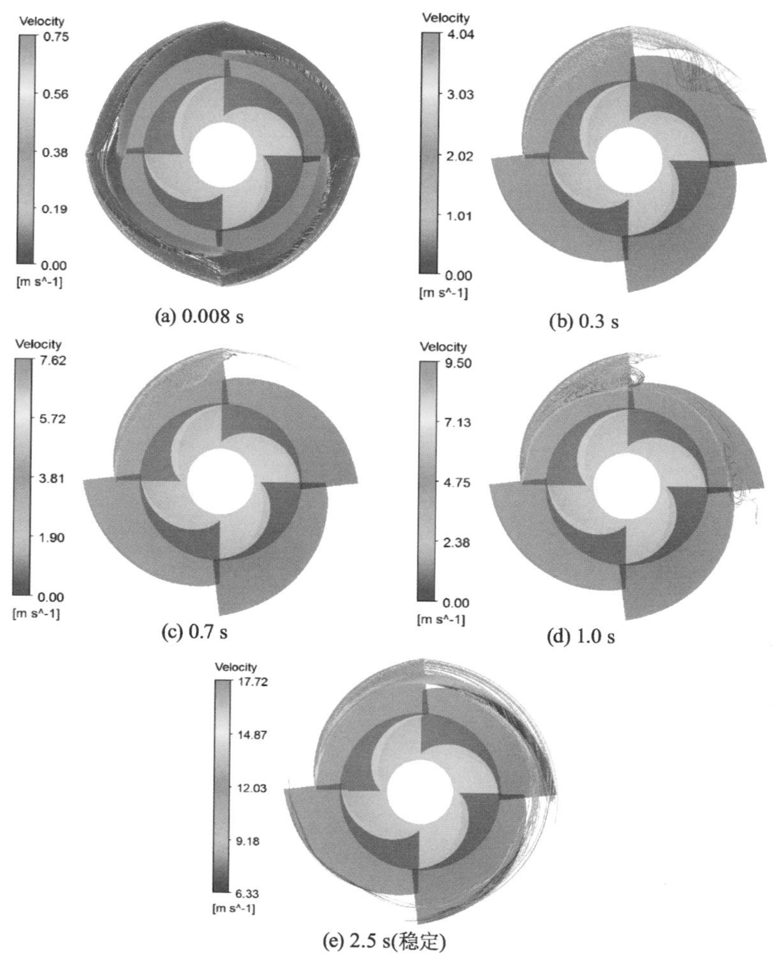

图 4-20　启动过程轮缘间隙泄漏流形态轨迹

图 4-21 所示为基于 Q 准则识别的轮缘区涡结构，阈值大小设置为 2 000 s^{-2}。由上述分析可知，启动初始时刻，内部流场较为稳定，因此并无明

显的涡结构显示，仅在叶片的轮缘区存在少量的涡结构。在 0.3 s 时刻，轮缘泄漏流卷吸形成轮缘泄漏涡。由于转速较低、流量较小，出口处回流在压力面出现大范围涡结构，并与轮缘泄漏流混杂在一起，但其强度均小于吸力面进口轮毂处出现的指向轮缘方向的涡结构。在 1.0 s 时刻，轮缘泄漏涡逐渐占据主导作用，进口吸力面分离涡逐渐消失，出口回流涡有所减弱。当启动完成、流场稳定后，与图 4-20 显示的结果一样，轮缘泄漏流的影响比较显著，成为叶轮内最主要的涡流形态。由此可见，在启动过程中，混流泵叶轮内涡流结构不断演化，启动前期涡流呈现出低转速、小流量工况的一般特征，进出口处涡流结构变化显著，轮缘泄漏对主流干扰不容小觑。因此，进出口安放角、轮缘区结构的优化设计在瞬态流研究中需重点关注。

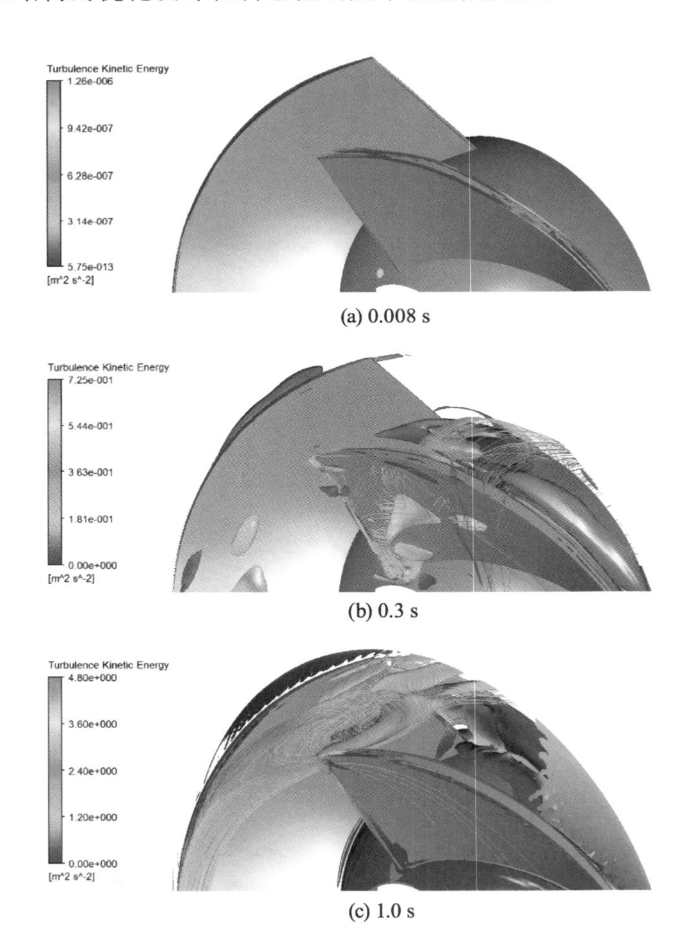

(a) 0.008 s

(b) 0.3 s

(c) 1.0 s

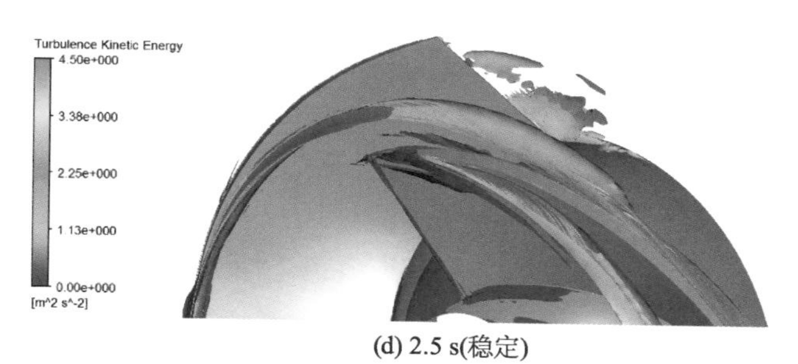

(d) 2.5 s(稳定)

图 4-21 启动过程轮缘区涡结构分布

(3) 进口回流特性

进口回流不仅干涉主流运动造成能量耗散,而且其强剪切作用造成的涡心低压区还容易发生空化,导致瞬态扬程和效率下降。因此,研究混流泵启动过程进口回流的生成、演化规律,对于混流泵的优化设计和瞬态工况下的稳定运行具有重要理论意义和工程价值。

进口回流的形态如图 4-22 所示。由图可知,造成进口回流现象的因素主要有两个:一个是叶片吸力面侧发生流动分离(如图 4-22a 所示),其主要发生在靠近吸力面的出口边处,方向大致与轴线平行;另一个是叶顶间隙造成流动泄漏(如图 4-22b 所示),叶顶间隙泄漏导致的回流主要发生在进口边附近,沿着弦线方向逐渐减弱,在出口边处流出叶轮。回流增加了进口流动的湍流程度,干扰了主流运动。

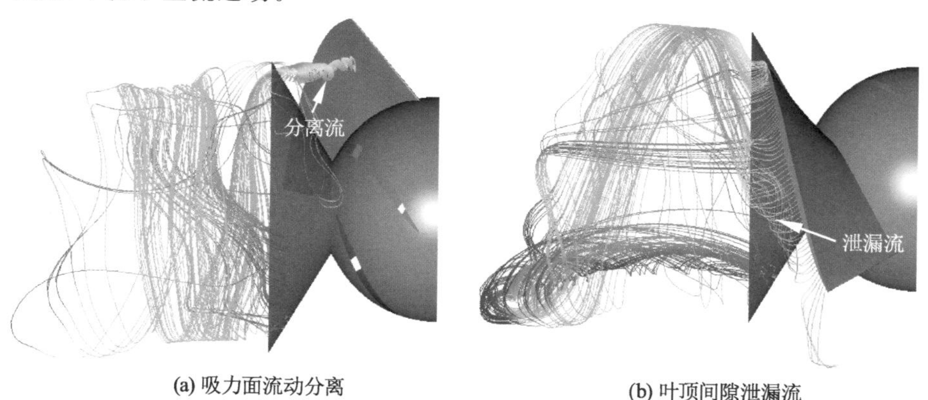

(a) 吸力面流动分离

(b) 叶顶间隙泄漏流

图 4-22 进口回流的形态

① 进口管内回流长度

由于叶轮旋转作用,轮缘处的流体具有较大的圆周速度分量,故进口管出现与叶轮旋转同向的螺旋式回流。启动过程中进口管内回流的轴向分布如图 4-23 所示。以回流的实际轴向长度 L 与管径 D 的比值来表征其轴向分布趋势。随着转速的增加，回流的轴向长度先增加后减小，且回流初生与发展过程所持续的时间大于消失的时间。在 0.8 s 时出现一个回流长度极大值，此时由于回流的影响，启动扬程增长变缓。由图可知，启动过程进口管回流主要分为两个阶段：在启动前期，由于转速较低，叶轮对流体做功不足，以及有限叶片数的影响，导致回流呈现逐渐增大的趋势；在启动后期，随着转速进一步增加，叶轮对流体做功加剧，卷吸作用增强，主流影响区域增大，回流强度逐渐降低，直至消失。

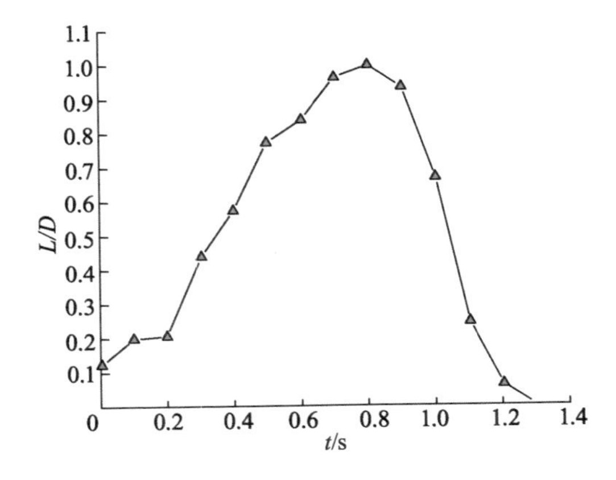

图 4-23 启动过程中的回流沿轴向分布

② 叶轮进口速度分布

叶轮旋转轴是 z 轴，y 轴正向是重力方向，旋转方向与右手螺旋法则相反。在距离叶轮进口 20 mm 处每隔 30 mm 建立一个监测面，共计 5 个截面，如图 4-24 所示。过截面 1,3,5 圆心作与 y 轴平行的直径为轴向速度的研究对象。

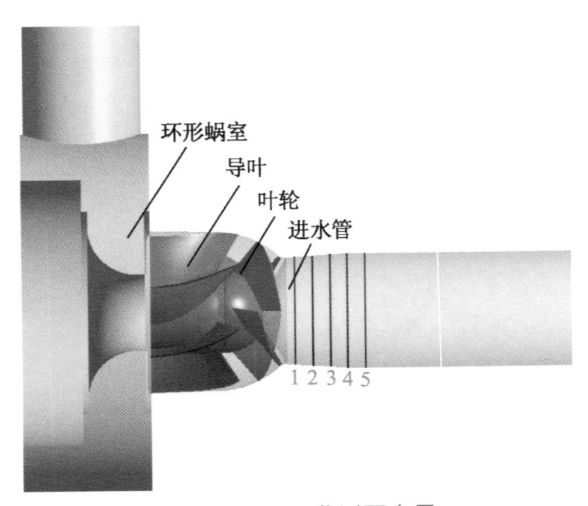

图 4-24 进口监测面布置

启动过程中进水管截面 1,3,5 直径处的轴向速度分布如图 4-25 所示。通过对比轴向速度的时间分布特征发现，轴向速度在 0.8 s之前基本呈轴对称分布，且速度逐渐增大。从 1.0 s 开始，随着回流轴向延展长度逐渐缩小，非对称分布开始显现。在启动初期，即 0.3 s 时刻，由于回流速度较小，以及壁面黏性作用与主流的阻碍作用，回流的轴向速度沿着圆周壁面向中心轴线有一个先增加后减小的趋势，随着转速增加，回流强度逐渐增大，回流轴向速度由圆周壁面逐渐向中心轴线处降低。在回流消失阶段，轴向速度的非对称特性先逐渐增强，随着回流的进一步减小，主流占据全部过流通道，速度趋于均匀对称分布。

通过对比不同时刻轴向速度的轴向分布特征发现，截面 1 和截面 3 的回流速度沿直径非对称分布大概出现在 1.0 s 时刻，而在截面 5 处，回流速度在 y 轴正向圆周壁面处已然消失。因此，随着远离叶轮进口，回流衰减过程中出现的非对称分布现象越来越明显。由于回流区对主流的排挤，主流沿着远离叶轮进口轴向分布并未呈现规律性递减，而是在 0.8 s 和 1.0 s 等回流充分发展时刻，截面 3 处的主流速度均大于截面 1 和截面 5 处的主流速度。因此可以判定回流厚度在这几个时刻沿轴向分布是先增大后减小的，在其他时刻回流厚度沿轴向呈递减分布。

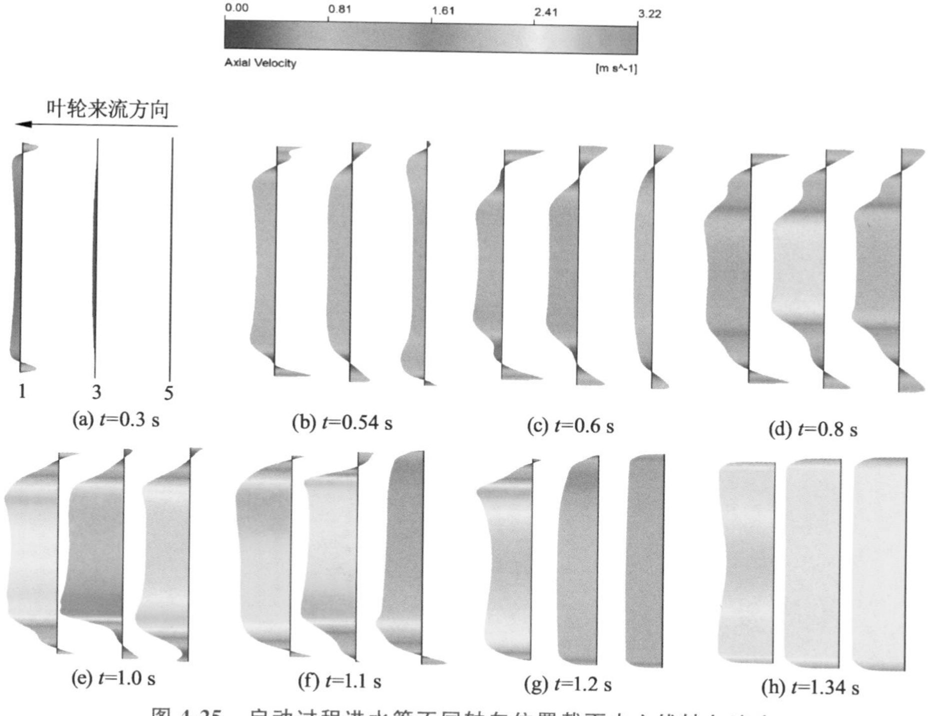

图 4-25　启动过程进水管不同轴向位置截面中心线轴向速度

一部分流体在获得叶轮能量后，返回至进水管，其旋转方向与叶轮同向（逆时针），回流发展至轴向末端仍以相同的旋转方向与主流汇合，挤压主流，主流在回流的影响下也会产生与叶轮同向的圆周速度。以最早受到回流影响的截面1为研究对象，分析径向位置处的圆周速度 v_u 的分布情况，如图4-26所示，以逆时针方向为正。圆周速度 v_u 的大小随启动时间的总体发展趋势是先增大后减小，0.8 s时刻的圆周速度达到最大，与图4-23中最大回流长度发生的时刻一致。0.3 s时刻，圆周速度呈现对称分布，随着时间的推移，其非对称特性愈发明显，在1.2 s时刻尤其显著。由图4-25可知，在 $t=1.2$ s时，截面1直径处 y 轴负方向存在回流，y 轴正方向回流消失，故在图4-25中 y 轴负方向的圆周速度较大，y 轴正方向较小，呈现明显不对称，在轴线附近甚至出现反向圆周速度。随着加速结束，回流逐渐消失，受叶轮旋转引起进水管内发生轻微预旋的影响，在1.34 s时刻，截面1处圆周速度出现极小值并呈轴对称分布。在同一时刻，圆周速度均是从外径至轴线方向逐渐降低，且在端壁区速度梯度较大，下降较快，而靠近轴线位置变化缓慢。

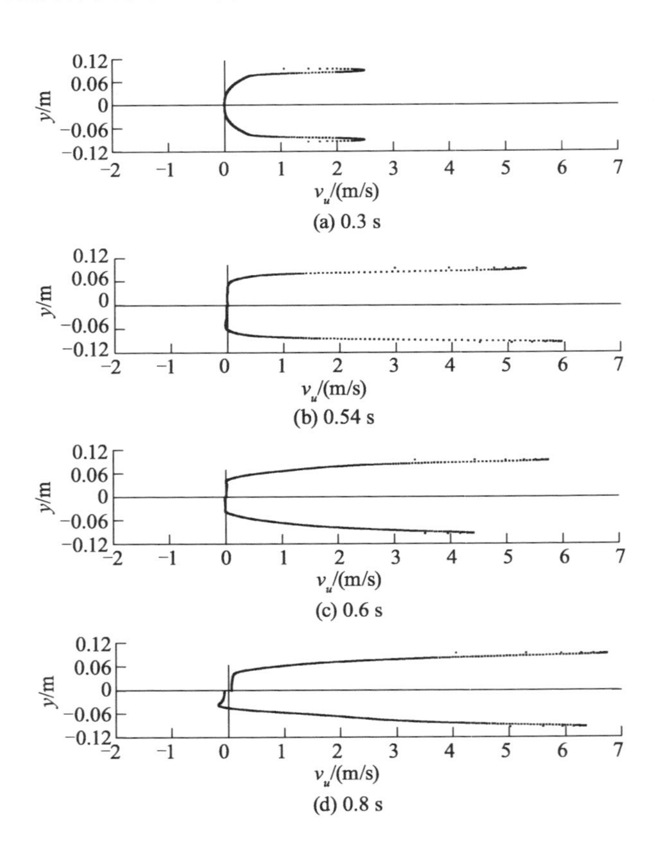

(a) 0.3 s

(b) 0.54 s

(c) 0.6 s

(d) 0.8 s

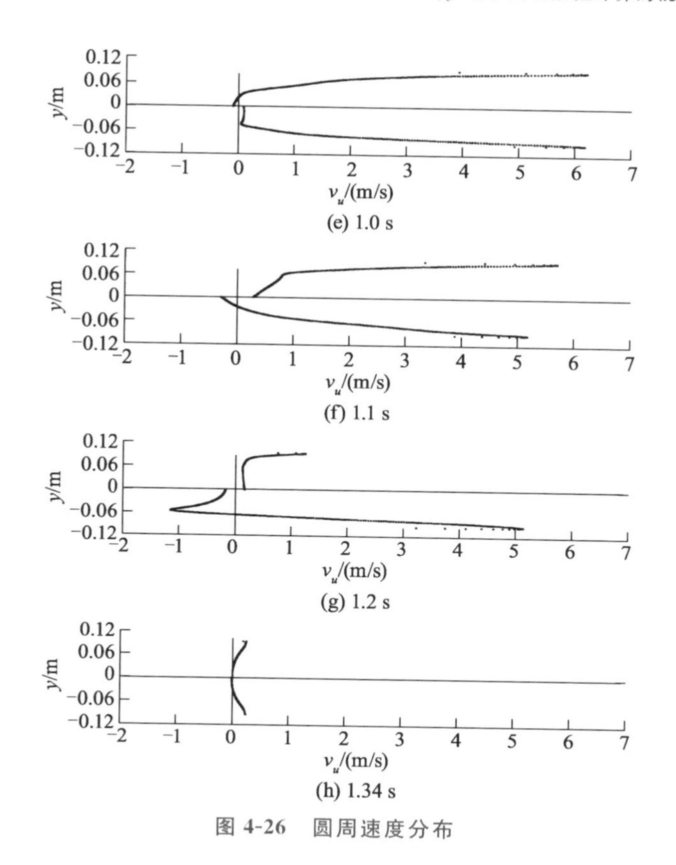

(e) 1.0 s

(f) 1.1 s

(g) 1.2 s

(h) 1.34 s

图 4-26　圆周速度分布

理想情况下，XOY 平面的速度矢量 v_{xy} 应该与圆周切向一致，但 v_{xy} 与切向存在一定的夹角，此角度越大，说明 v_{xy} 在切向的分量 v_u（即图 4-26 中的圆周速度）越小；夹角余弦值为正（负），表示 v_u 迫使流体绕 z 轴逆（顺）时针旋转。v_{xy} 与切向量夹角的余弦值如图 4-27 所示。同一时刻，定义靠近壁面区域内余弦值为 1 的长度为 L，在此范围内 v_{xy} 的方向与切向一致。在负 y 区域内，L 随着时间的逐步增加，在 0.6 s 达到最大，随后减小，由此可知，回流的径向影响范围先增大后减小。在启动前期，正、负 y 区域内 L 随时间变化趋势基本一致。在 1.2 s 时刻，夹角余弦值在 $y=-0.064$ m 处快速降为 0，随后又逐渐减小并维持在 -1，说明 v_{xy} 在 $y=-0.064$ m 处指向轴线，此时无圆周速度，随后圆周速度沿着顺时针方向发展，迫使流体顺时针旋转。

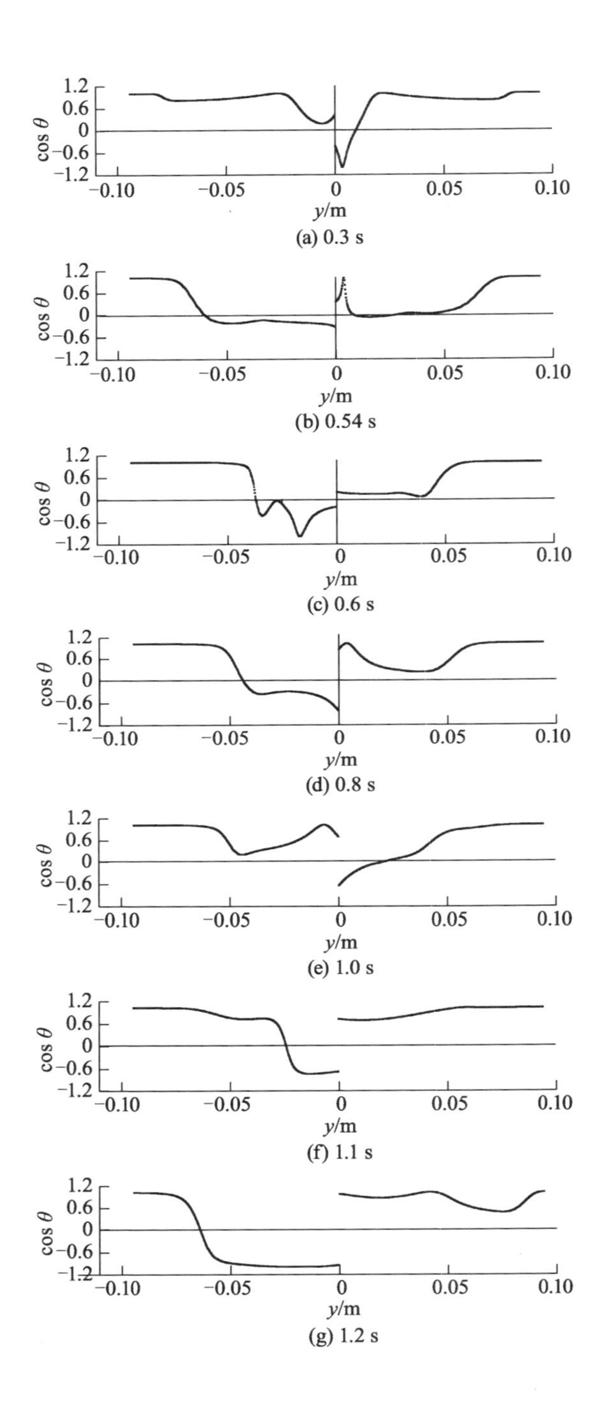

(a) 0.3 s

(b) 0.54 s

(c) 0.6 s

(d) 0.8 s

(e) 1.0 s

(f) 1.1 s

(g) 1.2 s

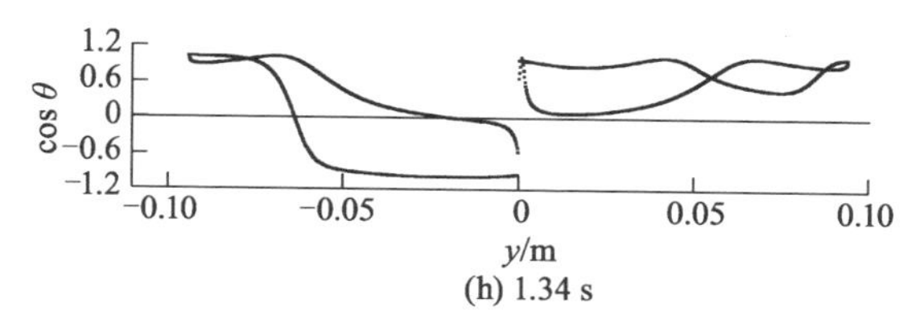

(h) 1.34 s

图 4-27 v_{xy}与切向夹角的余弦值

图 4-28 所示为截面 1 处轴向速度与圆周速度随启动时间的分布趋势。为了辨别回流所占区域，图 4-28a 中给出了 0 m/s 的速度等值线。在启动初期，由于叶轮做功不足，叶轮内出现大范围回流，因此在进口管截面处也体现出较大的回流区域。在 0.4 s 时刻，受叶片数影响，在圆周外缘均匀分布着 4 个回流速度最大的区域。随着转速逐渐增加，回流区域逐渐减小。中心主流轴向速度随流量的增加呈明显的增大趋势。圆周速度云图分布区域可大致分为回流区(轴向速度与主流方向相反)、回流主流混合区(回流与主流汇合向叶轮进口运动)与主流区。随着转速的增加，叶轮内的流体加快旋转，因此回流区圆周速度逐渐增加，而在 1.2 s 时刻由于回流强度很弱，因此回流在圆周处的高速区不明显。中心主流圆周速度主要受回流圆周速度的影响，在 0.2～0.8 s 中心低速区逐渐减小，而在 0.8～1.2 s 时中心圆周低速区逐渐增加，说明回流对主流的干扰先增强后减弱并在回流最强时影响最为显著。

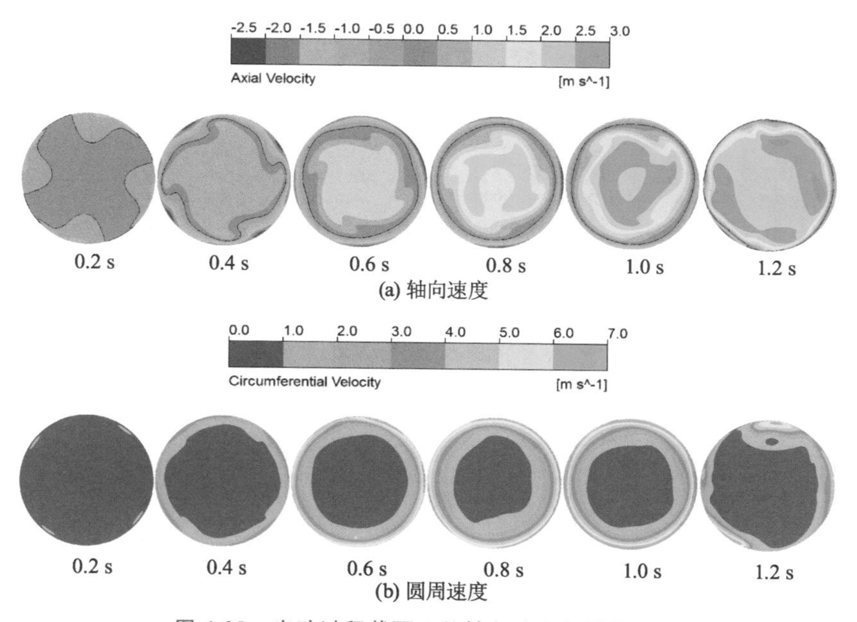

(a) 轴向速度

(b) 圆周速度

图 4-28 启动过程截面 1 处轴向速度与圆周速度

③ 回流演化过程

不同截面回流量随时间变化情况如图 4-29 所示。总体来说，各截面回流量呈现先上升后下降的趋势，5 个截面的回流量均在 0.7 s 时刻达到最大值，这与最大回流长度所在时刻略有不同。在回流发展前期，截面 1、截面 2 和截面 3 回流量均出现先上升后降低再上升至最大值的发展趋势，这是因为越靠近叶轮进口，回流受叶轮扰动的影响越大。

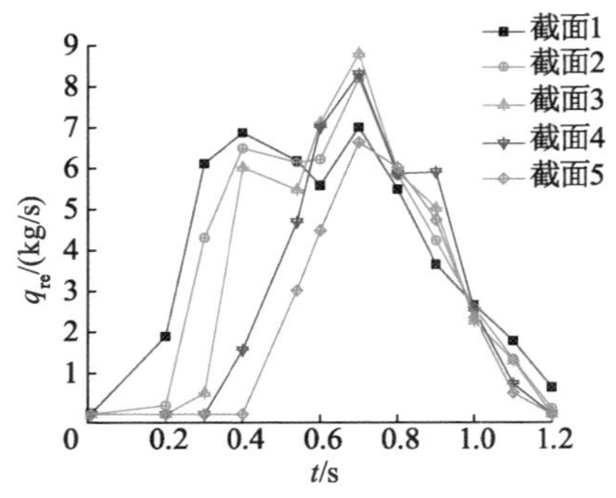

图 4-29　不同截面回流量的时间分布

不同时刻回流量的轴向分布如图 4-30 所示。在回流发展初期(0.54 s 以前)，不同截面回流量沿轴向呈逐渐递减趋势，说明启动初期远离叶轮进口回流影响减弱。从 0.6 s 开始，回流量沿轴向呈拱形分布，最大回流量出现在中间截面处，此现象在 0.7 s 时刻最为显著。随着转速的增加，各截面回流量保持基本一致，并逐渐减小，最终降为零。综上所述，回流量在启动过程中的中间时刻出现极大值，且最大值出现在回流影响区域的中间截面，即截面 3 的位置。

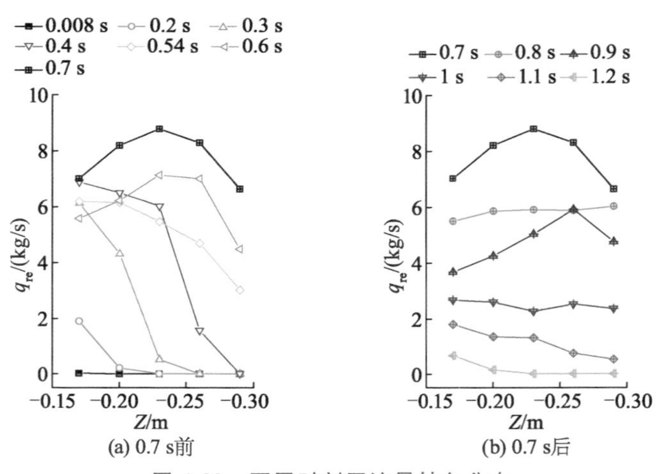

(a) 0.7 s前　(b) 0.7 s后

图 4-30　不同时刻回流量轴向分布

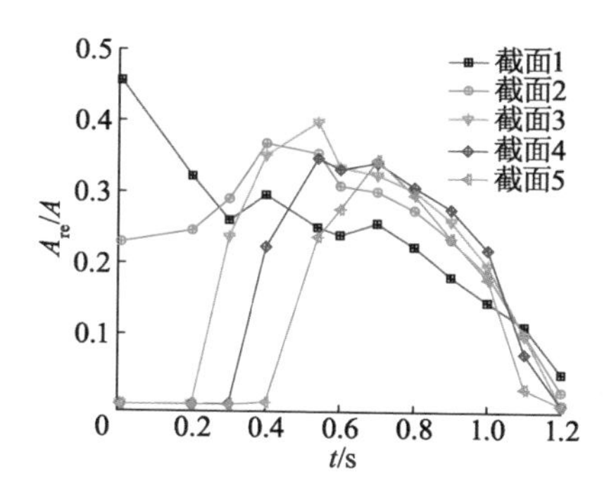

图 4-31　不同截面回流面积的时间分布

用实际回流面积与截面面积的比值 A_{re}/A 来分析回流面积发展过程，获得不同截面处 A_{re}/A 的时间分布如图4-31所示。由于截面1靠近叶轮进口，起始时刻便受到叶轮扰动的影响，产生较大面积的回流，回流面积接近截面面积的50%，随后呈现随时间递减趋势。受叶轮扰动影响，截面2起始时刻也产生了回流，随着转速增加，回流面积在0.4 s达到最大，随后开始减小。随着截面远离叶轮进口，截面3、截面4和截面5在启动初始时刻并未受到叶轮扰动影响，且分别在0.2 s，0.3 s和0.4 s出现回流，并随着转速的增加呈现先增大后减小的趋势，最大回流面积分别有一个延迟，0.7 s以后变化趋势基本一致。

不同时刻下 A_{re}/A 的轴向分布如图4-32所示。与回流量分布类似，在回流初生阶段，受回流轴向发展的影响，回流面积轴向分布不均特性较为明显。回流面积的极大值特性在0.54 s时刻最为明显，回流面积呈现先增大后减小的拱状分布，且极大值位置随着时间的增加有逐步远离叶轮进口的趋势。随着转速的增加，回流影响开始扩散至各个截面，回流面积轴向分布逐渐趋于一致。

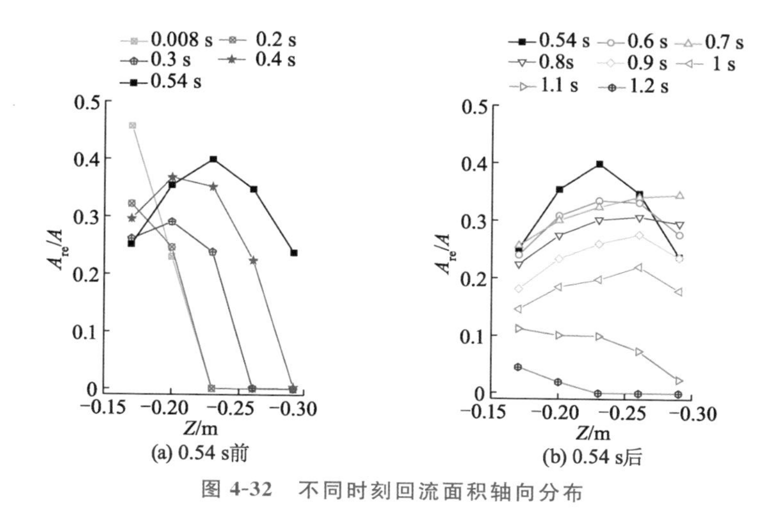

图 4-32　不同时刻回流面积轴向分布

4.4 本章小结

本章对混流泵启动过程的内部流场进行了数值计算，对比分析了混流泵启动过程中压力、流线和相对速度随时间变化的规律，以及启动加速度与管路阻力对混流泵启动过程的影响，揭示了瞬态项影响因素与内流场演化的对应关系。

① 采用滑移网格方法进行瞬态计算，混流泵启动过程的瞬态数值计算结果与试验测量的扬程误差较小，保持了较好的一致性，瞬态数值计算方法具有较高准确性。启动初期，由于受叶轮做功、流体惯性力和壁面摩擦的影响，流体流动极不稳定，在叶轮内出现大尺度旋涡结构，堵塞了叶轮流道，造成启动初期流量增加缓慢；随着转速接近额定转速，叶轮内流动变平稳，瞬态效应消失。

② 不同加速度条件下，扬程最大值均是在转速接近或达到最大值时出现的，说明扬程与转速保持了较好的同步性。流量均滞后于转速达到最大值，加速度越大，流量滞后越明显。随着管阻的变化，流道内流体呈现出强烈的非定常性，各种尺度涡的大小、旋转方向和移动趋势影响着流场的发展，瞬态外部特性表现为瞬时冲击扬程的大小不同和流量达到最大值的过渡期时间不同。

③ 基于闭合回路的全三维数值模拟能够准确预测混流泵启动过程中的瞬态水力特性，扬程在加速后期出现一个由启动加速度引起的冲击峰值，由于流体惯性逐渐下降并趋于稳定。启动过程中，由于流量增加的滞后性，混流泵始终运行在小流量工况，使得叶片吸力面容易发生流动分离。同时，随着转速的增加，叶轮做功能力增强，诱发了进口回流的产生，回流增加了进口流动的湍流程度，干扰了主流运动，造成水力损失，在回流长度最大时，导致混流泵瞬态扬程增长缓慢。

④ 启动初始时刻因为角加速惯性力作用显著，内流场相对稳定，叶片表面压力沿流线方向逐渐增加。随着转速的增加，角加速惯性力作用逐渐减弱，由于叶轮做功不足且受有限叶片数的影响，轴向旋涡产生并在压力面形成撞击，在撞击点附近形成高压区且压力梯度较大，逐渐形成的分离涡在吸力面造成大片低压区域且对泄漏流造成卷吸作用，在压力面进口形成低压区域，呈现出四种泄漏流形态。

⑤ 进口回流的轴向、径向影响范围呈现先增加后减小的趋势。轴向速度、圆周速度随着启动时间逐渐由轴对称分布向非对称分布转变，回流衰减过程中轴向速度非对称分布现象随着远离叶轮进口越来越明显，圆周速度在轴线附近出现了反向圆周速度，这与准稳态回流现象存在明显差异（Bolpaire，2002）。

5 混流泵启动过程闭合管路系统的损失特性

5.1 概述

混流泵启动过程瞬态非定常流动是复杂的三维不可压湍流流动，常常伴有回流、二次流、流动分离等涡流现象(Takemura,1996)，在小流量工况下，还会出现分离旋涡导致流道内发生大尺度旋转失速(Manish,1999)，同时闸阀、弯管及旋转叶轮与静止空间导叶体之间的动静干涉作用使得管路系统、叶轮出口与空间导叶体进口之间环形空间内流场非常紊乱，造成大量水力损失。

隋荣娟(2006)理论分析了叶片泵稳态与瞬态下的运动方程并分析了启动过程的能量损失特性，研究了不同阀门管路特性对瞬态性能的影响，初步解析了启动过程内部流场。Li(2011)通过试验和数值计算研究发现，瞬态涡的发展是造成瞬态无量纲值小于准稳态值的主要原因。Hu(2012)发现启动过程旋涡结构逐渐增强并由叶片出口转移至叶轮中部，随着转速进一步上升，轴向旋涡消失；基于欧拉方程分析发现，旋涡结构使得瞬态滑移系数小于准稳态值。黎耀军(2015)进行离心泵开阀启动数值模拟后，发现开阀过程流量与扬程的对应关系相对稳定，随着阀门开度增加，蜗壳隔舌处压力波动逐渐增加。Wu(2010)对离心泵出口阀门快速开启的瞬态行为进行数值模拟，较好地预测了叶轮-蜗壳动静干涉下的扬程波动现象。Li(2017)为了实现泵在启动过程的高响应，在泵下游安装辅助阀门，通过数值模拟分析了带有辅助阀的泵瞬态外特性，以及阀门的开启对泵内瞬态流动结构的影响。张玉良(2014)研究了低比转速离心泵在出口阀门快速关闭过程的瞬态特性，对阀门关闭过程进行数值模拟并定量计算了附加理论扬程，结果显示，调节后的阀门流量越小，瞬态效应越显著，动静干涉对出口参数影响较大。

在启动过程泵内瞬态流动诊断方面，李志锋(2010)采用涡动力学手段对离心泵启动过程的内部流动进行过流断面及 BVF 诊断，二者结果具有较高的一致性。李伟(2018)基于涡动力学方法对进口管、叶轮及导叶内部流场进行了分析，发现进口管截面涡核在启动初期较为分散，而后聚集，稳定后反向涡消失。

5.2 计算物理模型

基于第 4 章所建立的闭合回路模型进行混流泵启动过程闭合管路系统的损失特性研究。由于在整个闭合回路中，闸阀控制着混流泵的出口流量，是流量调节过程中管路系统水力损失的重要部位，因此本节构造闸阀的计算域实体模型加入整个计算域中。闸阀计算模型如图 5-1 所示。

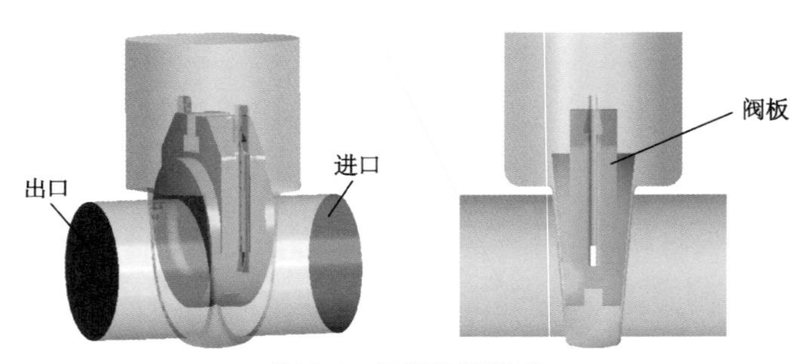

图 5-1 闸阀计算模型

5.3 闸阀在闭合管路系统内的启动阻力

5.3.1 闸阀稳态阻力特性分析

闸阀部件是管路系统最主要的节流装置。阀门的流量系数 k_v 与阻力系数 ζ 是体现阀门内部的流动特性的两个重要参数，流量系数与阻力系数均反映阀门的过流能力。流量系数越大，阀门的过流能力越强，阀门进出口压降越小；阻力系数越大，阀门的过流能力越弱，阀门进出口压降越大。二者的计算公式如下：

$$K_v = Q\sqrt{\frac{\rho}{\Delta p}} \tag{5-1}$$

$$\zeta = \frac{2\Delta p}{\rho v_{pipe}^2} \tag{5-2}$$

式中：Q 为流过阀门的体积流量；ρ 为流体密度；Δp 为阀门进出口压降；v_{pipe} 为管道内流速。

本书所用闸阀流量系数如图 5-2a 所示，闸阀流量系数随开度增加呈现近似线性规律增长。闸阀阻力系数如图 5-2b 所示，阻力系数随开度增加逐渐减小。在 0～0.1 开度之间，阻力系数急剧下降，这是由于在此区间过流面积极小；在 0.2～0.3 开度之间，阻力系数下降速度逐渐变缓；当阀门开度大于 0.3 时，阀门阻力系数变化很小，基本稳定。

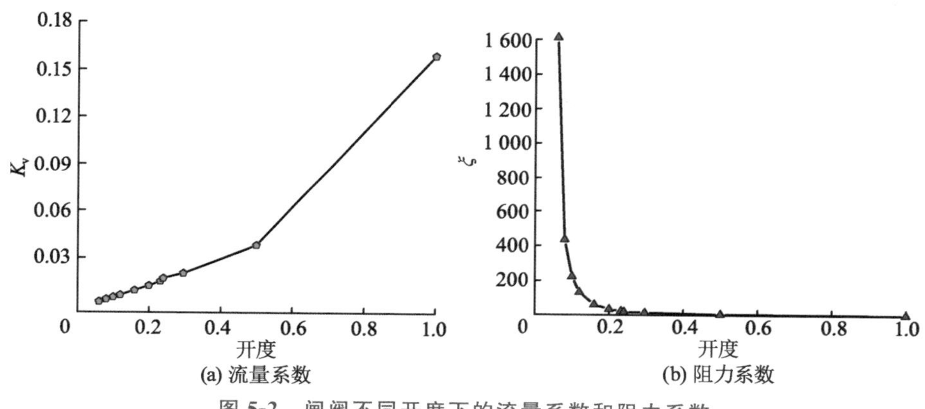

(a) 流量系数　(b) 阻力系数

图 5-2　闸阀不同开度下的流量系数和阻力系数

5.3.2　启动过程闸阀瞬态特性分析

图 5-3a 所示为启动过程进出口测压点间的管路损失，其主要分为闸阀损失、阀后弯管损失和其他圆管损失。由图可知，在启动阶段，其他圆管部分损失最大，这是由于管路较长，启动过程中的压力大部分用于加速管内流体，即主要被流体惯性消耗，其变化也与流量变化率 dq/dt 变化趋势基本一致。阀后弯管的损失也随启动时间逐渐上升，且基本大于闸阀进出口压差，说明启动过程弯管内流动受惯性影响较为明显。稳定后其他圆管水力损失约 0.5 m，阀后弯管水力损失约 1.89 m，闸阀水力损失达 3 m 以上。

图 5-4 所示为闸阀的启动瞬态阻力系数与准稳态阻力系数对比曲线。由于开度一定，因此稳态条件下的阻力系数基本保持不变，而瞬态阻力系数在启动初期较大，这主要是因为启动初期流量较低，流速较小，闸阀所引起的水力损失较小，而闸阀内流体惯性导致的压降相对水力损失的压降较大，因此由式(5-2)可知，大压降与低流速导致计算的阻力系数较大。阻力系数随启动时间快速下降，0.6 s 以后，瞬态阻力系数越来越接近稳态阻力系数，0.8 s

以后二者基本保持一致,说明闸阀内流体惯性引起的压降越来越小。启动前期闸阀内压降以流体惯性为主,后期以水力损失为主,且流体惯性可忽略不计。

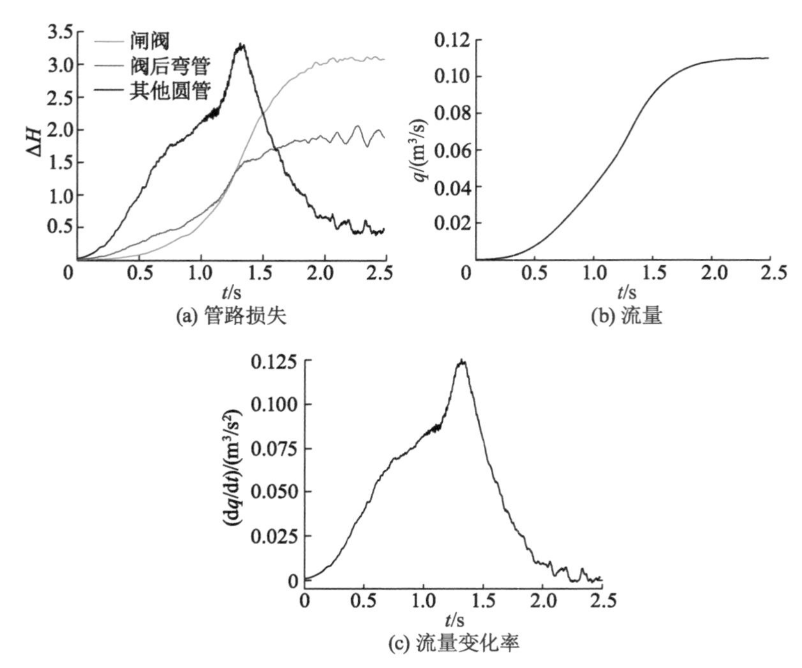

图 5-3 启动过程管路损失、流量、流量变化率

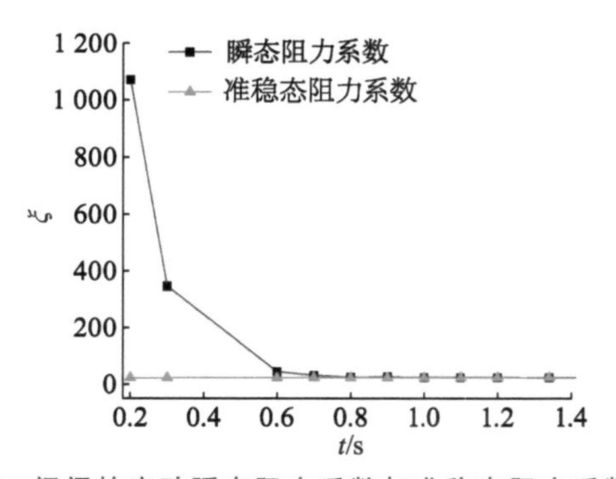

图 5-4 闸阀的启动瞬态阻力系数与准稳态阻力系数对比

为进一步分析闸阀内部流动情况,获得闸阀 YOZ 剖面的瞬态与准稳态的

压力分布，如图 5-5 所示。在 0.3 s 时刻，其压力分布沿轴向逐渐降低，分层明显。同一工况下，阀板前以高压区为主，压差变化并不明显，压降主要发生在闸阀底座处。在流体无加速度的条件下，阀门开度一定，阻力系数恒定，因此瞬态与准稳态压差存在差距的原因是闸阀内流体加速需要消耗能量。瞬态计算的压降约为 280 Pa，闸阀进出口压降仅为 30 Pa 左右，说明此时压降以流体惯性为主。又由图 5-4 可知，自 0.6 s 以后瞬态与准稳态的阻力系数大小逐渐趋于一致，因此 0.7 s 时刻闸阀瞬态与准稳态的压降差距很小。但是从压力分布来看，瞬态工况下阀板前的高压区域相对于准稳态要小，而瞬态工况下阀板后的低压区分布范围更广，准稳态低压区则汇聚于闸阀底座的较小范围内，此后，瞬态的阀座低压区分布逐渐趋于准稳态。在 0.7 s 之前，瞬态工况下阀板后压力要低于准稳态，而在 0.7 s 之后，瞬态工况下阀板后压力要高于准稳态。

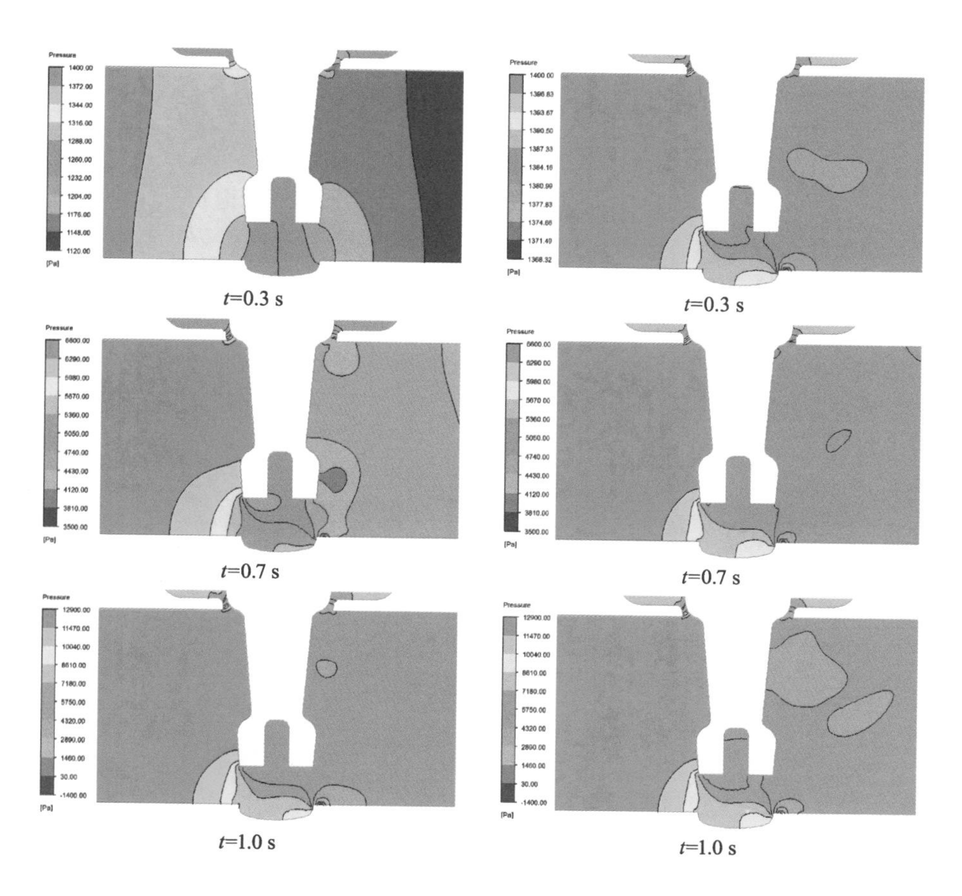

t=0.3 s　　t=0.3 s

t=0.7 s　　t=0.7 s

t=1.0 s　　t=1.0 s

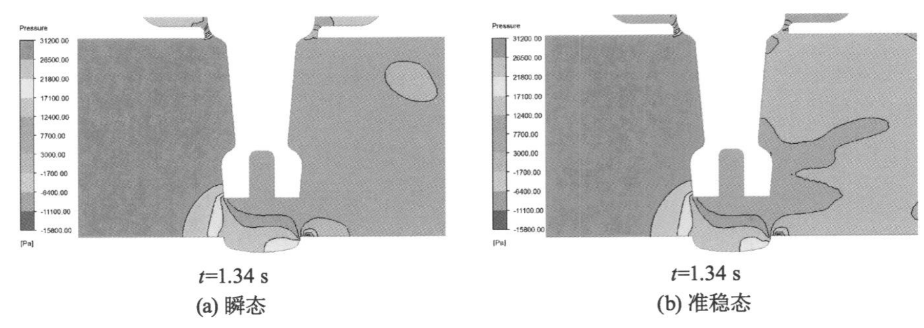

t=1.34 s
(a) 瞬态

t=1.34 s
(b) 准稳态

图 5-5　瞬态(左)与准稳态(右)压力分布

启动过程闸阀的中间剖面速度矢量分布如图 5-6 所示。在 0.3 s 时刻，上阀座间隙液流与阀口流出流体在阀板后汇合，速度较低，流体惯性影响明显，流体大致沿着轴线方向流出且并无明显旋涡出现。在 0.7 s 时刻，流量明显增加，此时的流体惯性影响相比于闸阀内的水力损失已经很小，因此以水力损失为主。流经闸阀的速度逐渐变大，阀板下游上方与下方出现两处大小不一的旋涡。流体流经阀口之后的扩散角由 0.3 s 时刻的 90°变为 45°左右。在 1.0 s 时刻，流量进一步增加，闸阀上阀座间隙处的速度增加，间隙流对阀口下游主流的冲击扰动影响越明显，因此阀板下游上方的旋涡进一步增强，阀口下游流动增强，主流扩散角进一步减小，下方旋涡几乎消失。在 1.34 s 时刻，启动即将结束，阀内速度增长明显，阀板后间隙流速更大，间隙流动所造成的旋涡由之前的圆形变为条状，沿着阀板向下运动，对阀口主流排挤的作用增强，主流扩散角越来越小。

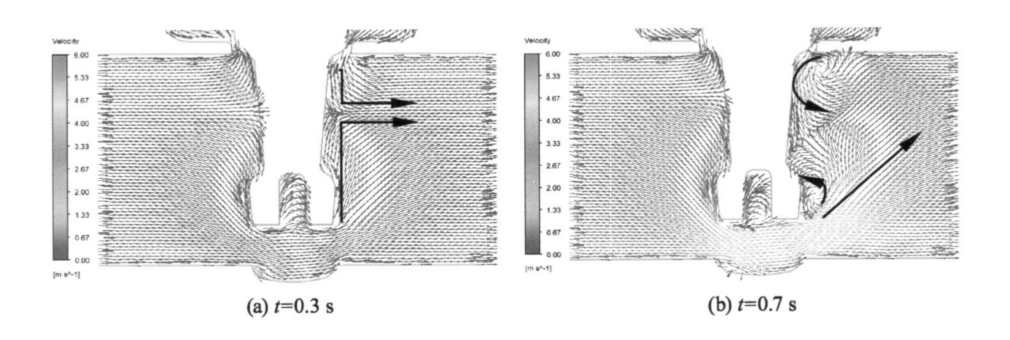

(a) t=0.3 s　　(b) t=0.7 s

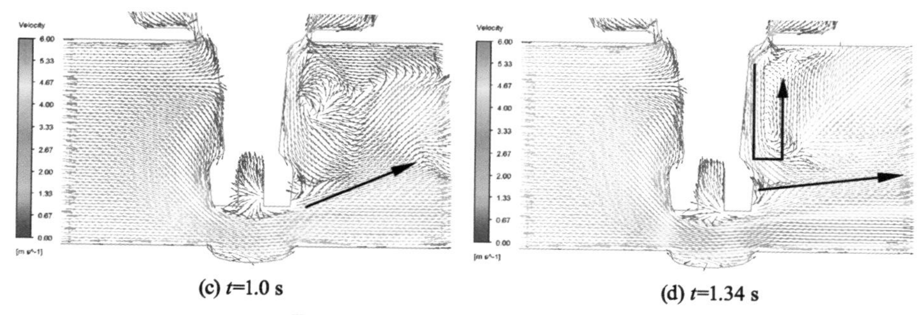

(c) t=1.0 s　　(d) t=1.34 s

图 5-6　启动过程的速度矢量分布

5.4　90° 弯管对闭合管路的损失增益

5.4.1　90°弯管内流特性分析

弯管内的二次流动以迪恩涡为主，当流体流经弯管时，由于受到离心力与黏性力的相互作用，形成一对方向相反的对称涡，如图 5-7 所示。

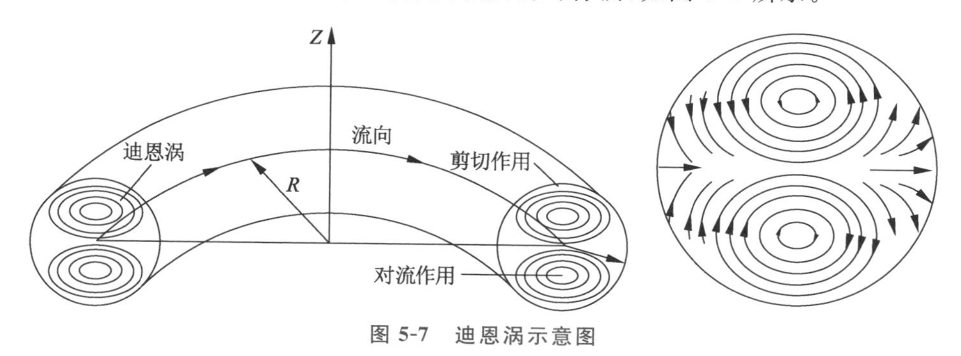

图 5-7　迪恩涡示意图

通常情况下，弯管迪恩涡的强度用迪恩数 D_n 来表示：

$$D_n = Re\left(\frac{r}{R}\right)^{0.5} \tag{5-3}$$

式中：Re 为雷诺数；r 为弯管管径；R 为弯管曲率半径。

为了更好地判别弯管中涡结构的发展，采用正则化螺旋度法分析弯管内部涡结构。正则化螺旋度法的优点是可以精准地体现弯管内的主涡与二次涡的结构，揭示内部的旋涡流动形态与变化规律。弯管内涡核以正则化螺旋度 H_n 来表示，其定义为

$$H_n = \frac{\boldsymbol{v} \cdot \boldsymbol{\omega}}{|\boldsymbol{v}|\,|\boldsymbol{\omega}|} \tag{5-4}$$

式中：H_n 为正则化螺旋度；$\boldsymbol{v}$ 为速度矢量；$\boldsymbol{\omega}$ 为涡量矢量。由式(5-4)可知，H_n 其实代表的是速度与涡量两个矢量的夹角余弦值，其取值范围是[−1,1]。H_n 值的正负表示旋涡旋转的方向，$H_n>0$ 说明涡旋方向与流动方向一致，$H_n<0$ 说明涡旋方向与流动方向相反。$H_n=\pm1$ 表示涡核的中心位置。

以图 4-16 阀后弯管（进口入流无闸阀影响）为研究对象，弯管直径为 0.25 m，曲率半径为 0.375 m。研究层流与湍流两种流态下迪恩涡的形态发展，具体参数如表 5-1 所示。

表 5-1　弯管进口流速

流态	进口流速/(m/s)	Re	D_n
层流	0.001	250	144
湍流	2.5	625 000	360 844

两种流态下沿流动方向的压力与速度分布如图 5-8 所示。层流状态下，压力沿流动方向存在逐渐降低的趋势，由于离心力的作用，弯管外径处压力大，内径处压力小。但由于流速很小，离心力的作用并不明显，高速区由弯管中心逐渐偏向外径处。黏性作用导致壁面流速极小。湍流状态下由于速度相对较大，离心力作用明显，弯管处高速区聚集在内径处，且沿着内径至外径方向逐渐降低。压力分布则相反，低压区聚集在弯管内径处，而高压区聚集在弯管外径处，径向压力梯度明显。

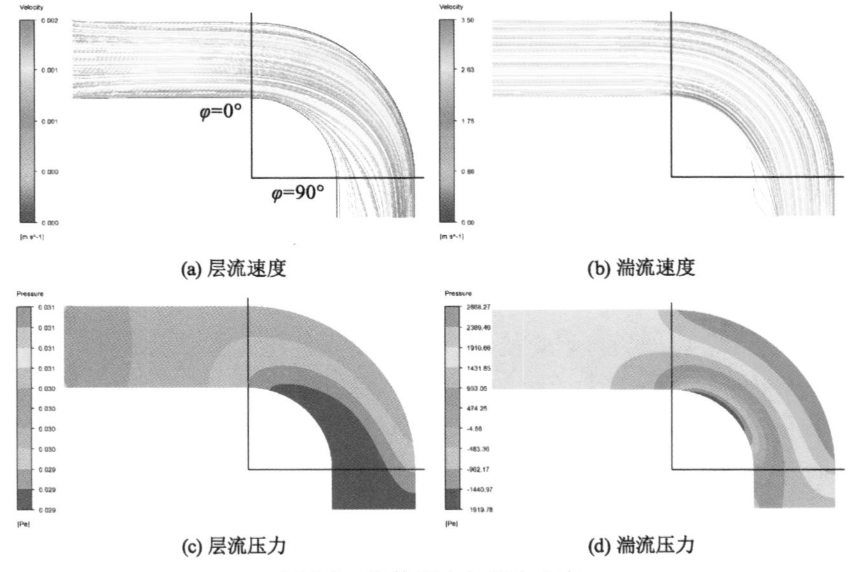

图 5-8　弯管压力与速度分布

两种不同流态下 $\varphi=0^\circ$，$\varphi=45^\circ$，$\varphi=90^\circ$ 三个截面的涡结构分布如图 5-9 所示。层流状态下，在弯管入口 $\varphi=0^\circ$ 截面处，因未受到离心力作用，并无迪恩涡出现。在 $\varphi=45^\circ$ 截面处，弯管中部出现一对正反涡结构。在 $\varphi=90^\circ$ 截面处，涡核结构的大小与位置均发生明显变化，涡核汇聚特征明显。湍流条件下，在 $\varphi=0^\circ$ 截面处同样无明显对称涡出现。$\varphi=45^\circ$ 截面处出现两对正反涡核结构，在圆周壁面处有一对环状涡核，在弯管中心处也存在一对环状涡核，四个正反涡核结构交替出现。$\varphi=90^\circ$ 截面处的涡核分布位置与 $\varphi=45^\circ$ 截面处相似，壁面处的涡核向内径方向扩展，而中心的涡核结构向外径方向扩展，总体上涡核区域增加。

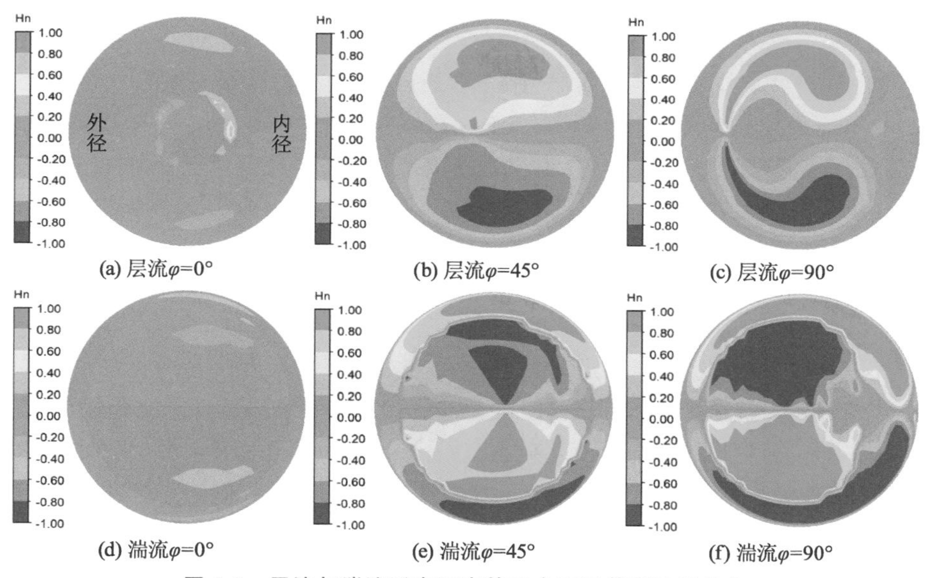

(a) 层流 $\varphi=0^\circ$　(b) 层流 $\varphi=45^\circ$　(c) 层流 $\varphi=90^\circ$

(d) 湍流 $\varphi=0^\circ$　(e) 湍流 $\varphi=45^\circ$　(f) 湍流 $\varphi=90^\circ$

图 5-9　层流与湍流形态下弯管三个不同截面流线分布

5.4.2　启动过程阀后弯管瞬态特性分析

阀后弯管瞬态与准稳态阻力系数对比结果如图 5-10 所示。与闸阀阻力系数相似，准稳态工况下弯管的阻力系数基本保持不变，而启动初始时刻，由于流体惯性影响，弯管阻力系数较大。随后阻力系数逐渐降低，在 0.7 s 左右开始逐渐接近稳态值。

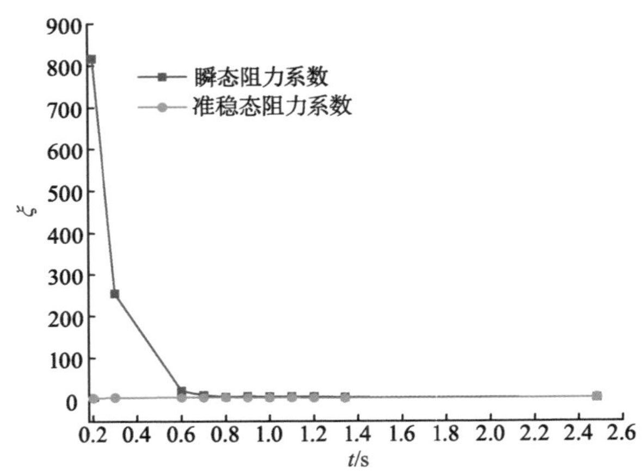

图 5-10 弯管的启动瞬态阻力系数与准稳态阻力系数对比

为进一步了解启动过程中弯管的内部流动情况，获得弯管中间截面的压力分布与速度分布，如图 5-11 所示。在启动初期 0.3 s 时刻，流体惯性影响显著，沿着流动方向压力均匀变化且分层明显，径向基本无明显压力梯度，与此时闸阀内压力分布相似。由于惯性作用，弯管内流动也比较顺滑。弯管内的高速区偏向内径处，但此现象与图 5-8 中出现的原因不同，此时是因为闸阀高速流体偏向一侧，造成弯管进口内径处的速度较大，弯管内高速区一直维持在内径处。0.7 s 时刻的压力和速度分布与 0.3 s 时刻相似，惯性作用显著。在0.9 s 时刻，弯管进口低压区开始扩张，高压区由进口位置开始向弯管下游收缩，这主要是因为流体惯性影响变小，而弯管内的二次流动的影响增大，离心力作用显著。弯管进口中心流速最大，进口内外径处开始出现涡旋。1.0 s 时刻，弯管进口低压区占据范围更大，高压区也进一步收缩。进口壁面区旋涡影响扩大，高速区也向下游逐渐转移，高速区下游无明显速度梯度。接近稳定转速时的高压区在 45°外径处。由于此时流速较大，闸阀对弯管的扰动影响显著，因此外径壁面二次流旋涡较大，高速区也聚集在外径处。总体上，启动前期弯管内部流动受惯性影响显著，基本无明显变化，而在启动后期，流动充分发展且受闸阀影响较大，内流场变化显著。

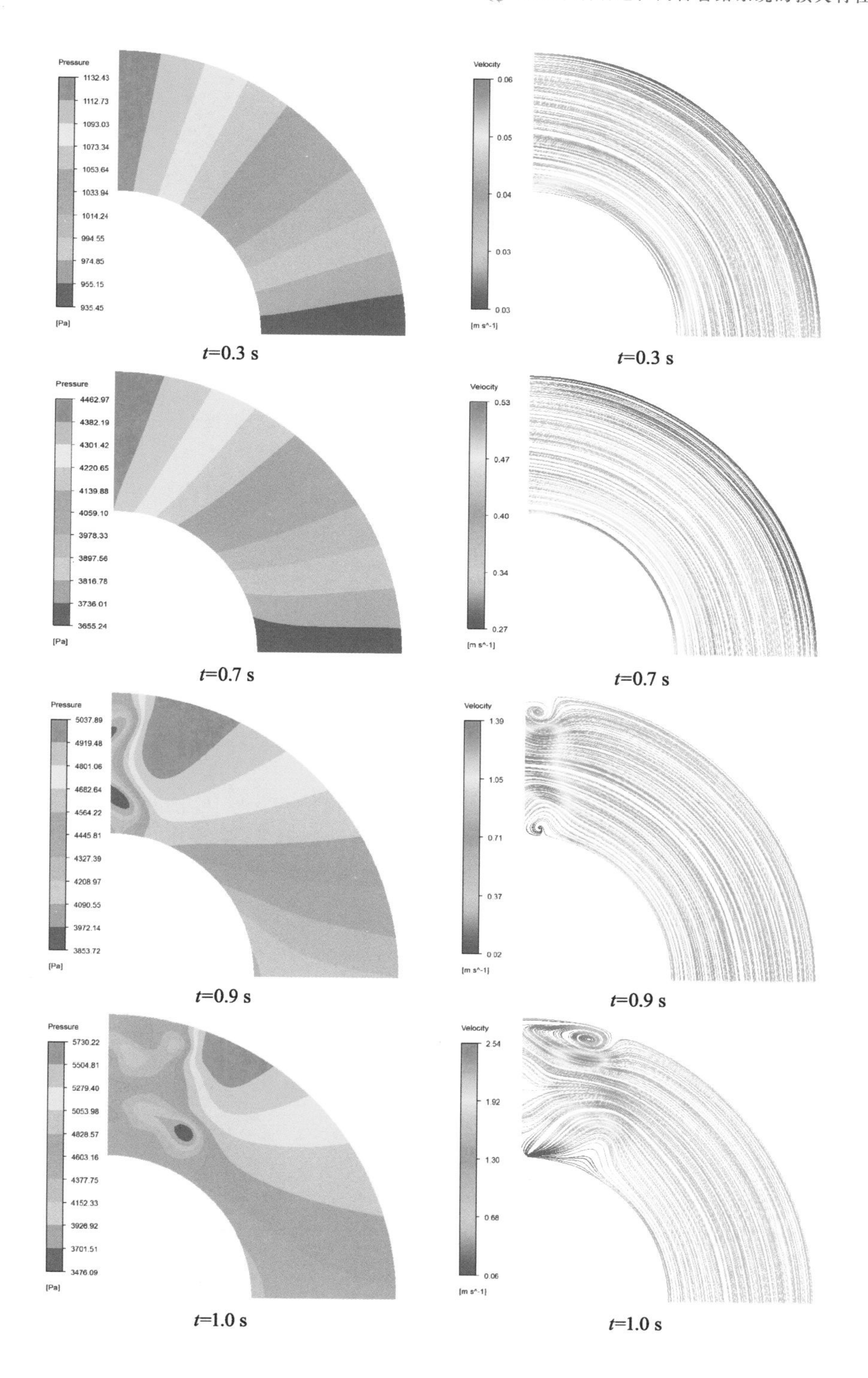

t=0.3 s　　t=0.3 s

t=0.7 s　　t=0.7 s

t=0.9 s　　t=0.9 s

t=1.0 s　　t=1.0 s

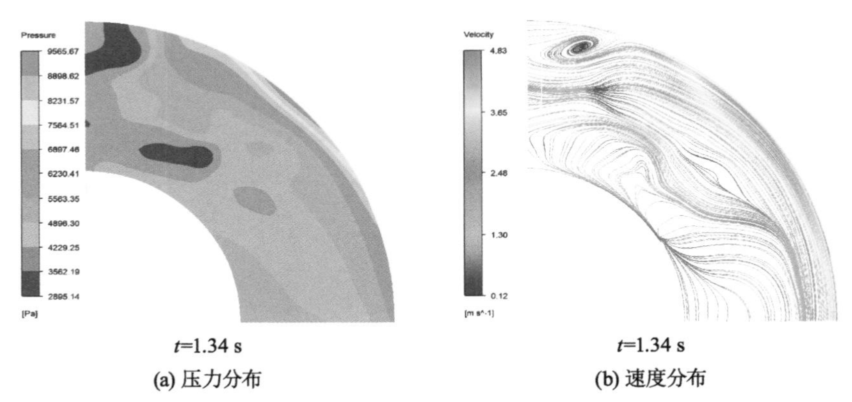

t=1.34 s　　t=1.34 s

(a) 压力分布　　(b) 速度分布

图 5-11　启动过程阀后弯管中间截面压力分布与速度分布

图 5-12 所示为基于正则化螺旋度方法提取的启动过程中弯管涡核结构。在 0.3 s 时刻，由于惯性作用显著且流速较低，在 0°与 45°截面处无明显涡核出现，在 90°截面靠近壁面处出现两对正负交替分布的对称涡核。与 0.3 s 时刻相似，0.7 s 时刻也仅在 90°截面处出现对称涡。在 0.9 s 时刻，在 0°截面圆周壁面底部出现一对近似对称涡核，与图 5-9 中对称分布方向不同，这是因为流经阀口后，流体开始扩张，底部速度较大而上部速度较小，因而干扰了均匀入流条件下的上下对称分布特性。90°截面处受到阀后流体影响较小，涡核整体还是呈现上下对称分布。在 1.0 s 时刻，0°截面底部涡核几乎消失，在弯管上半部分存在两对沿内外径方向对称分布的涡核，闸阀对下游扰动愈加明显。45°截面处涡核集中在壁面附近。90°截面处涡核结构变化不大。接近启动结束时刻，由于闸阀后流体速度较大，导致弯管各截面的涡核分布杂乱无章，弯管各截面主要以正向涡为主。

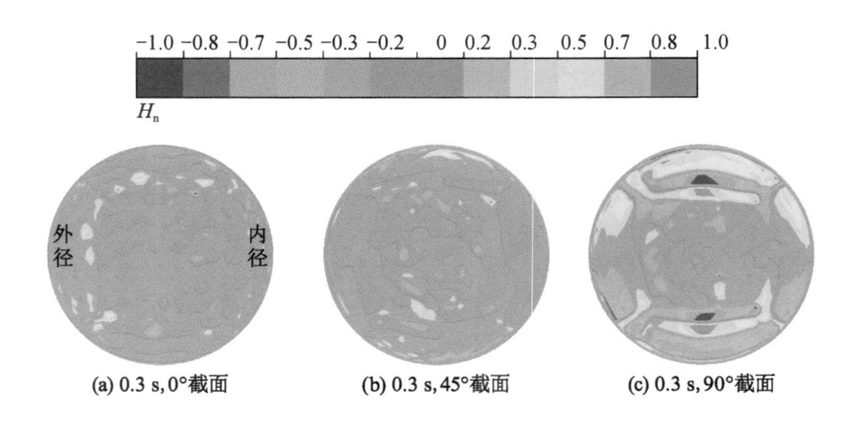

(a) 0.3 s, 0°截面　　(b) 0.3 s, 45°截面　　(c) 0.3 s, 90°截面

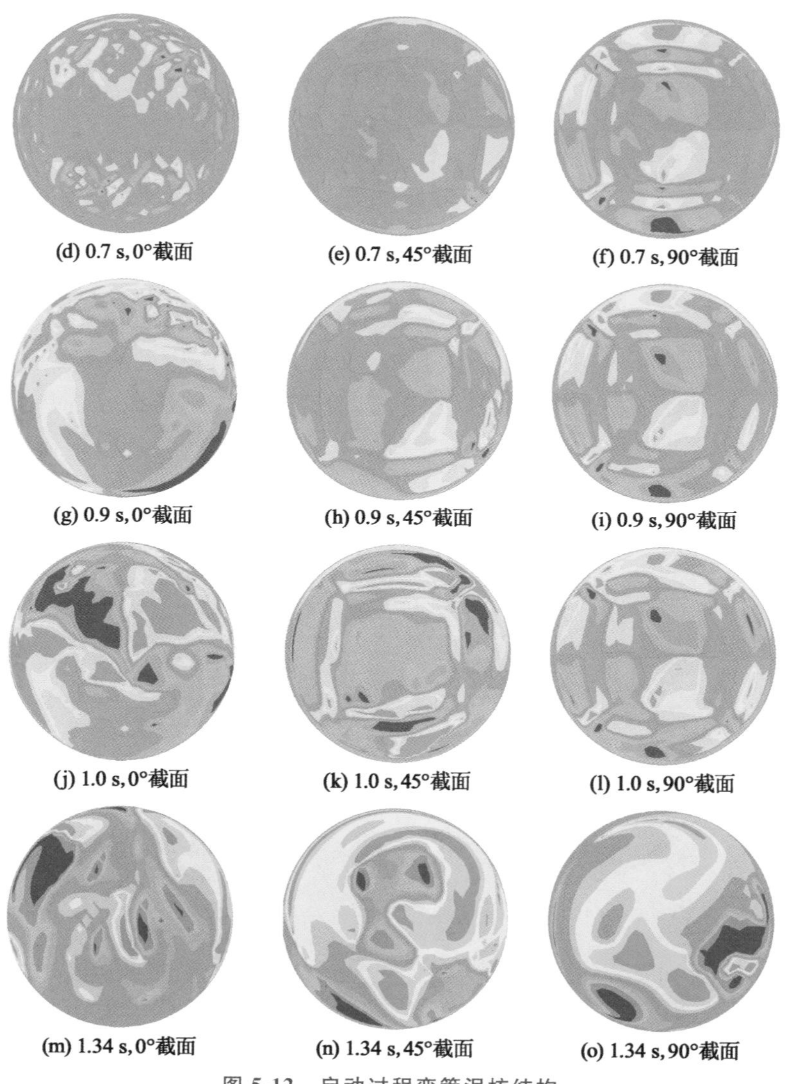

图 5-12 启动过程弯管涡核结构

5.5 混流泵瞬态流场的涡动力学分析

5.5.1 启动过程涡运动结构

在混流泵进口处，由于叶轮加速旋转的影响，压力分布起伏较大，容易形成旋涡。可利用正则化螺旋度方法研究进口段的诱导旋涡形态及变化规律。在距离叶轮进口 10 mm 处设立观测面，均垂直于旋转轴。图 5-13 所示为混流泵启动过程（从叶轮出口向叶轮进口方向观察，下同）进口段内距离叶轮 10 mm 观测平面的正则化螺旋度 H_n 云图。从图 5-13 可以看出，受到叶轮叶片数的影响，混流泵启动过程观测平面内在不同时刻涡核结构始终有 4 个相似区域沿周向均匀分布。在启动初期，观测平面上涡核分布较为分散，反向涡偏向圆周外缘，受叶片数影响，靠近中心区域存在 4 个正向涡，旋涡旋转方向与叶轮旋转方向一致。在 0.48 s 时刻，涡核结构迅速增加并向圆心方向集中，反向涡占据进口管中部大部分区域，正向涡、反向涡边界泾渭分明。随着转速继续增大，涡核结构由圆心向外扩张，分布于截面圆周上，正向涡涡核分布于叶片外缘并呈星形分布，湍动能耗散严重，造成较大的能量损失。当转速逐步稳定，涡核又向圆心方向集中，并没有出现大尺度涡流结构。

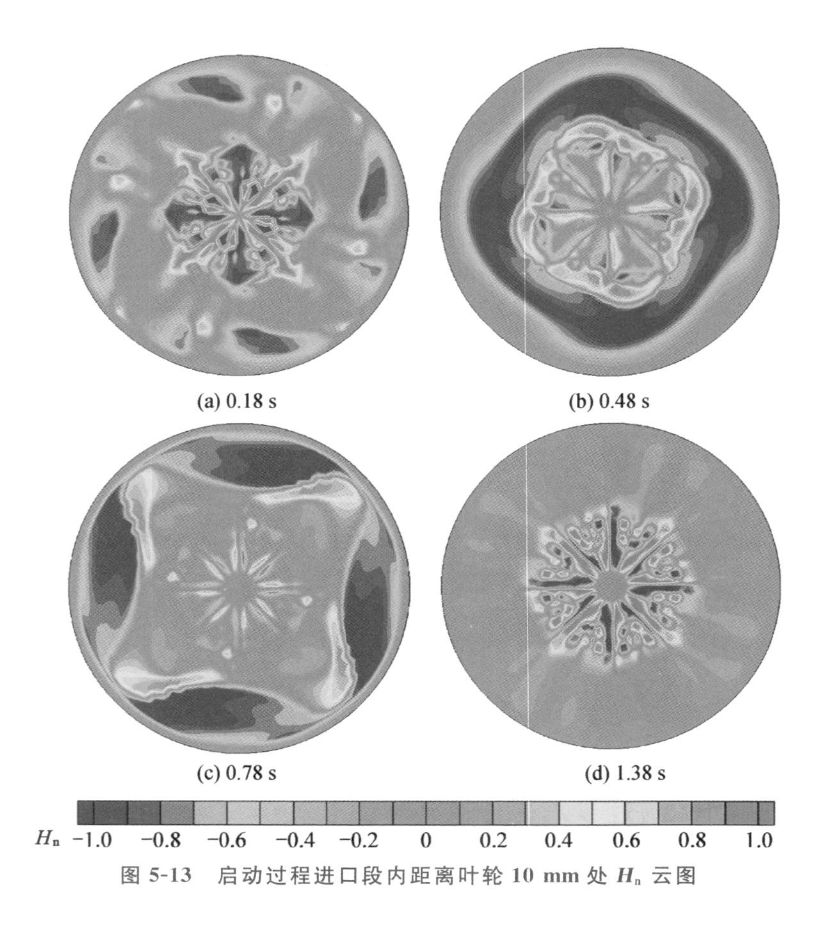

图 5-13 启动过程进口段内距离叶轮 10 mm 处 H_n 云图

获得叶轮 YZ 截面(图 5-14)在启动过程不同时刻的正则化螺旋度 H_n 云图,如图 5-15 所示。从图中可以看出,在混流泵启动过程初始阶段的 0.18 s 时刻,叶轮进口截面流道内出现正向涡结构,同时,在靠近叶轮叶片区域出现反向涡结构;随着转速的增加,在 0.48 s 时刻,叶轮流道内的正向涡结构强度减弱并且区域减小,但在靠近叶片吸力面附近,涡结构强度增加并且区域增大。在 0.78 s 时刻,YZ 截面已经位于叶轮叶片尾部,流道内靠近轮毂区域出现大块反向涡集中区,同时,在靠近叶轮端壁的流道内,正向涡结构强度增加。当混流泵转速继续增加并达到最高时,叶轮流道内基本被正向涡所占据,但强度不高。

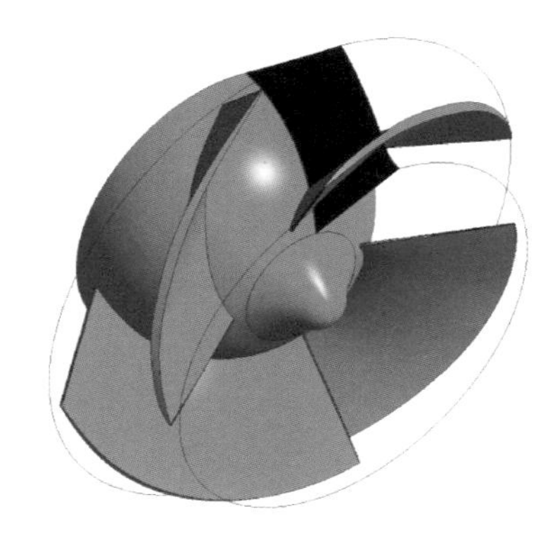

图 5-14 叶轮 YZ 截面

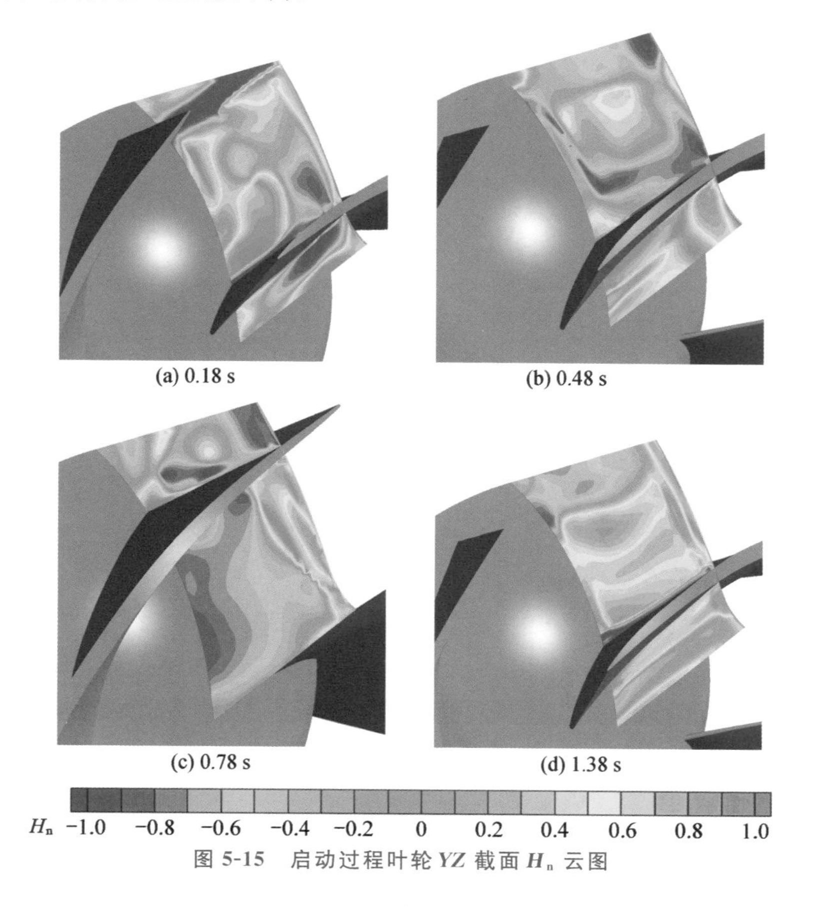

图 5-15 启动过程叶轮 YZ 截面 H_n 云图

为了分析导叶内部涡核结构形态及变化规律，在导叶进口、中间和出口分别截取 3 个截面，截面之间的距离为 60 mm。图 5-16 所示为进口截面上的正则化螺旋度 H_n 云图。从图中可以看出，导叶进口截面流场涡结构呈现明显的非周期性，完全区别于进口段和叶轮内的涡结构，这可能是由于叶轮和导叶动静干涉或启动初始阶段流体突然获得能量所致。混流泵启动过程初始阶段，在 0.18 s 时刻，正向涡结构区域在导叶流道内间隔出现，并占据大部分流道。随着转速的增加，在 0.48 s 时刻，流道内涡结构减少并伴随反向涡的产生。随着转速进一步增加，两种涡结构区域均减少，正向涡区域收缩至导叶工作面和轮毂附近。当转速继续增加并趋于稳定时，截面内涡强度缓慢减弱，沿圆周方向在靠近端壁处产生非对称性的、不连续的正向涡和反向涡区域。

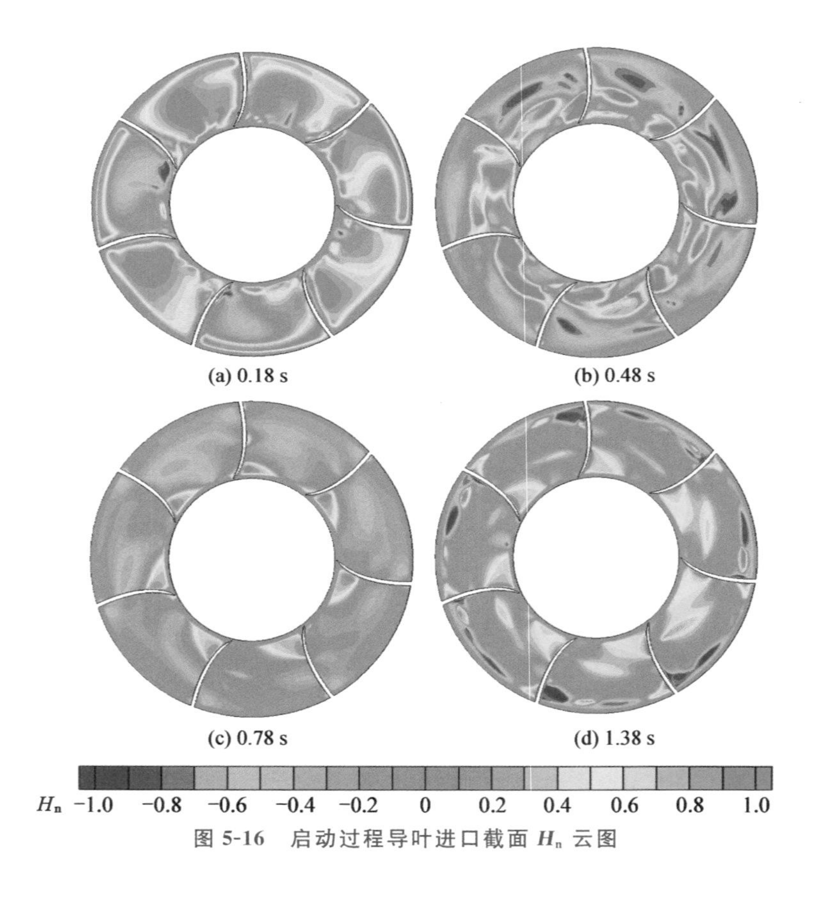

图 5-16　启动过程导叶进口截面 H_n 云图

图 5-17 所示为启动过程导叶中间截面的正则化螺旋度 H_n 云图。从图中可以看出，在混流泵启动过程初始阶段，导叶中间截面内涡结构的非周期性依然明显。在 0.48 s 时刻，导叶流道内被大量正向涡占据并且呈无规则分布；随着转速的增加，这些正向涡结构集中于导叶轮毂附近，并且在导叶流道内呈现一定的周期性。随着转速继续增加并趋于稳定，正向涡结构强度逐渐减弱并且区域缓慢缩小，在靠近端壁区出现了周期性的反向涡结构。

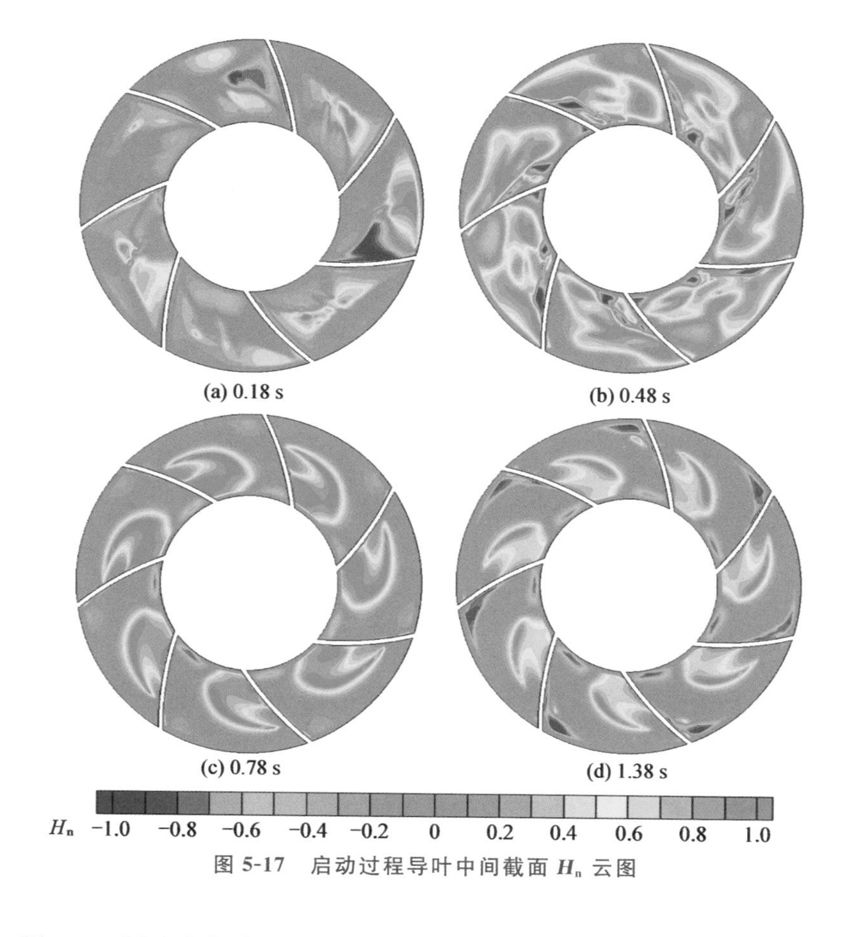

图 5-17 启动过程导叶中间截面 H_n 云图

图 5-18 所示为启动过程导叶出口截面的正则化螺旋度 H_n 云图。从图中可以看出，在混流泵启动初始阶段，由于湍流尚未充分发展，导叶出口截面的涡结构也是非周期性的，在导叶 3 个流道内正向涡和反向涡交替出现，呈现无规则性。在 0.48 s 时刻，各流道中部均有正向涡存在，靠近轮毂处均出现反向涡结构。随着转速进一步增加，在 0.78 s 时刻，流道内正向涡区域增加，

反向涡结构减少，正向涡区域逐步呈现一定的周期性分布；随着转速趋于稳定，导叶内正向涡结构区域形态趋于一致，并在流道靠近端壁处产生小范围的反向涡结构。

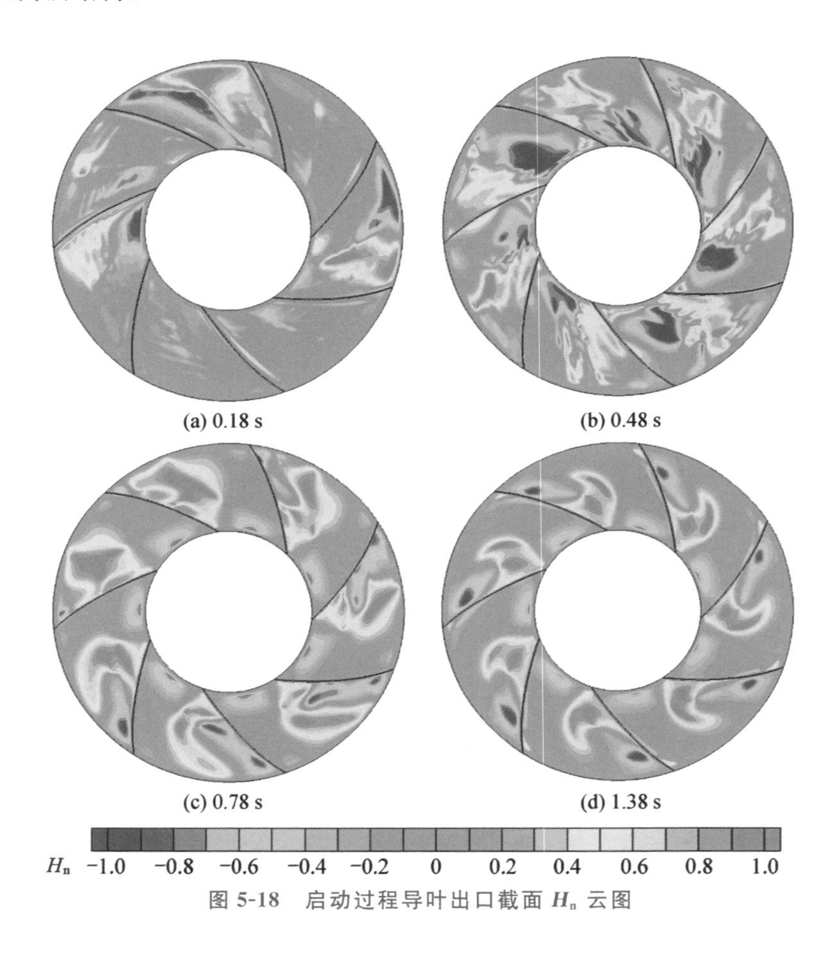

图 5-18　启动过程导叶出口截面 H_n 云图

5.5.2　启动过程叶轮内部涡结构诊断

(1) 过流断面诊断方法

流体动量方程的积分形式为

$$\int_V \rho \frac{\mathrm{D}\boldsymbol{u}}{\mathrm{D}t}\mathrm{d}V = \int_V \rho \boldsymbol{f}\,\mathrm{d}V + \oint \boldsymbol{\tau}\mathrm{d}S \tag{5-5}$$

式中：V 为控制容积；ρ 为密度；$\mathrm{D}/\mathrm{D}t$ 为随体导数；$\boldsymbol{f}$ 为体积力；$\boldsymbol{\tau}$ 为空间变量、时间变量 t 和面元方向 $\boldsymbol{n}$ 的函数，$\boldsymbol{\tau}=\boldsymbol{\tau}(x,t,\boldsymbol{n})$。这说明存在二阶张量 $\boldsymbol{T}(x,t)$，

使得 $\boldsymbol{\tau}=\boldsymbol{\tau}(x,t,\boldsymbol{n})=\boldsymbol{n}\cdot\boldsymbol{T}(x,t,\boldsymbol{n})$。式(5-5)可化为

$$\rho\frac{\mathrm{D}\boldsymbol{u}}{\mathrm{D}t}=\rho\boldsymbol{f}+\Delta\cdot\boldsymbol{T} \tag{5-6}$$

对式(5-6)点乘速度矢量 $\boldsymbol{u}$，考虑 $\boldsymbol{T}$ 的对称性，根据雷诺输运定理，在大 Re 下惯性力远大于黏性力，因此有

$$\Omega M_z=\frac{\partial K}{\partial t}+G+P+D \tag{5-7}$$

式中：ΩM_z 为叶轮施加给流体的轴功率；K 为总动能之和；P 和 D 分别为整个控制容积所做的压缩功和耗散功.

$$P\equiv-\int_V p\,\Delta\cdot\boldsymbol{u}\mathrm{d}V \tag{5-8}$$

$$D\equiv\mu\int_V\Phi\mathrm{d}V \tag{5-9}$$

式中：Φ 为熵增引起的耗散率；μ 为黏性系数。

式(5-7)中，G 为流体经过流道后能量的增加过程，

$$G=\int_W p^{*}u_l\mathrm{d}S-p_{\infty}^{*}US_{\mathrm{in}} \tag{5-10}$$

式中：W 为流道的过流断面；u_l 为沿流线方向的速度；U 为轴向速度；S_{in} 为流道的进口断面.

$$p^{*}=p+\frac{1}{2}\rho\|\boldsymbol{u}\|^{2} \tag{5-11}$$

$$p_{\infty}^{*}=p_{\infty}+\frac{1}{2}t\|\boldsymbol{u}\|^{2} \tag{5-12}$$

式中：p_{∞} 为静压力，并令 $p_{\mathrm{u}}=\int_W p^{*}u_l\mathrm{d}S$ 。

利用式(5-7)计算叶轮施加给流体的轴功率时，对于启动过程的非定常流动，$\partial K/\partial t$ 的值由启动过程的加速度、叶轮和流道几何形状共同决定。流体在流道进口的涡量和张量很小，在流道内计算得到的 P 和 D 较 p_{u} 小很多数量级，因此利用式(5-7)计算叶轮叶片施加给流体的轴功率时，p_{u} 是主要参数，称 p_{u} 为总压流，它从客观上反映了流道中流体能量变化的过程。

(2) 叶轮内过流断面涡诊断

在靠近叶轮水体段进口、中部和出口，沿着流体流动方向取 3 个与叶轮流道近乎垂直的过流断面(图 5-19)，并分别对各个断面做总压流积分，获得混流泵启动过程不同时刻总压流积分的变化曲线，如图 5-20 所示。

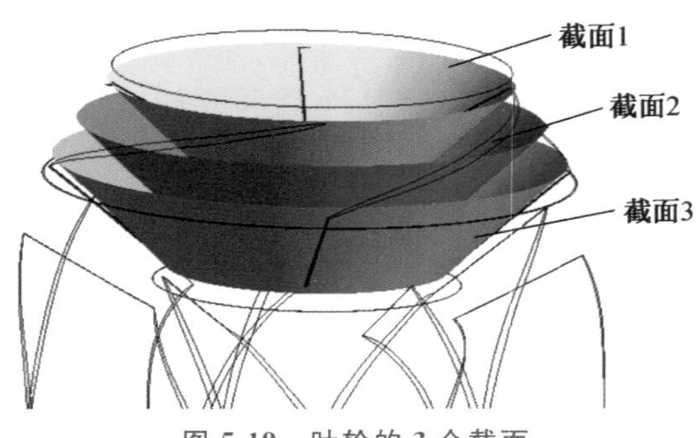

图 5-19 叶轮的 3 个截面

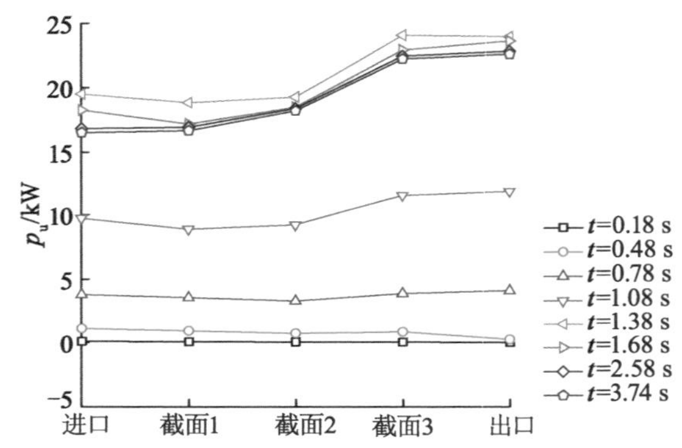

图 5-20 启动过程叶轮各个截面总压流积分 p_u 变化曲线

从图 5-20 中可以看出，在混流泵启动过程中，随着叶轮旋转加速，p_u 随之迅速增大，由于叶轮对流体不断做功，流体获得的能量迅速增加。在 $t=1.38$ s 时刻，叶轮加速基本完成，p_u 出现了最大值，随后其值略有减小，并逐渐趋于一个稳定值。上述现象可以理解为，在叶轮加速到额定转速的过程中，由于流体惯性，其在加速末期获得的流体能量大于稳态转速下流体获得的能量。这也是混流泵启动过程外特性研究中加速末期泵装置获得瞬时冲击扬程的本质原因。从图中还可以看出，从叶轮进口到叶轮出口，在加速初期各个截面 p_u 的变化不大，在 $t=1.08$ s 之后，p_u 呈现出一个明显的增大过程，瞬态效应凸显。

图 5-21 所示为 3 个截面的正则化螺旋度 H_n 云图。从图中可以看出，在混流泵启动初期，叶轮流道内反向涡结构随着时间的增加明显减少，随着加速结束，流场趋于稳定，由于流体惯性，在 1.68 s 时刻略有回升。这与上述总

压流积分曲线相对应，说明由于流体惯性，在叶轮转速增加的过程中，叶轮流道内正向涡结构（反向涡结构）并不是一直增加（减少）的，而是与时间尺度相关，在某个时刻存在一个最大值（最小值）。随着叶轮内流场结构趋于稳定，叶轮流道内正向涡结构占据整个叶轮流道，只在叶轮出口附近有较小区域的反向涡结构存在。

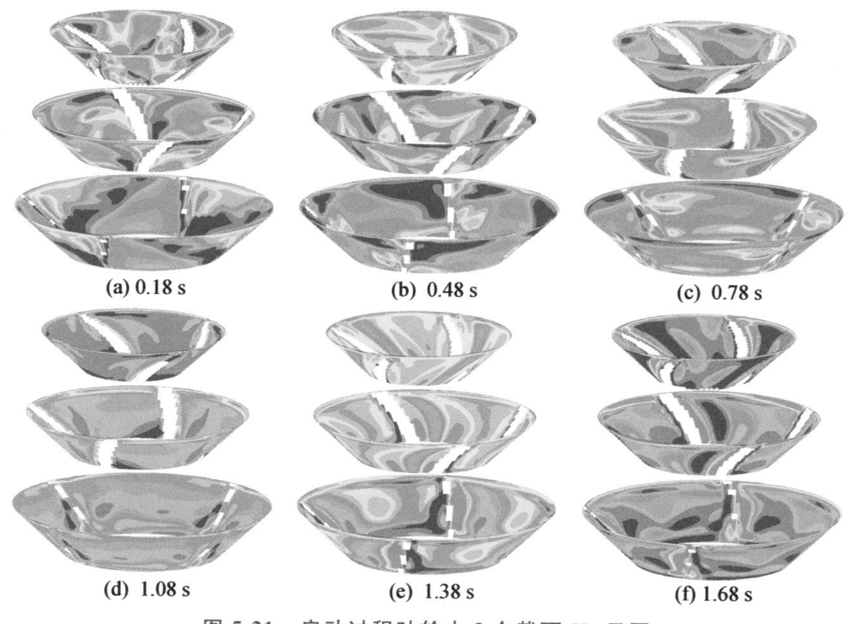

图 5-21 启动过程叶轮内 3 个截面 H_n 云图

5.6 本章小结

本章通过建立的计算混流泵启动瞬态特性闭合回路模型，分析了稳态与瞬态条件下的闸阀与弯管内部流动，探讨了启动过程的管路损失特性，基于正则化螺旋度方法提取瞬态流场涡核，对启动过程进口段、叶轮和导叶段内部流动进行了涡结构分析，并运用过流断面诊断法对混流泵启动过程内部流动进行了诊断。

① 稳态条件下，闸阀的流量系数随开度逐渐上升且近似线性变化，阻力系数随着开度变大先快速下降后平稳变化。弯管在均匀入流条件下，随着流态从层流变为湍流，高速区由弯管中心位置向内径处转移，外径处压力则一

直大于内径处压力，弯管内对称涡则由一对增加为两对，且正负涡核交替分布。

② 启动过程中，由于流体加速消耗能量，闸阀与弯管内的压降均大于对应准稳态条件下的压降。启动过程管路损失以流体惯性为主，在启动结束后以闸阀和弯管内水力损失为主。随着启动过程泵流量增加，阀板后上方间隙流动增强，涡旋愈发明显，对阀口主流挤压作用更强，阀口后的流体扩散角逐渐减小。由于惯性与离心力的共同作用，弯管内高压区由进口均匀分布逐渐向外径收缩。而高速区主要受阀后高速流体与惯性影响，由内径区域向外径处集中。弯管内部流态在启动前半段无明显变化，在后半段变化显著。

③ 混流泵启动过程中，叶轮流道内正向涡和反向涡交替出现，当转速稳定后，正向涡占据主导作用，叶轮做功和扰动效应明显。但由于流体惯性，随着叶轮旋转加速，叶轮流道内正向涡结构(反向涡结构)并不是一直增加(减少)的，而是与时间尺度相关，在某个时刻存在一个最大值(最小值)。

④ 在加速初期，叶轮各截面总压流变化不大，但随着转速不断升高，在1.08 s以后，总压流沿叶轮流道出现急速增加后逐渐降低并趋于稳定的过程，在外部能量特性表现为加速末期动态扬程出现峰值，随后又回落到稳态工况的水平，瞬态效应凸显。

本章诊断了混流泵启动过程三维瞬态流场的涡核结构，分析了混流泵叶轮内总压流变化的原因及其对启动性能的影响，为研究瞬态工作水泵的流体能量分布特性和叶轮做功情况提供了一种直观有效的分析方法。

6

混流泵启动过程流固耦合振动特性

6.1 概述

叶轮是混流泵进行能量转换的关键部件，它的安全可靠性直接影响到机组的安全可靠运行。随着混流泵启动过程瞬态特性在某些特定领域应用范围的不断扩大，其启动加速度、启动完成时的转速等不断提高，由此带来的瞬态压力脉动和水力冲击对叶轮强度提出了更高的要求。为了探究泵内瞬态流动对外部结构的影响，Li(2018)采用双向交替流固耦合方法求解了混流泵叶轮的流场和结构场，分析了加速工况下混流泵叶轮的动应力分布和耦合振动特性。在启动过程中，叶片径向变形梯度从叶基到叶尖逐渐增大，叶尖振动问题更加严重，在加速过程中轮毂区域应力较为集中。Zhou(2017)采用一维-三维耦合数值模拟方法，研究了余热排出泵启动过程中的非定常流动。同时，采用强双向耦合 FSI 数值模拟方法，得到了非定常流作用下转子结构的应力和位移。研究发现，叶轮结构的应力随转子转速的增加而迅速增大，出现与扬程冲击相吻合的冲击效应，叶轮叶片与轮毂结合处应力集中现象明显。袁建平(2016)对一台离心泵启动过程进行双向流固耦合分析，研究发现，应力与应变量在启动过程中均逐渐上升且峰值大于稳态值，在叶片进口出现应力集中现象，振动先减小后增大。

本章采用双向交替流固耦合方法对混流泵叶轮内部流场和叶轮结构场进行联合求解，分析流固耦合作用下混流泵叶轮应力和变形情况及叶轮振动特性。考虑启动过程瞬态效应对叶轮叶片的冲击影响，对混流泵启动过程中的叶轮转子进行流固耦合分析，初步获得启动过程中叶轮应力、应变的瞬时变化规律，为应用于瞬态工作过程中的混流泵模型优化设计及稳定运行提供理论参考。

6.2 流固耦合系统理论及求解方法

6.2.1 模态分析理论

模态分析是研究结构动力特性的一种近代方法，是系统辨别方法在工程振动领域中的应用。模态是机械结构的固有振动特性，每一个模态具有特定的固有频率、阻尼比和模态振型(ANSYS Inc，2004)。振动模态是弹性结构固有的、整体的特性。如果通过模态分析方法掌握了结构物在某一易受影响的频率范围内各阶主要模态的特性，就可能预言结构在此频段内在外部或内部各种振源作用下的实际振动响应。因此，模态分析是结构动态设计及设备故障诊断的重要方法。

根据有限元方法中等效积分形式的伽辽金法，结构自由振动的运动方程为

$$\boldsymbol{M}\ddot{\boldsymbol{q}}(t)+\boldsymbol{C}\dot{\boldsymbol{q}}(t)+\boldsymbol{K}\boldsymbol{q}(t)=\boldsymbol{Q}(t) \tag{6-1}$$

其中，$\boldsymbol{K}$ 为刚度矩阵；$\boldsymbol{M}$ 为质量矩阵；$\boldsymbol{C}$ 为阻尼矩阵。计算结构模态过程中，取 $\boldsymbol{Q}(t)$ 为零向量。因结构阻尼较小，对结构的固有频率和振型影响甚微，故可忽略不计，由此可得结构的无阻尼自由振动方程为

$$\boldsymbol{M}\ddot{\boldsymbol{q}}(t)+\boldsymbol{K}\boldsymbol{q}(t)=\boldsymbol{0} \tag{6-2}$$

对于线性结构，自由振动为简谐运动

$$\boldsymbol{q}(t)=\boldsymbol{q}_0(t)\sin(\omega_{\mathrm{V}}t+\varphi) \tag{6-3}$$

式中：ω_{V}，φ 分别为振动固有频率、振动初相位。

得到如下的齐次线性方程组：

$$(-\omega_{\mathrm{V}}^2\boldsymbol{M}+\boldsymbol{K})\boldsymbol{q}(t)=\boldsymbol{0} \tag{6-4}$$

方程组(6-4)有非零解的条件是其系数行列式等于零，即

$$|\boldsymbol{K}-\omega_{\mathrm{V}}^2\boldsymbol{M}|=0 \tag{6-5}$$

系统自由振动特性(固有频率和振型)的求解问题，就是求矩阵特征值 ω_{V} 和特征向量 $\boldsymbol{q}(t)$ 的问题。

6.2.2 流体方程的 ALE 描述

将 ALE 坐标系转换方程应用于欧拉坐标系下的流动控制方程，就可得到 ALE 坐标系中的流动控制方程(王学，2006)。不可压缩流体连续性方程变为

$$\rho\nabla\cdot\boldsymbol{u}=\boldsymbol{0} \tag{6-6}$$

动量方程(Navier - Stokes)为

$$\rho\frac{\partial \boldsymbol{u}}{\partial \tau}+\rho(\boldsymbol{u}-\boldsymbol{w})\cdot\nabla\cdot\boldsymbol{u}-\nabla\cdot\boldsymbol{\sigma}_{\tau}=\boldsymbol{f}^{B} \tag{6-7}$$

式中:$\boldsymbol{w}$ 为坐标系移动速度;$\boldsymbol{u}$ 为流体速度矢量;ρ 为流体密度;$\boldsymbol{f}^{B}$ 为流体力矢量;$\boldsymbol{\sigma}_{\tau}$ 为应力张量。

6.2.3 弹性结构动力方程的求解方法

ANSYS 中用有限元法求解线性方程的方法有两种,即用于显示瞬态分析的前差分时间积分法及进行隐式瞬态分析的 Newmark 时间积分法(裴吉,2009;Morand,1995)。本节利用应用较广泛的 Newmark 求解方法进行计算。

Newmark 积分方法实质上是线性加速度法的一种推广,采用如下假设:

$$\dot{\boldsymbol{q}}_{t+\Delta t}=\dot{\boldsymbol{q}}_{t}+[(1-\beta)\ddot{\boldsymbol{q}}_{t}+\beta\ddot{\boldsymbol{q}}_{t+\Delta t}]\Delta t \tag{6-8}$$

$$\boldsymbol{q}_{t+\Delta t}=\boldsymbol{q}_{t}+\dot{\boldsymbol{q}}_{t}\Delta t+\left[\left(\frac{1}{2}-\alpha\right)\boldsymbol{q}_{t}+\alpha\ddot{\boldsymbol{q}}_{t+\Delta t}\right]\Delta t^{2} \tag{6-9}$$

式中:α,β 是按精度和稳定性要求确定的参数,即 Newmark 积分参数;$\boldsymbol{q}_{t}$,$\dot{\boldsymbol{q}}_{t}$ 和 $\ddot{\boldsymbol{q}}_{t}$ 分别为 t 时刻节点的位移、速度和加速度矢量;$\boldsymbol{q}_{t+\Delta t}$,$\dot{\boldsymbol{q}}_{t+\Delta t}$ 和 $\ddot{\boldsymbol{q}}_{t+\Delta t}$ 分别是 $t+\Delta t$ 时刻节点的位移、速度和加速度矢量。

求解的最终目标是获得位移矢量 $\boldsymbol{q}_{t+\Delta t}$,因此在 $t+\Delta t$ 时刻控制方程(运动方程)变化为

$$\boldsymbol{M}\ddot{\boldsymbol{q}}_{t+\Delta t}+\boldsymbol{C}\dot{\boldsymbol{q}}_{t+\Delta t}+\boldsymbol{K}\boldsymbol{q}_{t+\Delta t}=\boldsymbol{Q} \tag{6-10}$$

通过对方程(6-10)进行整理得到如下形式:

$$\ddot{\boldsymbol{q}}_{t+\Delta t}=e_{0}(\boldsymbol{q}_{t+\Delta t}-\boldsymbol{q}_{t})-e_{2}\dot{\boldsymbol{q}}_{t}-e_{3}\ddot{\boldsymbol{q}}_{t} \tag{6-11}$$

$$\dot{\boldsymbol{q}}_{t+\Delta t}=\dot{\boldsymbol{q}}_{t}+e_{6}\ddot{\boldsymbol{q}}_{t}+e_{7}\ddot{\boldsymbol{q}}_{t+\Delta t} \tag{6-12}$$

将式(6-11)中的 $\ddot{\boldsymbol{q}}_{t+\Delta t}$ 代入式(6-12)中,$\ddot{\boldsymbol{q}}_{t+\Delta t}$ 和 $\dot{\boldsymbol{q}}_{t+\Delta t}$ 就都能够由仅有的一个未知量 $\boldsymbol{q}_{t+\Delta t}$ 表示。将表示 $\ddot{\boldsymbol{q}}_{t+\Delta t}$ 和 $\dot{\boldsymbol{q}}_{t+\Delta t}$ 的方程与方程(6-10)联立解得

$$(e_{0}\boldsymbol{M}+e_{1}\boldsymbol{C}+\boldsymbol{K})\boldsymbol{q}_{t+\Delta t}=\boldsymbol{Q}+\boldsymbol{M}(e_{0}\boldsymbol{q}_{t}+e_{2}\dot{\boldsymbol{q}}_{t}+e_{3}\ddot{\boldsymbol{q}}_{t})+\boldsymbol{C}(e_{1}\boldsymbol{q}_{t}+e_{4}\dot{\boldsymbol{q}}_{t}+e_{5}\ddot{\boldsymbol{q}}_{t}) \tag{6-13}$$

式中,积分常数分别为 $e_{0}=\frac{1}{\alpha\Delta t^{2}}$,$e_{1}=\frac{\beta}{\alpha\Delta t}$,$e_{2}=\frac{1}{\alpha\Delta t}$,$e_{3}=\frac{1}{2\alpha}-1$,$e_{4}=\frac{\beta}{\alpha}-1$,$e_{5}=\frac{\Delta t}{2}\left(\frac{\beta}{\alpha}-2\right)$,$e_{6}=\Delta t(1-\beta)$,$e_{7}=\beta\Delta t$。

这样,二阶微分方程就简化为一系列递推的线性方程组,输入原始数据可以逐步求解。Newmark 方法逐步求解运动方程的算法归纳如下:

① 在形成刚度矩阵 $\boldsymbol{K}$、质量矩阵 $\boldsymbol{M}$ 和阻尼矩阵 $\boldsymbol{C}$ 的基础上,给定初始值和时间步长,参数 α,β 满足 $\beta\geqslant 0.5$,$\alpha\geqslant 0.25(0.5+\beta)^{2}$,并计算积分常数。在

此基础上形成有效的刚度矩阵，并进行三角分解。

② 对于每一时间步长，计算 $t+\Delta t$ 时刻的有效载荷，求解 $t+\Delta t$ 时刻的位移，并计算相应的加速度和速度。

6.3 流固耦合求解系统的结构

流固耦合求解系统是一个迭代求解过程，迭代过程的原则是求解一个子系统方程时，保持另一个子系统的变量不变(陈香林，2004；周东岳，2012)。把不变的变量作为现在求解子系统方程的边界条件或外载荷。数值求解过程包括三部分，即两场求解循环、耦合求解循环和时间步长上耦合场求解。三个过程是相互包含的关系，如图 6-1 所示。

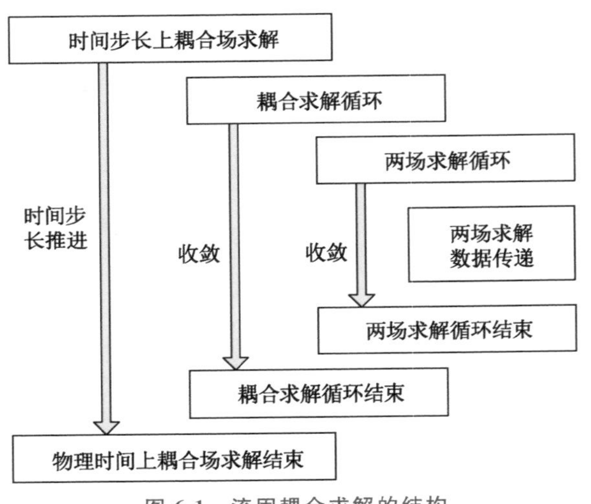

图 6-1　流固耦合求解的结构

在流固耦合面上，系统还要满足两场间的运动及动力条件，即满足运动边界条件(位移相容)$\boldsymbol{d}_{\mathrm{f}}=\boldsymbol{d}_{\mathrm{s}}$ 和动力边界条件 $\boldsymbol{n}\cdot\boldsymbol{\tau}_{\mathrm{f}}=\boldsymbol{n}\cdot\boldsymbol{\tau}_{\mathrm{s}}$。其中，$\boldsymbol{d}_{\mathrm{f}}$ 为耦合面上的流体位移；$\boldsymbol{d}_{\mathrm{s}}$ 为耦合面上的固体位移；$\boldsymbol{\tau}_{\mathrm{f}}$ 为耦合面上的流体应力；$\boldsymbol{\tau}_{\mathrm{s}}$ 为耦合面上的固体应力；$\boldsymbol{n}$ 为耦合面法向向量。从运动边界条件可得流体速度边界条件 $\boldsymbol{v}=\dot{\boldsymbol{d}}_{\mathrm{s}}$(非滑移条件)。

6.4 流固耦合求解过程的建立

6.4.1 计算模型及网格划分

混流泵模型叶轮结构的材料为结构钢，材料特性参数如表 6-1 所示。

表 6-1 混流泵材料特性参数

参数	密度/(kg/m^3)	弹性模量/GPa	泊松比
值	7 850	200	0.3

计算流场为混流泵内部全三维流场，包括进口段、叶轮流道、叶轮与导叶的间隙、导叶及蜗壳出口段的流体区域；结构场主要是叶轮。流场区域造型与前面章节中的非定常计算相同，叶轮结构造型如图 6-2 所示。

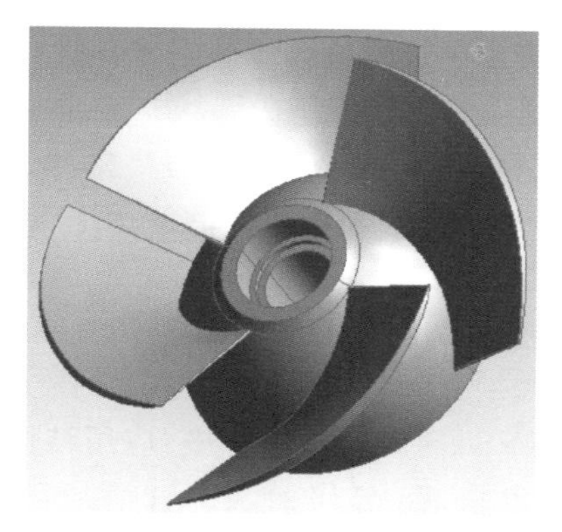

图 6-2 叶轮结构造型图

流体网格划分如图 6-3 所示，利用强大的 ICEM CFD 网格划分工具进行划分，采用六面体结构化网格。在网格划分的过程中要将在计算中具有不同边界条件或与不同壁面相接触的流体界面设置为不同的 PART，以便在 CFX 中灵活地设置不同的边界条件和耦合界面。结构区域网格利用 Workbench 的网格自动划分功能进行网格的生成。利用 ANSYS 14.0 组件与 PRO/Engineer 软件的无缝对接功能将转子造型的点、线、面及实体完整地转换到 Workbench 的 Simulation 模块中，并利用其中的 Mesh 功能进行结构的有限元网格划分，选择网格划分方式为 Automatic，如图 6-4 所示。此外，两个求解域在各自求解器中的相应坐标要保持对应，使求解中两场相对位置相同，确保流体界面与相接触的固体界面正确对应。

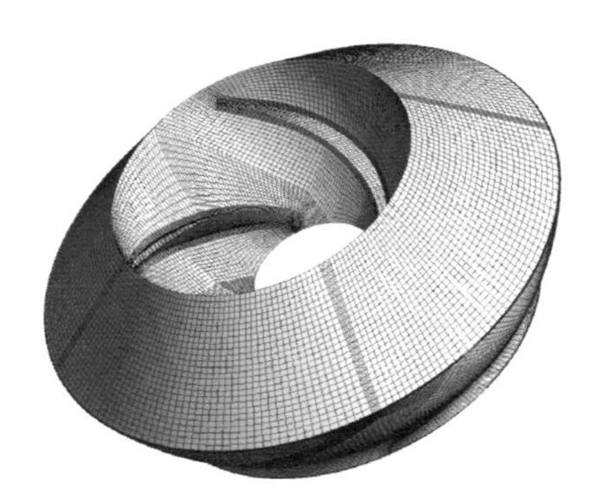

图 6-3　流体网格划分

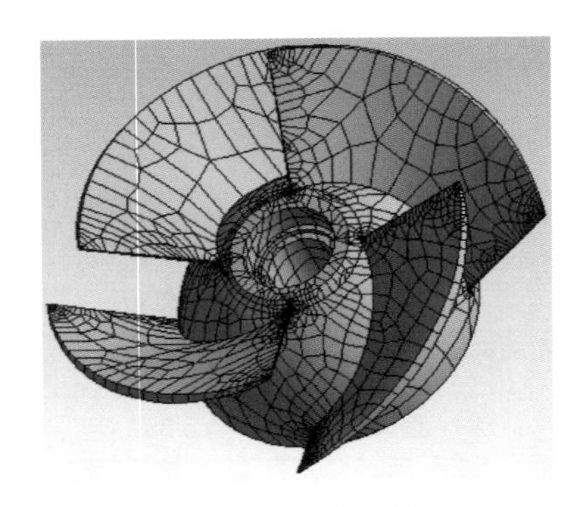

图 6-4　结构网格划分

6.4.2　流固耦合计算的实现过程

流体计算区域在 CFX 中进行流场的非定常计算，固体结构域在 ANSYS Workbench 中进行瞬态动力学分析。在流场非定常计算时取定常计算结果为其初始条件。在流固耦合同步求解之前，需要先对流场和结构响应分别独立进行计算。两场都能在不考虑外场作用的情况下得到比较满意的结果，方可进行流固耦合同时求解。流固耦合计算的关键是如何建立两场之间的联系，使得两场在同时求解过程中能够实时地相互传递数据并相互影响（杨兴林，2012；张双全，2010）。

在结构场求解器 ANSYS Workbench 中，应用结构瞬态动力分析实现与流场非定常计算的同步求解（廖伟丽，2006；潘旭，2012）。图 6-5 所示是 Workbench 环境下瞬态动力学计算的参数设置树状图。从图中可以看出，瞬态动力学分析设置了相应的外载荷和固定约束。外载荷是流体力对结构表面的作用，因此将叶轮与流体相接触的面设置为流固相互作用面（Fluid Solid Interface），以此来实现流体对叶轮结构压力载荷的施加。叶轮转子设置相应的固定面约束（Fixed Support），如图 6-6 中蓝色标识所示。最后，设置合理的求解时间和时间步长，这也要与 CFX 中流场非定常求解的时间和步长相对应。用 Write ANSYS Input File 命令将设置数据输出为后缀名是“inp”的文件，从而在 CFX 中进行调用。

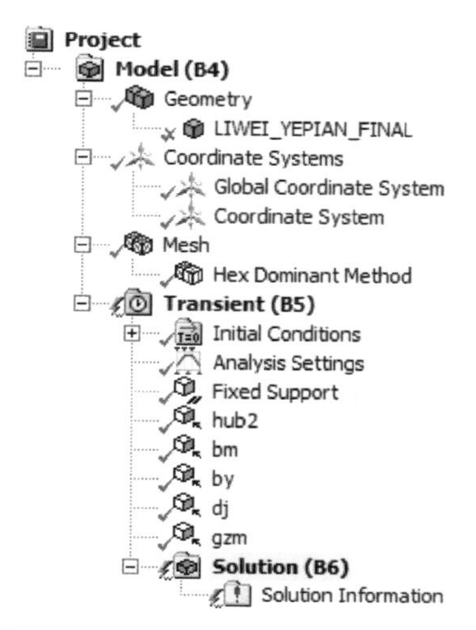

图 6-5 Workbench 中参数设置树状图

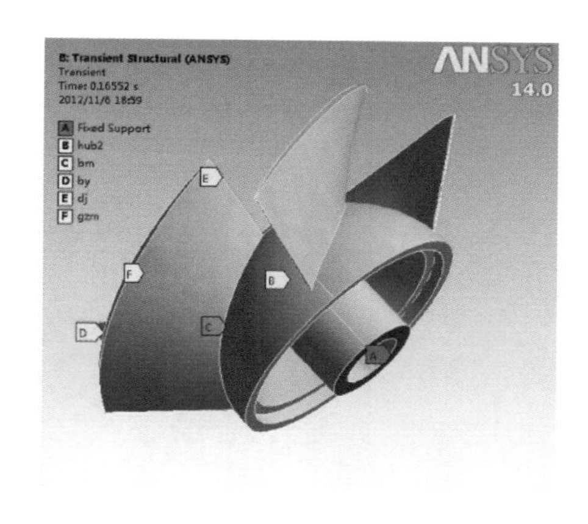

图 6-6 叶轮转子结构的载荷和固定约束施加

与不考虑流固耦合的非定常流场计算不同，在流场求解器 CFX 中将外部求解器耦合功能(External Solver Coupling)设置为 ANSYS MultiField，并读入结构场设置文件(ANSYS Input File)。读取这个以 inp 为后缀的文件是两场耦合求解的关键，其中包括结构场相关设置、CFX 可以从中读取结构与流场相对应的作用面设置，以及结构场求解的总时间和时间步长等信息。进行耦合计算时，由于流体计算网格在流固耦合的作用下会发生相应的变形，因此需要利用 CFX 的动网格技术来解决。其网格移动(Mesh Motion)设置为 ANSYS MultiField，CFX 从 ANSYS 求解器接收网格的变形信息(Total Mesh Displacement)，而 ANSYS 求解器接收 CFX 计算所得的力载荷(Total Force)。将模拟类型设定为瞬态求解。

为了得到比较稳定的结果，计算得到了叶轮旋转 4 周时间内的非定常流场和结构响应结果。经监测，在经过了计算刚开始时的波动过程之后，叶轮非定常流场的压力波动和叶轮轴心偏移量变化基本稳定，因此选择了叶轮旋转的第 4 周进行分析。瞬时流场求解采用了 Second Order Backward Euler 格式，每个计算时间点上的流场计算残差收敛目标为 10^{-4}。耦合计算数据传递过程的松弛因子默认为 0.75，收敛标准为 10^{-3}。两场计算过程的收敛曲线如图 6-7 所示。

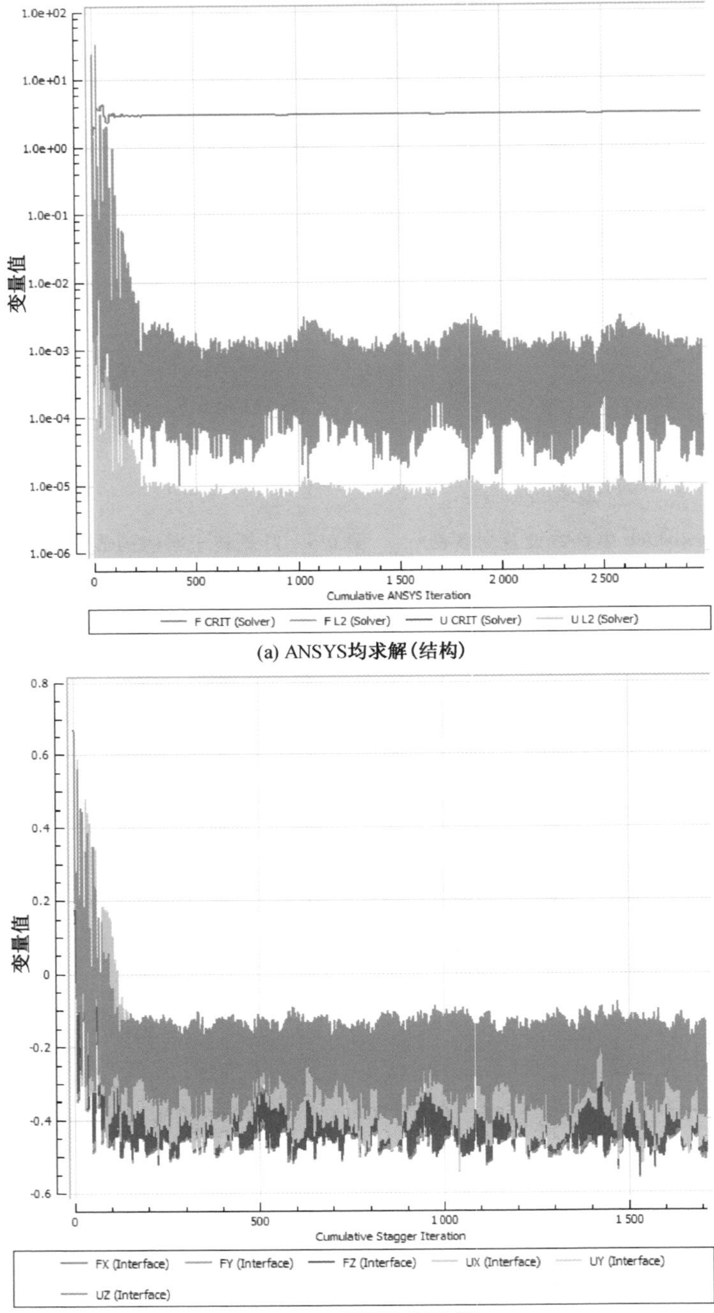

(a) ANSYS均求解(结构)

(b) ANSYS界面载荷(结构)

图 6-7 结构场计算的收敛曲线

6.5 稳态转速为 1 450 r/min 设计工况下的流固耦合结果

对于混流泵运行稳定性的影响主要在于各种复杂非定常流动产生的水力不平衡力作用及其产生的振动。各种激励源频率与混流泵转子系统固有频率接近或相同时，会引起共振，剧烈的振动将导致泵转子系统挠度过大，运行不稳定，严重时将引起机械部件结构的损坏，缩短使用寿命，降低运行效率。

6.5.1 有预应力的模态求解结果

图 6-8 和图 6-9 所示为叶轮在定常 CFD 结果下的总变形量和等效应力的静力学分析结果，该结果将作为预应力边界条件对后面的模态进行分析。从图 6-8 中可以看出，叶轮叶片变形由中心向外逐渐增大，最大的变形发生在叶片外缘处，轮毂处变形最小，得到叶片最大变形量约为 0.047 mm。由于叶轮其余部分结构的强度均比叶片部分大许多，故其变形相比叶片小很多。从图 6-9 中可以看出，叶轮叶片应力在整个圆周方向呈对称分布，叶轮最小等效应力均发生在轮缘区域，最大等效应力发生在靠近轮毂的叶片出口附近，最大等效应力值约为 12 MPa，远小于材料疲劳极限和屈服强度，因此叶轮不会发生疲劳破坏和塑性变形。由于传统强度计算对叶轮做了较多简化，有限元法计算的最大应力比传统方法得到的值稍大。由于叶轮工作面和背面受力不同，因此叶轮应力在工作面和背面的分布不同。

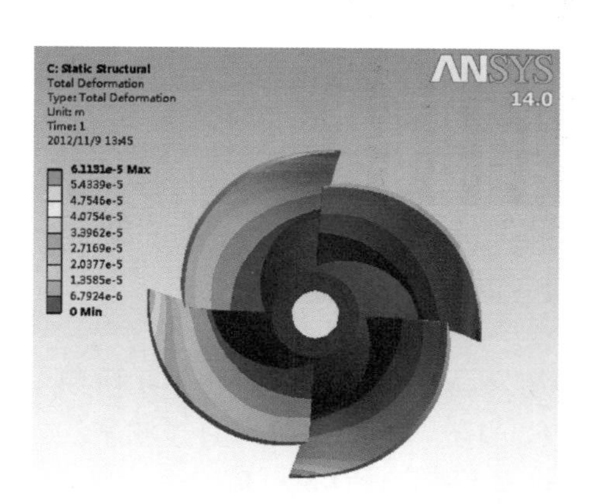

(a) 背面

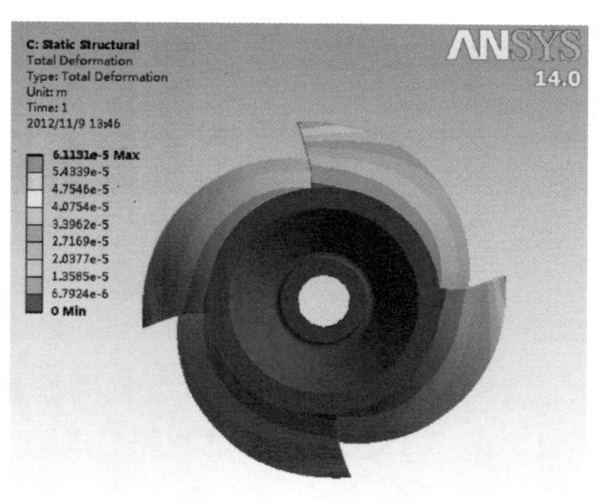

(b) 工作面

图 6-8 稳态转速 1 450 r/min 下叶轮变形

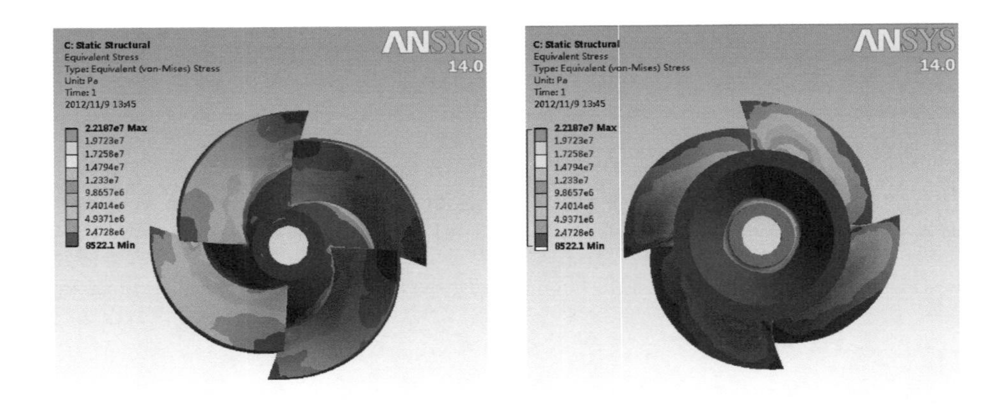

(a) 背面　　　　(b) 工作面

图 6-9　稳态转速 1 450 r/min 下叶轮等效应力分布

利用静力分析结果作为模态求解的预应力边界条件，对叶轮转子进行模态分析。图 6-10 所示为叶轮在空气中和水压下前 10 阶模态频率分布对比。由对比结果可知，两种情况下的固有频率有一定差别，但差值较小。

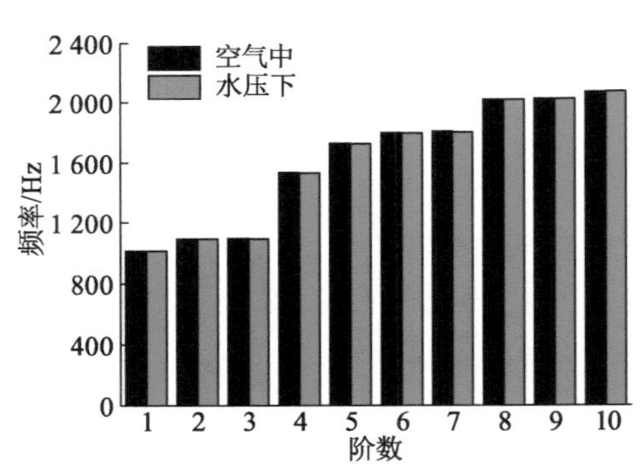

图 6-10　空气中及水压下模态频率分布对比

表 6-2 为叶轮前 10 阶自振频率计算结果，从结果中可以得出第 1 阶频率为 1 012.5 Hz，叶片通过频率(BPF)为 96.6 Hz。因此，混流泵自振频率远大于叶片通过频率，不会发生共振，接下来的流固耦合计算是可信的。

表 6-2 叶轮转子前 10 阶自振频率计算结果

阶数	1	2	3	4	5	6	7	8	9	10
f/Hz	1 012.5	1 091.0	1 091.7	1 533.8	1 724.6	1 795.0	1 798.8	2 016.8	2 019.7	2 069.2

6.5.2 稳态非定常流固耦合结果

混流泵在稳定运行工况下的内部流动是随时间周期性波动的非定常流动，稳定的时变流场会产生交变的水力激励力，对混流泵的各个部件会产生周期性的振动激励，并使泵产生强迫振动。水力激励力与混流泵泵体结构会产生相互作用，一方面，时变流体力使泵结构发生变形和振动；另一方面，变形的结构也会使流场形态发生变化，从而改变流场特性。两者相互制约，相互影响。下面通过对模型泵非定常流固耦合特性及耦合作用下的结构等效应力进行分析，研究混流泵叶轮在稳态非定常状态下的流固耦合特性。

(1) 流固耦合作用对流场的影响

图 6-11 给出了流道内典型位置压力监测点及模型泵外特性耦合与非耦合结果的对比，其中图 6-11a 反映的是叶轮中间点在旋转坐标系下的压力脉动结果；图 6-11b，c 反映的是静止坐标系下叶轮出口与导叶进口处监测点的压力脉动结果。流道内不同位置压力监测点流固耦合前后结果对比有所差别，在导叶出口处耦合前后幅值相差较大，而在叶轮中间和叶轮出口处幅值和相位基本相同。对于泵外特性结果，扬程、功率耦合前后的相位略有不同，耦合后的扬程和功率波动幅值均有所增加(图 6-11d，e)，而效率有所下降，效率下降最大幅度为 1%左右(图 6-11f)。由于耦合计算过程中流体运动导致结构发生变形，使流体域结构发生变化，从而对泵内部流动产生影响，因此耦合的结果比非耦合的结果更能反映出混流泵内部实际流动的变化情况。

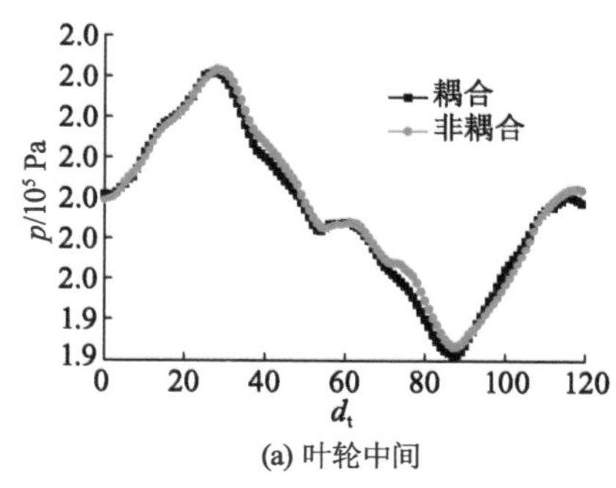

(a) 叶轮中间

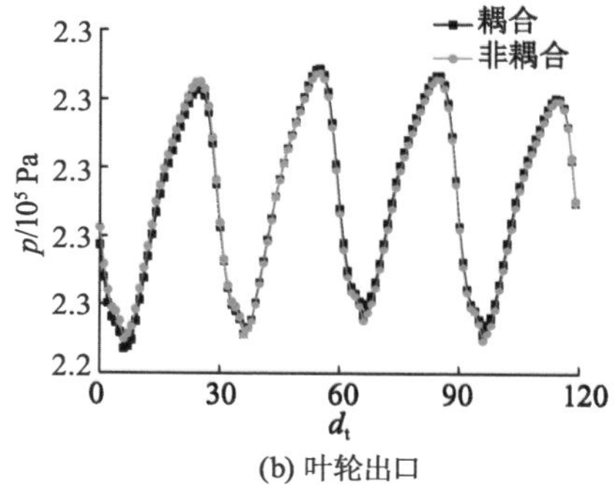

(b) 叶轮出口

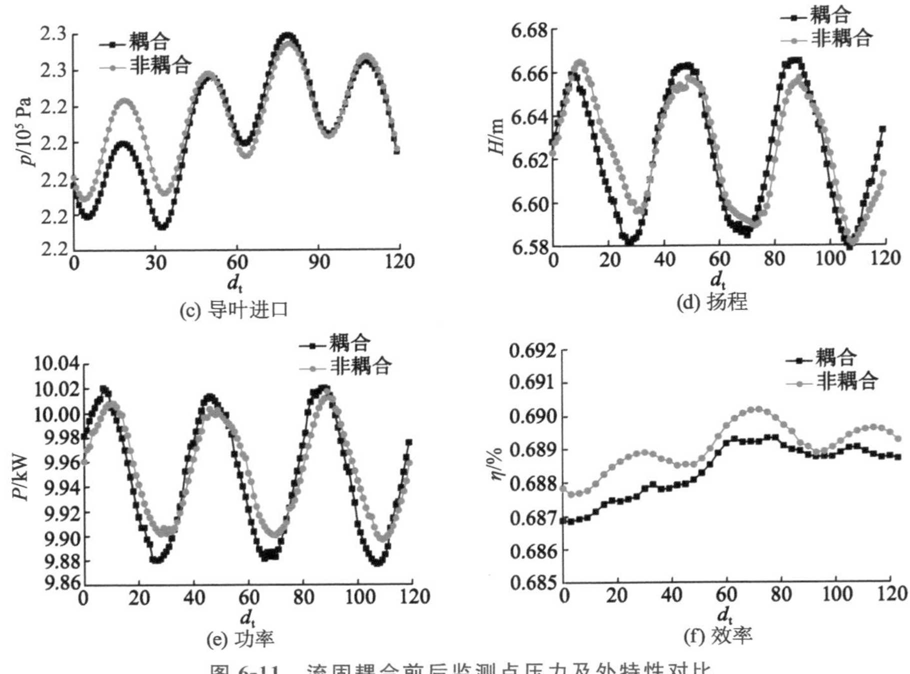

(c) 导叶进口　(d) 扬程

(e) 功率　(f) 效率

图 6-11　流固耦合前后监测点压力及外特性对比

(2) 叶轮叶片变形与动应力分布

材料或结构受到长期重复变化的动载荷作用后，其动应力值虽然没有超过材料的强度极限，但仍然可能发生破坏，即疲劳破坏。因此，泵叶轮转子的动应力问题是提高其运行稳定性和可靠性研究的一个重要内容。

通过以上研究，可以确定叶片最大变形和等效应力最大集中点的主要分布区域。为此，在这些区域分别选择了 4 个关键点进行研究。图 6-12 所示为等效应力采样点位置示意图，其中，A 为叶轮进口边叶顶处，B 为叶轮进口边与轮毂的交点，C 为叶轮出口边叶顶处，D 为叶轮出口边与轮毂的交点。

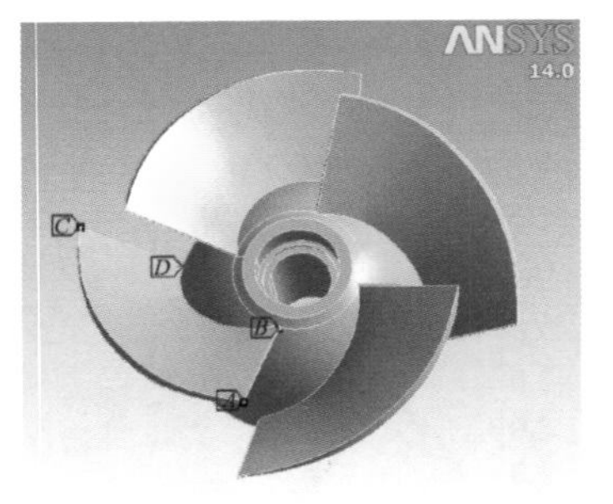

图 6-12　等效应力采样点位置示意图

图 6-13 所示为叶轮叶片在 $t=0.165\ 52$ s 时刻的变形与等效应力分布。由于叶轮叶片进水边厚度较薄，最大变形发生在叶片出口边背面靠近轮缘处，最大等效应力发生在叶片背面靠近轮毂出口边附近。在叶轮外缘，叶片主要表现为流场压力产生的

弯曲和扭转变形，离心力产生的拉伸变形并不明显，表明叶轮的离心力对叶轮的影响较小，而流体作用力对叶轮的影响较大。同时，由于叶片进水边冲击较大，当其发生振动时，在进水边靠近轮毂处无法通过弹性变形释放应力，从而在轮毂处形成应力集中，成为叶片的最大等效应力分布区域。

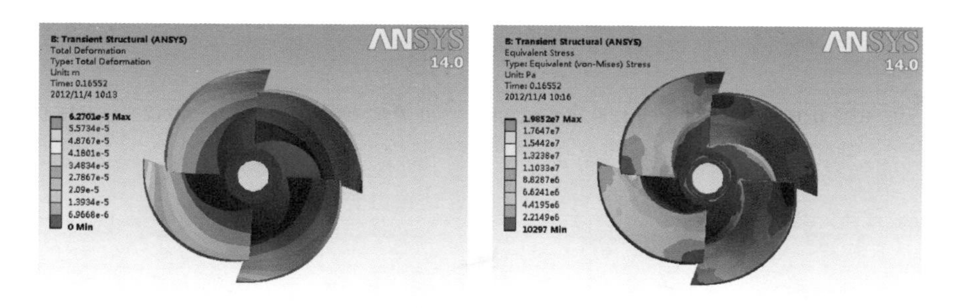

(a) 叶片位移变形分布　　(b) 叶片表面应力分布

图 6-13　叶轮叶片的变形与等效应力分布(t=0.165 52 s)

图 6-14 所示为叶轮叶片上耦合动应力的计算结果。从图中可以看出，4 个采样点的动应力分布呈现周期性变化，在叶轮旋转周期内均出现一个峰值。虽然叶轮最大应力与材料许用应力相比很小，但是由于其变化呈现周期性，因此需要防止叶轮的疲劳破坏。轮缘上点 A，C 动应力的平均值和轮毂上点 B，D 的值相差 10^3 数量级。因此，轮毂上 B，D 两点的动应力幅值较大，轮缘上 A，C 两点的幅值相对较小。因此，轮毂处相比其他位置更易发生疲劳破坏，严重时会产生叶片断裂的后果，在设计混流泵时应考虑此因素，提高轮毂处的强度。

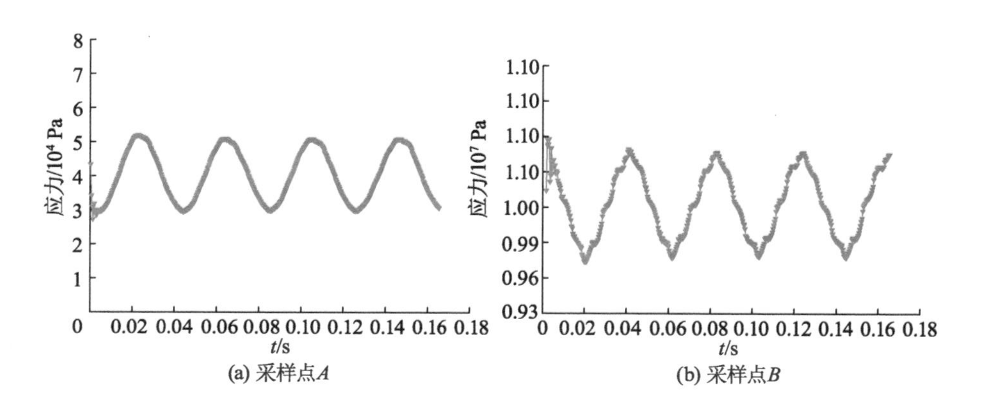

(a) 采样点A　　(b) 采样点B

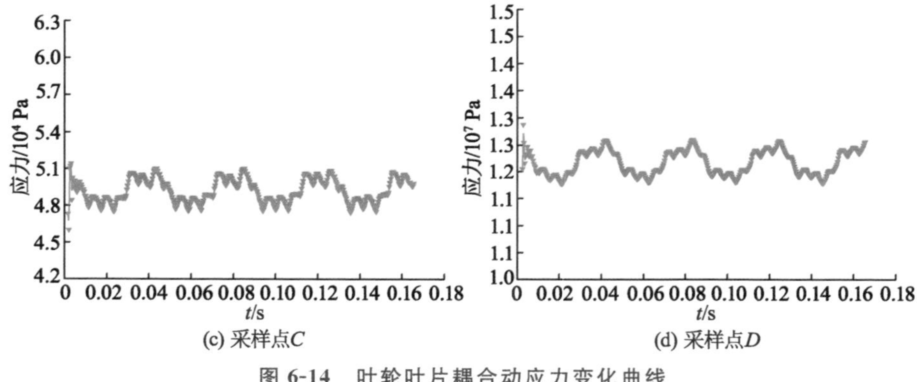

图 6-14 叶轮叶片耦合动应力变化曲线

6.6 启动过程瞬态流固耦合结果

混流泵启动过程内部流场表现出更为强烈的非定常性,流场对叶轮结构的作用及结构对流场的反作用机理十分复杂,瞬态流引起的水力激励力对叶轮的冲击更为激烈。本节基于瞬态内流场的边界条件和计算结果对混流泵加速启动过程中的叶轮内部流场和叶轮结构场进行双向交替流固耦合求解,启动条件为设计流量下混流泵叶轮在 1.35 s 时间内转速从 0 加速到 1 450 r/min。通过对流固耦合作用下叶轮瞬时结构变形及等效应力分布的研究,获得混流泵启动过程复杂剧烈变化条件下叶轮叶片的振动和动应力特性。

6.6.1 瞬时变形分析

图 6-15 所示为混流泵启动过程中 4 个采样点处叶片总变形量随时间的变化曲线。从图中可以看出,各采样点总变形量随着转速的增加不断增大,整体变化趋势基本一致,但大小不同。在混流泵启动初期的 0～0.8 s 内,因转速较低,泵内压力和水流速度均不大,叶片上各点变形量有所增大,但增幅较缓。当转速达到 850 r/min 时,泵内压力和速度均大幅上升,叶轮加速效应开始显现,同时,由于内部流场存在动静干涉、回流等多种复杂流动,叶轮进口边和出口边外缘的变形量呈现振荡上升的趋势,且振动幅值不断增大。在加速结束时,采样点的变形量也达到极大值,呈现出明显的瞬时冲击效应,A,B,C,D 四点的瞬时最大变形量分别为 2.06×10^{-5},3.1×10^{-6},5.1×10^{-5},6.70×10^{-6} m,比稳态 1 450 r/min 设计流量下的叶片最大变形量增大 8.5%

左右。随着转速趋于稳定，点 B，C，D 处的变形量立即回落到稳态工况水平，而点 A 的变形量呈现出与瞬时冲击扬程相同的变化趋势，逐步回落到稳定状态。由此可见，启动加速度对叶片变形的影响十分明显，因此，在设计瞬态工作中的水泵时应充分考虑叶轮旋转加速度对叶片外缘变形量的影响，并保持好叶片外缘与泵体之间的合理间距。

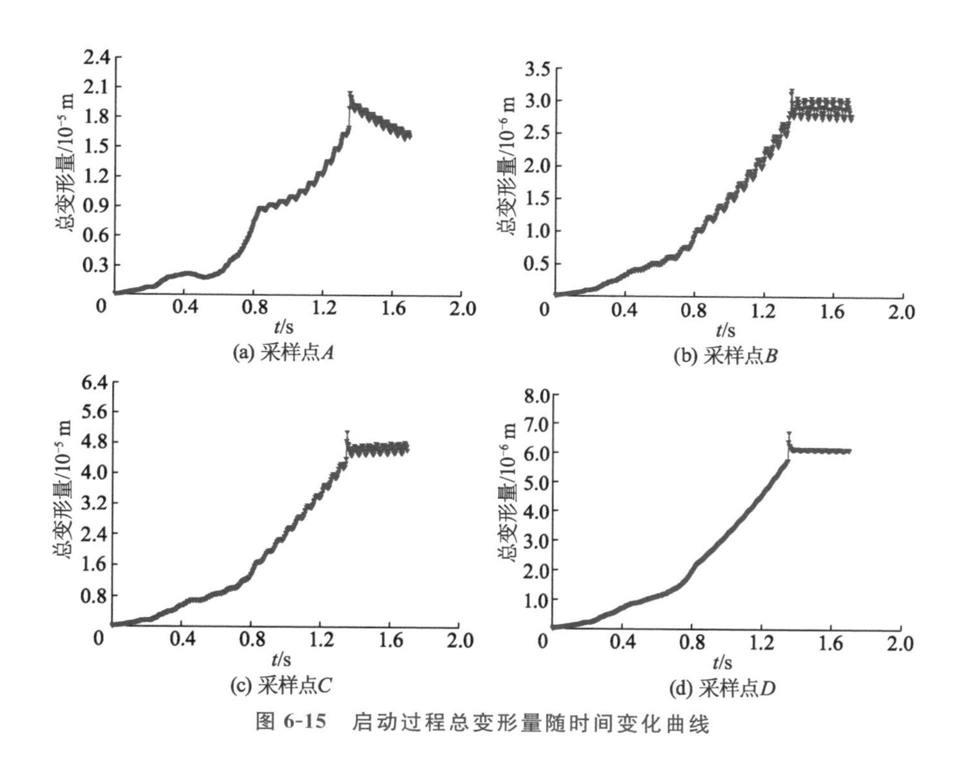

(a) 采样点A　(b) 采样点B

(c) 采样点C　(d) 采样点D

图 6-15　启动过程总变形量随时间变化曲线

图 6-16 所示为采样点 A，C 在 x，y 方向上的变形量随时间变化的曲线。从图中可以看出，A，C 两点在叶轮启动过程中 x，y 方向上的变形量都在逐渐增大，并在 1.35 s 时出现极大值。对比发现，A，C 两点表现在 x 方向上的变形均更大一些，最大变形量分别约为 1.6×10^{-5} m 和 4.4×10^{-5} m。此外，在 0.8 s 以后，采样点 A 在 x 方向上的变形曲线出现了高频波动，说明叶片在 x 方向上受到了不稳定的激励。在转速到达 1 450 r/min 后，点 A 处在两个方向上的变形量都开始逐步减小，而在点 C 处，变形量突然回落后便很快趋于稳定。A，C 两点在 y 方向上的变形刚好相反。

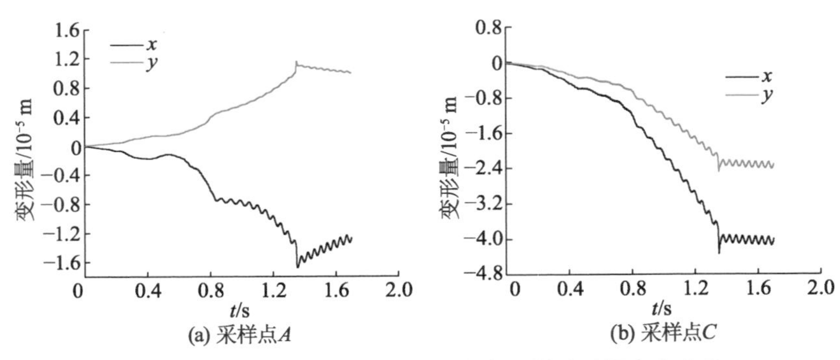

图 6-16　采样点 A,C 在 x,y 方向变形量随时间变化曲线

图 6-17 所示为叶片工作面与背面流固耦合总变形量分布。从图中可以看出，随着转速的增加，离心力与水压力随之增加，叶片和轮缘的变形量均呈现增大趋势，在叶轮叶片出口靠近轮缘区域，总变形量变化幅度剧烈，而叶轮轮毂处变形幅度不明显。在整个加速过程中，叶片从叶根到叶尖沿径向变形的梯度明显增大，叶尖的振动问题比较突出。对比工作面和背面的变形趋势，变化情况基本一致，最大变形量均出现在叶轮出口边的外缘点 C 处。

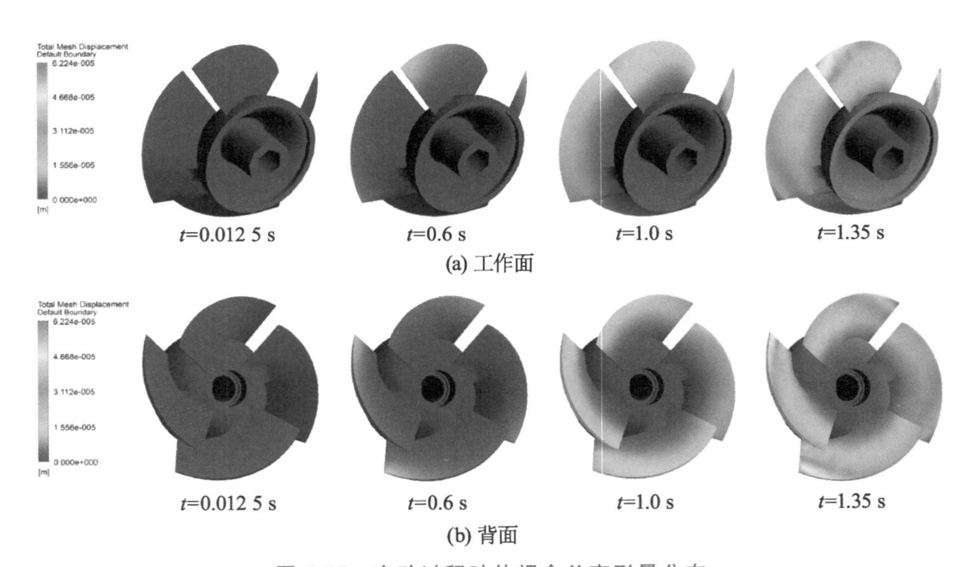

图 6-17　启动过程叶片耦合总变形量分布

因此，在混流泵启动过程中，叶轮轮缘处易发生变形，频繁启动会对叶轮

轮缘产生不利后果，导致叶片外缘严重变形，影响泵的正常运行。因此，在做叶轮叶片强度校核过程中需考虑混流泵启动过程的瞬态效应和叶片轮缘处的挠度，以保证混流泵安全稳定地运行。

6.6.2 瞬时动应力分析

图6-18所示为流固耦合作用下混流泵启动过程中叶片等效应力随时间的变化趋势。

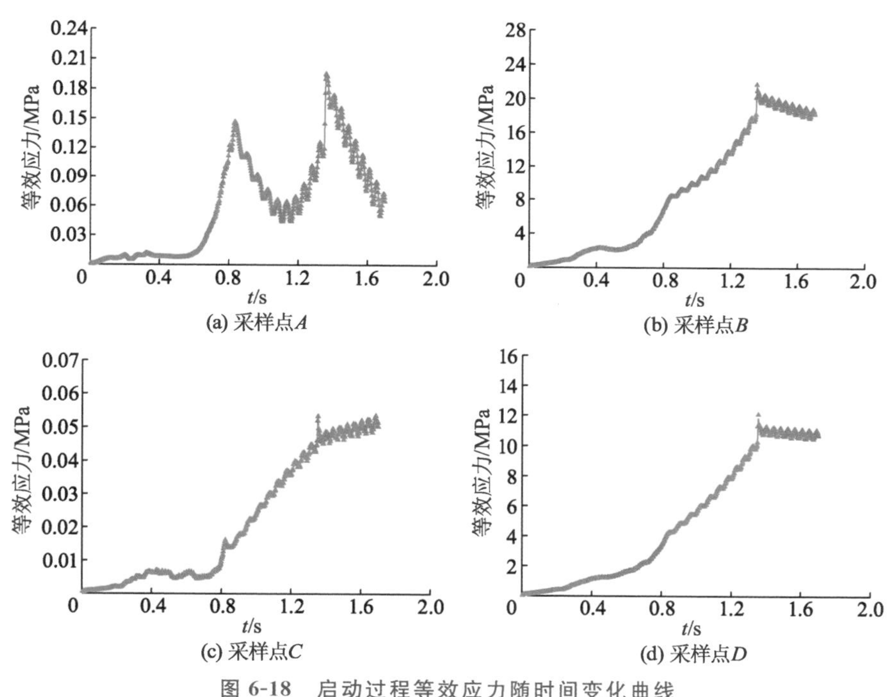

图6-18 启动过程等效应力随时间变化曲线

从图6-18中可以看出，在0～0.8 s内，随着转速的增加，4个采样点的等效应力变化较缓慢，但叶轮进口边轮缘处的点A在0.8 s时出现了一个较小的应力峰值，这可能与启动过程内部瞬变流的冲击有关。0.8 s以后，等效应力变化剧烈，出现上下波动，说明混流泵在启动过程中流场和结构场相互作用使得内部流场激励呈现往复振荡的上升趋势，不能保持平稳上升。在转速到达最大值时，各点均出现了应力极大值，A，B，C，D四点最大应力峰值分别为0.195，21.71，0.053，12.05 MPa，其中A，C两点的等效应力值较小，等效应力变化梯度小，B，D两点的等效应力值较大。叶片最大应力值比稳态

1 450 r/min 设计流量下的最大应力 12.87 MPa 增加 68.7%左右，转速稳定前后的过渡过程中等效应力均值远远大于稳态工况下的均值，瞬态效应非常明显。因此，在混流泵设计过程中，为获得平稳启动的水力模型，需要重视启动过程瞬态效应对叶片应力的影响。

图 6-19 所示为混流泵启动过程中叶轮叶片耦合等效应力的分布情况。从图中可以看出，随着转速的增加，叶片的等效应力变化趋势较为明显，均呈现几何倍数增长，并在叶片工作面和背面靠近轮毂处的叶根部位出现了不断增强的应力集中现象，显示此处是叶片危险截面所在的部位，容易发生疲劳断裂，而在叶轮轮缘处等效应力变化的剧烈程度不明显。由于加速过程负载不断增大，叶轮轮毂部位作为叶片做功的支点，启动过程复杂的流体动力环境加上叶轮离心力的共同作用，加剧了该区域的应力集中，使得轮毂处相比稳态工况更快、更易发生疲劳破坏，瞬时流体冲击过大还可能导致叶片的突然断裂。因此，在混流泵启动过程中，由于角加速度的存在，流场对结构的影响很大，叶片最大应力的增加远远大于转速的增长程度，需尽量避免和预防因转速的变化带来的过度应力集中和破坏。

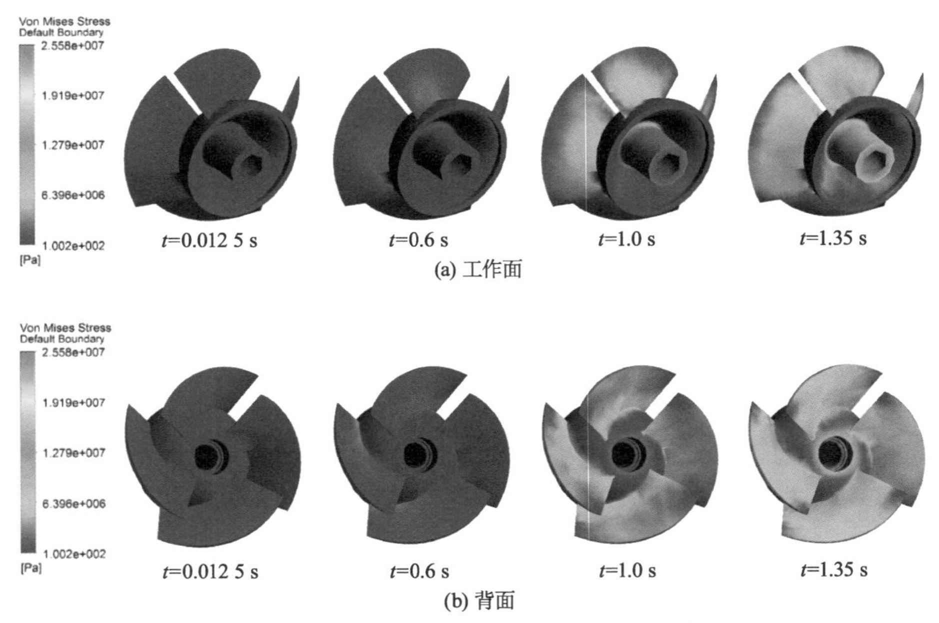

(a) 工作面

(b) 背面

图 6-19 启动过程中叶片耦合等效应力分布

6.7 本章小结

本章简要概括了流固耦合的基本理论和计算方法，建立了混流泵叶轮流场和结构场的物理模型，并介绍了进行双向流固耦合求解的实现过程。首次采用双向交替流固耦合方法对混流泵启动过程的瞬态流场和结构场进行了联合求解，获得了混流泵启动过程瞬态效应对叶轮应力和应变的影响规律。

① 启动加速过程中，叶片从叶根到叶尖沿径向变形的梯度明显增大，叶尖的振动问题比较突出。叶片出口边靠近轮缘处最大变形量比稳态工况最大变形量增加5%左右，频繁启动会对叶轮轮缘产生不利后果，导致叶片外缘严重变形，影响泵的正常运行。因此，在设计瞬态工作水泵时应充分考虑叶轮旋转加速度对叶片外缘变形量的影响，并保持好叶片外缘与泵体之间的合理间距。

② 由于加速过程负载不断增大，叶轮轮毂部位作为叶片做功的支点，启动过程复杂的流体动力环境加上叶轮离心力的共同作用，加剧了该区域的应力集中，在叶片出口边靠近轮毂处最大应力值比稳态工况最大应力值增加68.7%左右，使得轮毂处相比稳态工况更快、更易发生疲劳破坏，瞬时流体冲击过大还可能导致叶片突然断裂。因此，在混流泵启动过程中，需尽量避免和预防因转速的快速变化带来的过度应力集中和破坏。

7

混流泵瞬态过程特性试验

7.1 概述

由于瞬态设计理论的缺乏，应用于瞬态工况的混流泵多采用稳态设计理论进行设计，由此导致混流泵在启动过程中瞬态特性很快偏离稳态性能，表现出强烈的非定常效应。当瞬态效应明显时，瞬时的湍流冲击将带来更大的脉动压力，瞬时负载的峰值将产生很高的瞬时电流，这些都可能导致机组破坏或启动失败。为了验证数值计算方法的准确性并深入研究和探索引起瞬态外特性的内流机理和压力脉动特性，进行混流泵启动过程中的内外特性测试显得非常必要和迫切。

Tsukamoto(1995)对转速以正弦周期性波动的离心泵进行试验与理论研究，发现当频率从0开始增加时，压力略微滞后于准稳态变化，但随着频率的增大，压力的滞后性越发明显。Dazin(2007)对4种不同启动条件下的瞬态特性进行试验测量，由电磁离合器驱动的异步电动机实现了快速启动，通过角动量和能量方程提出了能够预测透平机械启动过程的瞬态扭矩和扬程公式。Bolpaire(1999,2002)首先对稳态小流量工况下离心泵进口管内回流与预旋现象进行高速摄影与PIV可视化试验，发现转速与雷诺数对进口管回流存在显著影响，且流量越小，影响越显著；随后对快速启动过程的进口管内回流进行试验，发现同一工况下瞬态的轴向回流长度要远小于稳态值。胡征宇(2005)试验研究了4种不同阀门开度下的瞬态启动特性，随着阀门开度的增大，准稳态扬程与试验值差距越明显，结果表明，二者差距主要由管内流体加速造成。王乐勤(2003)对混流泵进行启停、瞬态调阀与调速的试验研究，瞬时流量采用孔板流量计测量，转速通过在轴上安装齿轮并采用电磁脉冲传感器感应齿轮转动情况来测量，发现启动过程扬程存在冲击效应，停泵过程中扬程先于流量达到0,调阀过程则逐渐接近稳态值。Wu(2014)采用锁轴、变频与惰性三种方法进行了停泵试验,并且通过改变转子的转动惯量控制电机的频率,通过制动轴改变泵转子和流体在不同停转周期的惯性影响。Zhang(2013)试验研究了开式叶轮离心泵在不同开度下的启动性能,无量纲分析结果显示,准稳态不能准确地评估启动过程中的瞬态流动。李伟(2016)对混流泵启动过程的轴心轨迹进行了试验研究,发现叶轮加速是引起轴系振动的主要原因,瞬态效应是影响振动故障恶化的重要因素。

由于混流泵启动瞬态工况复杂和启动过程试验条件实施困难等问题,目前还很少有针对混流泵瞬态启动过程的内流测试、瞬态压力脉动测试和轴心轨迹测量的研究。本章通过改造部分管路,建立混流泵瞬态性能测试试验台。通过PIV测试系统对叶轮进出口和导叶内的瞬时速度矢量进行拍摄和记录,采用HSJ2010水力机械综合测试仪测量稳态和启动过程中的瞬时压力脉动,基于本特利408数据采集系统对混流泵启动过程的轴心轨迹进行试验研究。

7.2 试验系统的搭建

7.2.1 硬件系统

混流泵瞬态性能试验台主要由三部分构成,包括动力驱动装置、试验泵装置、循环管路系统,试验台示意图和实物图分别如图7-1和图7-2所示。

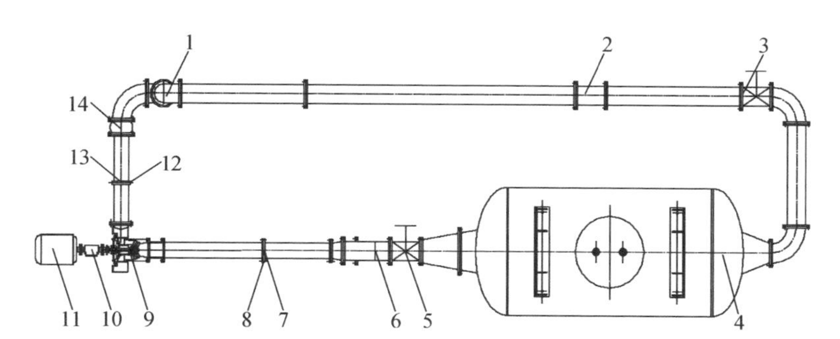

1—增压泵;2—涡轮流量计;3—出口闸阀;4—稳压水箱;5—进口闸阀;6—伸缩节;7—排气孔;8—进口测压段;9—混流泵;10—扭矩仪;11—电机;12—排气孔;13—出口测压段;14—橡胶软接头

图7-1 混流泵瞬态性能测试试验台示意图

图 7-2　混流泵瞬态性能测试试验台实物图

动力驱动装置选用的是 15 kW 的变频电机，功率为 15 kW，输入电压为 380 V，转速为 1 500 r/min，频率为 50 Hz。由于电机启动过程中瞬时电流冲击过大，因此采用变频电机启动，可获得的最大加速度为 189.8 rad/s^2 左右，即在 0.8 s 时间内从静止启动加速至 1 450 r/min。考虑到 PIV 模型在快速启动中加速度太大容易造成电机过载和模型损坏，试验中启动时间设定为 1～3 s。

针对外特性试验、压力脉动试验、轴心轨迹试验和 PIV 内流试验的需要，分别加工制造了钢制泵体和有机玻璃泵体，实物照片如图 7-3 和图 7-4 所示。

图 7-3　钢制泵体

图 7-4　有机玻璃泵体

7.2.2 试验测量参数采集与控制系统

试验测量参数采集系统是江苏大学自主开发的泵类产品测试系统(图 7-5),采用 22 kW 三菱通用变频器控制变频电机对泵转速进行变频调节。变频器具有变频调节功能,可以预先设置好稳定转速和启动时间,通过直连电机变频启动可获得多种启动加速度。管路阻力可通过进出口阀门调节流量来控制。由于混流泵的扬程较低,当稳定转速设定值较小时,需通过辅助泵进行增压。瞬态转速测量采用自主开发的 PIV 瞬态同步触发器测量。扭矩的测量采用上海良标智能终端股份有限公司生产的 ZJ 型转矩转速测量仪(图 7-6),额定转矩为 100 N·m,齿数为 180,精度为 0.2 级,转速范围为 0～6 000 r/min。

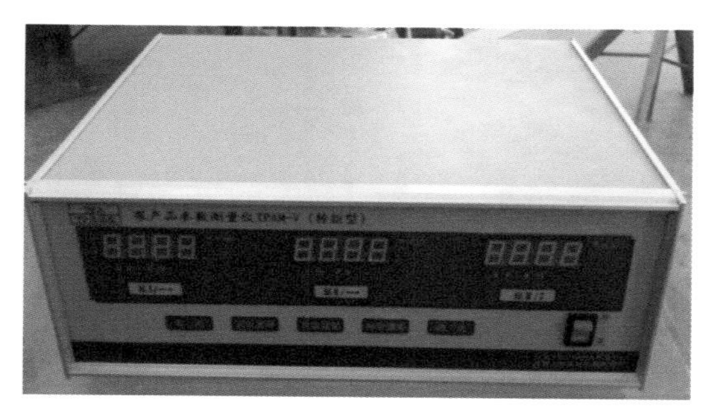

图 7-5 泵产品参数测量仪

图 7-6 转矩转速测量仪

瞬态流量的测量采用 LWGY 型涡轮流量计,流量的测定范围设置为 0～1 600 m^3/h。电源为 12 V 电压供电,输入信号电压为 10～50 mV,传出的信号经过放大器作用,转换成电流信号,被泵产品参数测量仪所采集,最终通过通信传递到泵类产品分析处理软件中,公称直径为 200 mm。在泵体的进口和出口分别安装高频压力传感器测量动态扬程,采用 0～24 V 直流电源为压力传感器供电,原始输出为 0～5 V 的电压信号,将信号输入 HSJ2010 水力机械综合测试仪中,再将电压信号转换为压力信号。为保证 PIV 试验结果的准确性,使得所摄每张照片中的叶片位置相同,并避免变频启动时变频器产生的信号干扰外触发脉冲信号,试验采用了光纤技术制作的外触发同步系统,主要包括同步触发控制器和光纤传输转换器,如图 7-7 所示。整个同步装置还包括轴编码器。

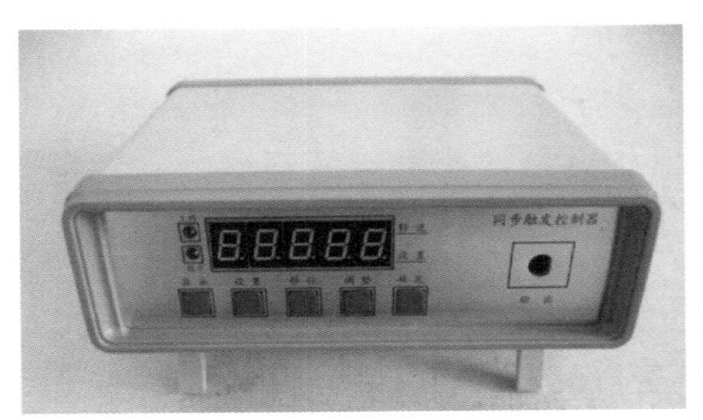

(a) 同步触发控制器

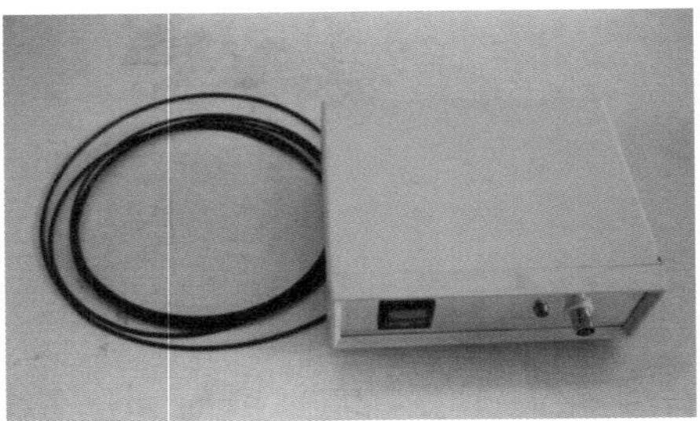

(b) 光纤传输转换器

图 7-7　外触发同步系统

7.2.3　PIV 内流测试系统

试验采用美国 TSI 公司商用三维 PIV 测试系统，如图 7-8 所示。该系统包括 YAG200－NWL 型脉冲激光器、PowerView 4MP 数字 CCD 相机、LaserPulse 计算机控制同步器(1 ns 时间分辨率)、Insight 3G 图像采集和分析软件、610015－NW 型光臂、片光源元件等。测量范围为 400 mm×400 mm，最大可测速度不小于 1 000 m/s。

图 7-8　PIV 测试系统

7.2.4　HSJ2010 水力机械综合测试仪

HSJ2010 水力机械综合测试仪采用美国国家仪器公司高速采集模块作为硬件基础，具有传感器率定、泵性能试验、效率试验、动平衡试验、压力脉动试验等试验功能，可以进行各种信号的幅值分析、频率谱分析、变化趋势分析、三维频谱分析、轴心轨迹分析，以及绘制各种试验结果分析曲线。测试系统如图 7-9 所示。

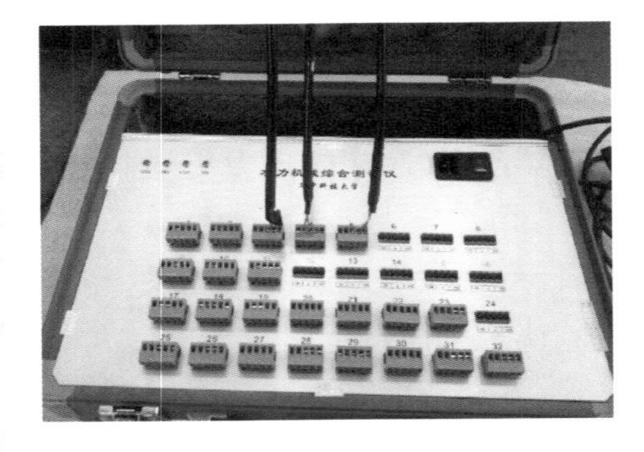

图 7-9　HSJ2010 水力机械综合测试仪

7.2.5 本特利408数据采集系统

采用本特利408数据采集系统进行启动过程轴心轨迹的测量，系统由408动态信号处理仪器(DSPi)和ADRE Sxp软件构成，如图7-10所示。该系统可进行各种信号的幅值分析、频谱分析、变化趋势分析等，还可以通过自选择滤波绘制伯德图、频谱图、轴心轨迹图等，以及绘制各种试验结果分析曲线。

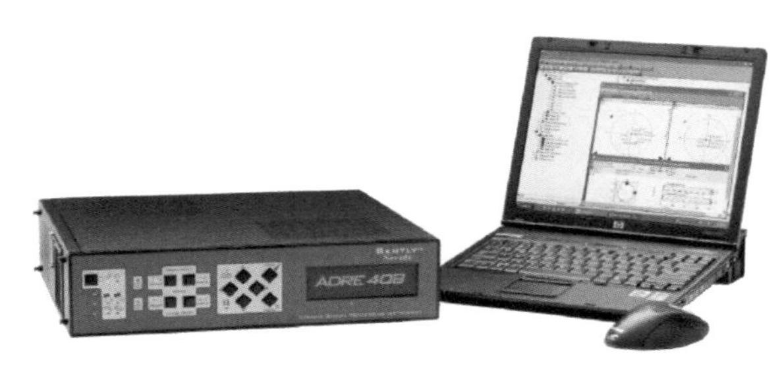

图7-10　本特利408数据采集系统

试验中采用的3300 XL 8 mm电涡流位移传感器由探头、前置器和延长线构成。探头型号为330130－040，直径是8 mm，前置器型号为330180－50，加长电缆为4 m，标定时的金属为45号钢。传感器的间隙电压为－10 V，对于45号钢的灵敏度为7.87 V/mm，量程为－2～＋2 mm。传感器安装于线性中点处，可以使测量范围正负相等。安装时，在前置器的OUT端接一个数字万用表，向孔里拧探头的同时，观察前置器OUT端和COM端的输出电压，使电压表的指示为－10 V时固定传感器，这样传感器即安装于线性中点处。试验采用的键相传感器是红外传感器，只需要在转子上贴上发光纸，将键相传感器探头垂直于转子安装即可。

7.3 试验内容

试验内容包括稳态和瞬态外特性试验、稳态和瞬态PIV内流测试试验、稳态和瞬态压力脉动试验、稳态和瞬态轴心轨迹试验四个部分。

稳态性能试验分别测试了750，1 150，1 450 r/min三个转速下的外特性，稳态压力脉动试验测试了1 450 r/min转速设计流量下的压力脉动。稳态PIV内流测试中，分别测试了混流泵在1 450 r/min转速下三个工况点的内部流动情况。

试验条件设定如表7-1所示。在无法保证启动转速和内流测试数据同时采集的前提下，为保证数据不丢失，先启动 PIV 拍摄的激光触发器和相机进行数据采集，再启动电机。后处理时通过判断高频压力脉动信号中的突然波动为 0 时刻基准，由于压力传感器采用的频率为 17 400 Hz，由此导致的时间误差可以忽略不计。同时，考虑试验中有机玻璃件的安全性，均采用变频启动进行测试。

表 7-1 瞬态试验条件设定

试验内容	试验类别	试验条件设定
外特性试验、PIV 内流测试试验	① 测试启动加速度对瞬态特性的影响	A. 阀门全开，设定启动后稳定转速为 1 450 r/min B. 启动时间为 1,2,3 s
	② 测试管路阻力对瞬态特性的影响	A. 设定启动转速为 1 450 r/min，启动时间为 1 s B. 阀门调节在 0.8Q,1.0Q 和全开工况
	③ 测试转速对瞬态特性的影响	A. 阀门全开，启动时间为 1 s B. 设定启动后稳定转速分别为 750，1 150，1 450 r/min
压力脉动试验	① 测试启动加速度对压力脉动的影响	A. 设定启动后稳定转速为 1 450 r/min，阀门处于设计流量下 B. 启动时间为 2,5,8 s
	② 测试转速对压力脉动的影响	A. 设定启动时间为 2 s，阀门均处于设计流量下 B. 设定启动后稳定转速分别为 750，1 150，1 450 r/min
	③ 测试管路阻力对压力脉动的影响	A. 设定启动后稳定转速为 1 450 r/min，启动时间为 2 s B. 阀门调节在 0.8Q,1.0Q 和全开工况
轴心轨迹试验	测试启动过程轴心轨迹	设定启动时间为 3 s，阀门处于设计流量下

7.4 能量性能试验

7.4.1 试验方法

稳态外特性试验分别在额定转速 750，1 150，1 450 r/min 的情况下进行测量，测试范围为关死点到最大流量，整个测试过程选取 15 个工况点进行测量，并对 1 450 r/min 稳态转速进行重复性试验。

瞬态流量和功率分别通过涡轮流量计和转矩转速仪获得。在获得进出口压力和管路瞬态流量后，瞬态扬程计算采用下述公式：

$$H_d=\frac{p_2-p_1}{\rho g}+\frac{1}{2g}\left(\frac{Q}{900t}\right)^2\left(\frac{1}{d_2^4}-\frac{1}{d_1^4}\right) \tag{7-1}$$

式中：H_d 为瞬态扬程，m；p_2，p_1 分别表示泵体出口和进口压力，Pa；ρ 为常温下水的密度，$\rho=998\ \text{kg/m}^3$；g 为重力加速度，$g=9.8\ \text{m/s}^2$；Q 为瞬态流量，m^3/h；d_2，d_1 分别表示泵体出口和进口直径，m。

由于试验中泵进出口瞬态流量几乎一致，因此选取进口或出口流量均可。

7.4.2 试验结果及分析

首先进行 1 450 r/min 稳态转速下的重复性试验，验证试验台和试验方法的可靠性。稳态重复性试验外特性试验曲线如图 7-11 所示。

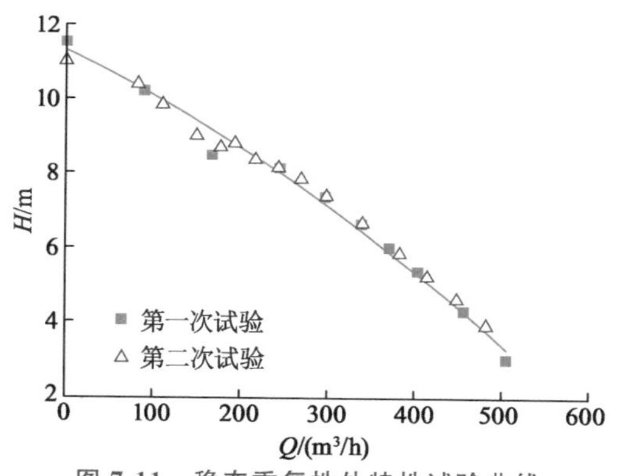

图 7-11 稳态重复性外特性试验曲线

从图 7-11 中可以看出，两次外特性测量结果比较集中，最大误差不超过 5%，说明试验结果较为可靠。同时，进行 3 种不同转速下的稳态外特性试验，试验结果如图 3-4 所示，通过无量纲化处理后的性能曲线如图 3-5 所示。稳态试验结果可作为瞬态结果的比较基础。

按设定的瞬态外特性试验条件，分别对混流泵在不同加速度、不同转速和不同管阻特性下的启动过程进行外特性测试。试验结果分别如图 7-12、图 7-13、图 7-14 所示。图 7-12 给出了 3 种启动加速度下的瞬态外特性曲线。3 种启动加速度分别为 50.59，75.88，151.77 rad/s^2，对应的启动时间分别为 3，2，1 s。由于在 1 s 启动时瞬时电流过大，启动过程完成时间滞后了 0.35 s。

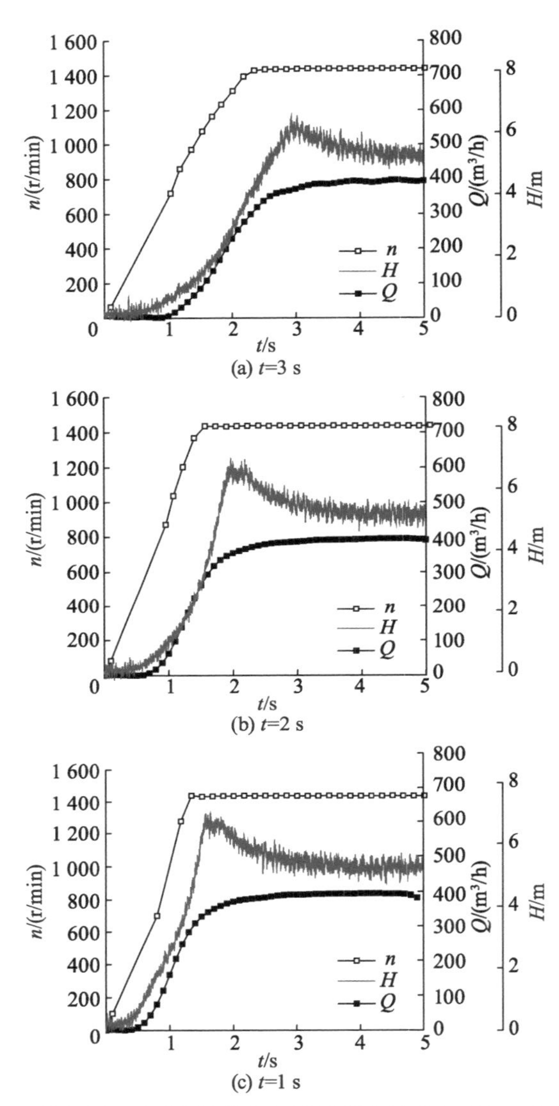

图 7-12　不同启动加速度下混流泵启动过程外特性曲线(n=1 450 r/min)

从图 7-12 中可以看出，随着转速达到最大值，泵的扬程也随之立即达到最大值，但在 3 s，2 s 启动时转速均提前达到最大值，这可能是由于泵轴起始位置与轴编码器采集数据设定位置存在相位差造成的。在加速启动过程中出现了一个明显的冲击扬程，随着加速度增大，冲击扬程越大，3 种加速度下对应的冲击扬程从低到高分别为 6.4，6.8，7 m。在启动过程中，混流泵的流量上升表现出明显的滞后效应,其上升过程可分为三个不同的阶段。在开始阶段表现为流量缓慢上升,这一阶段在 3 个加速度下的完成时间分别为 1, 0.7, 0.5 s。第二阶段为流量快速上升阶段,该阶段基本持续到加速完成。随后进入第三阶段,该阶段流量上升放缓。随着加速度的增大,流量滞后量也增大。启动加速度的大小对启动过程的瞬态特性有着重要影响。

图 7-13 所示为两种较低稳定转速下的混流泵启动过程外特性曲线。从图中可以看出,随着稳定转速下降,混流泵瞬态性能出现下降,流量的滞后效应更为明显。同时,瞬态冲击扬程逐步减缓。

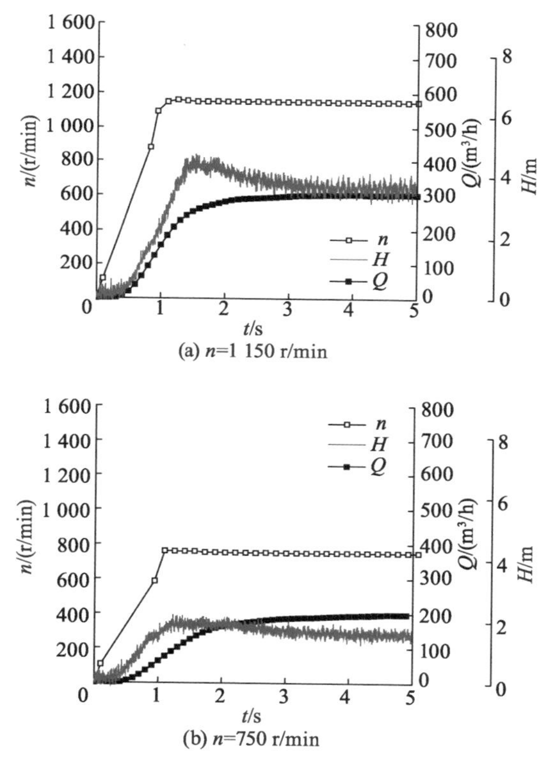

图 7-13　不同转速下混流泵启动过程外特性曲线(t=1 s)

图 7-14 所示为不同出口阀门开度下的混流泵启动过程外特性曲线。从图中可以看出,在 3 种阀门开度下,扬程均随转速快速达到最大值。在阀门开度为 1.2Q 时,由于该工况下最终稳定流量较大,在转速稳定时,系统未到达一个稳定工况点,流量继续上升,但由于泵本身特性使扬程慢慢下降到稳定工况点,因此,在加速结束后出现了扬程逐步回落、流量继续上升的现象。对

比 3 种阀门开度下的流量变化，其到达最大值的时间需视管路阻力的大小而定。

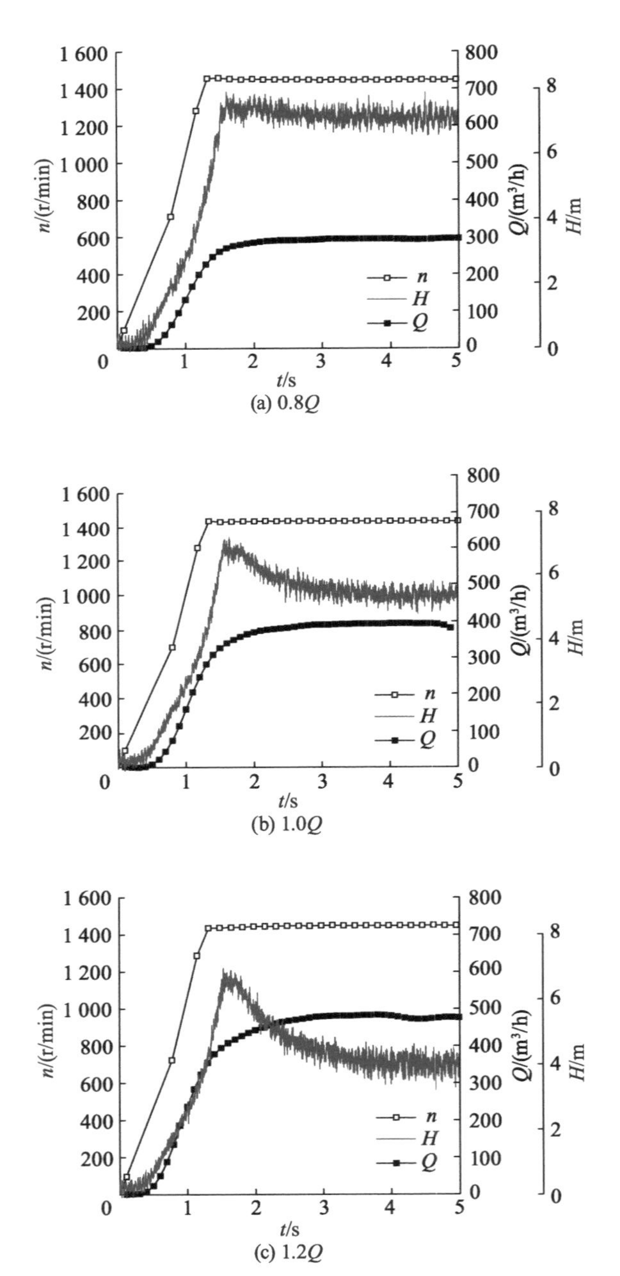

(a) 0.8Q

(b) 1.0Q

(c) 1.2Q

图 7-14　不同管阻条件下混流泵启动过程外特性曲线(n=1 450 r/min)

从以上外特性分析可以看出，在混流泵启动过程中，性能参数随时间快速变化，表现出不同于稳态过程的瞬态效应。当转速达到最大值时，扬程基本都是随之达到最大值，并在加速结束时出现一个瞬时冲击扬程，冲击扬程大小与启动条件有关，加速度越大，冲击扬程越明显，较大的启动加速度能使泵的性能更快达到稳定状态，产生的瞬时冲击扬程为混流泵在特殊场合的应用提供了条件；但加速度过大，瞬态水力冲击对泵装置的可靠性提出了更高的要求。随着转速的增加，流量的上升呈现出三个不同阶段，并均滞后于转速的变化，流量达到最大值的时间需视管阻大小而定，且加速度越大，流量滞后越明显。

7.4.3　不确定度分析

试验系统和测试设备均经过权威部门鉴定。试验台符合国际标准 ISO9906 和相应国家标准中所述的测量要求。根据 ISO9906 可知，效率的不确定度由每个子项的不确定度的平方根计算得出（Pumps R. ISO9906：1999，page 19）：

$$U=\sqrt{U(Q)^2+U(H)^2+U(n)^2+U(M)^2} \tag{7-2}$$

子项测量的不确定度由系统和随机不确定度的平方根来计算，即

$$U=\sqrt{{U_{sys}}^2+{U_{ran}}^2} \tag{7-3}$$

系统不确定度 U_{sys}：测量的不确定度部分取决于仪器或所用测量方法的残余不确定度。在通过校准、仔细测量尺寸、正确安装等方法消除所有已知误差后，如果使用相同的仪器和测量方法，则误差将永远不会消失并且无法通过重复测量来减少。这部分误差称为“系统不确定度”，也称为“B 型不确定度”。

随机不确定度 U_{ran}：每次测量都不可避免地受到不确定度的影响。随机不确定度是由重复测量引起的，也称为“A 型不确定度”。当部分误差（其组合给出不确定度）相互独立、小而多且具有高斯分布时，真误差（即测量值与真值之间的差值）小于不确定度的概率为 95%。通过试验确定随机不确定度。

对于流量测量的整体不确定度，可由下式得到：

$$U(Q)=\sqrt{U_{sys}(Q)^2+U_{ran}(Q)^2} \tag{7-4}$$

通过计算，泵效率总体不确定度为 0.234 5%。为了包括其他未考虑的不确定度，将总体不确定度扩大 2 倍，即扩展不确定度约为 0.5%。不确定度的详细计算见表 7-2，每个子项系统不确定度通过测量仪器的系统误差进行计算。

表 7-2　不确定度的计算过程

符号/序列		$Q/(m^3/h)$	H/m	P_s	
				$M/(N \cdot m)$	$n/(r/min)$
序号	1	381.0	5.241	55.64	1 439
	2	380.7	5.243	56.01	1 437
	3	383.7	5.227	56.39	1 438
	4	379.9	5.214	56.05	1 436
	5	380.5	5.211	55.84	1 437
	6	381.9	5.209	55.21	1 439
随机不确定度	平均值	381.283	5.224 2	55.857	1 437.7
	标准差/%	1.354 1	0.015 2	0.402 7	1.211 0
	U_{ran}/%	0.003 6	0.002 9	0.007 2	0.000 8
系统不确定度	测量误差/%	0.200 0	0.100 0	0.100 0	0.200 0
	U_{sys}/%	0.115 5	0.057 7	0.057 7	0.115 5
	部分不确定度 U/%	0.148 0	0.123 7	0.059 1	0.119 4
	总体不确定度 U/%	0.234 5			
扩展不确定度 U_{ext}/%		0.469 1			

7.5 PIV 试验

7.5.1 试验方法

(1) 示踪粒子的选择与添加方法

PIV 测试结果的精度受示踪粒子的影响较大，所以合理选择示踪粒子显得尤为重要。本次试验选择空心玻璃球作为示踪粒子。粒子直径为 20～60 μm，密度为 1.05 g/cm³。试验证明，粒子具有良好的跟随性和散射性。为将示踪粒子添加进测试管道中，先将试验台内部充满足够多的水(水面位置约为稳压罐高度的 4/5)，然后开启试验泵使水流循环起来，此时关闭所有通外阀门，再打开真空泵使稳压罐顶部的气体为负压，将盛有示踪粒子与水混合后的液体的容器与试验台上的通外阀门相连，利用负压将示踪粒子吸入试验台内并与水流一起循环。

（2）标定装置及方法

PIV 试验中的标定准确度对测试结果有决定性的影响。考虑到试验泵拆卸麻烦，为了提高试验精度和可行性，加工一个半边形状和有机玻璃圆筒一致的标定水箱进行 PIV 试验标定（图 7-15），水箱上方敞开，方便标尺的放入和充水。

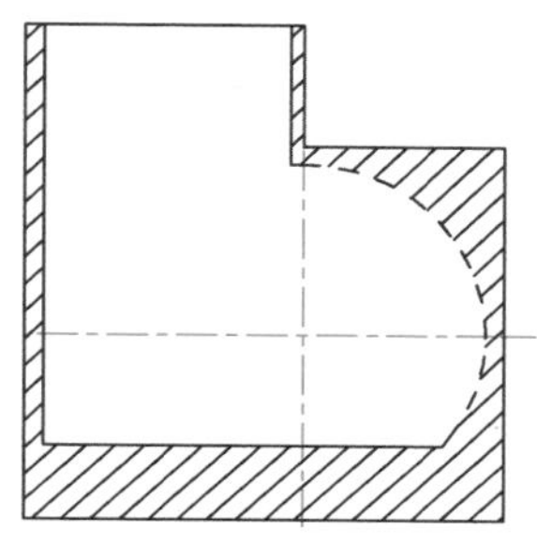
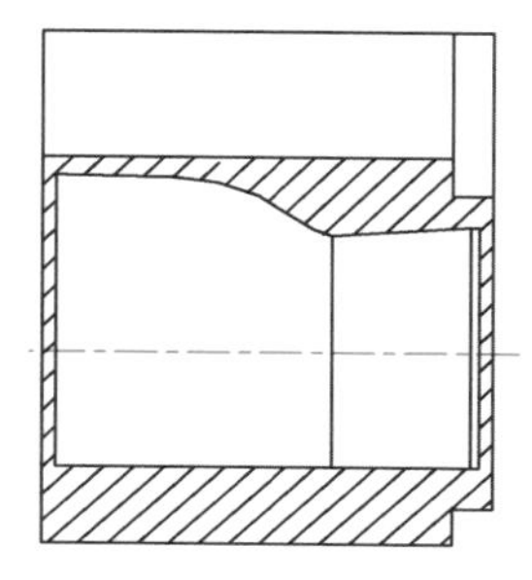

图 7-15　标定水箱

试验开始前，先将托架固定好，标定水箱置于托架上方，调整标定水箱至水平，再调整标定水箱的相机侧外表面，使其与叶轮室的同一侧面位于同一垂直面内。待位置调整完之后，放入标尺底座，底座的圆弧面的曲率与标定水箱完全一致，标尺位于底座上表面，试验中将标尺带有刻度的端面调整至与所拍摄平面相一致，最后将相机移动到与标尺同一水平面进行标定，如图 7-16 所示。

(a) 调整端面位于同一垂直面内

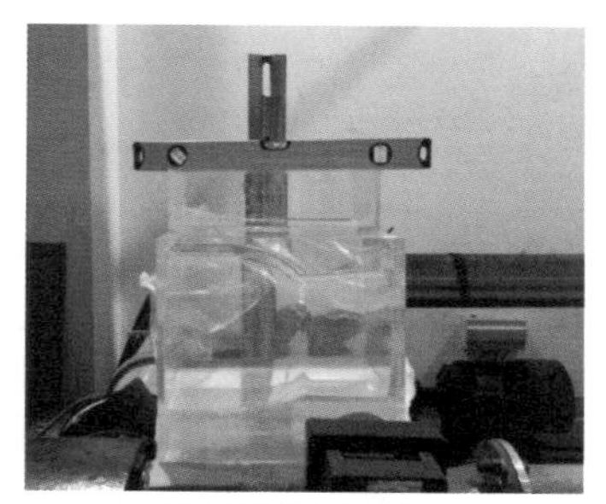

(b) 调整端面至水平

图 7-16　标定过程

（3）相机固定方式

试验过程中，镜头组支架的底座固定在升降台上，且与轴线平行，支架的升降杆与底座相互垂直，杆头水平并挂有镜头组固定装置，相机和镜头组的位置关系如图 7-17 所示。该装置保证了镜头组 X,Y,Z 三个方向的自由移动及固定，相机则被安装在专用支架上，同样能够自由进行 X,Y,Z 三个方向的移动和固定。

图 7-17　镜头组及相机的固定

(4) 进口流场拍摄方法

为了获得混流泵进口处流场，对试验管路进行了局部改造，将距离进口 40 mm 处(考虑到试验捕捉示踪粒子的距离要求和弯管对进口流场的影响)的直管改换为 90°弯管，并在弯管上开设玻璃窗，位置正对着叶轮进口，如图 7-18 所示。考虑到弯管对泵性能的影响，外特性和压力脉动试验均在直管情况下完成。

(a) PIV试验现场

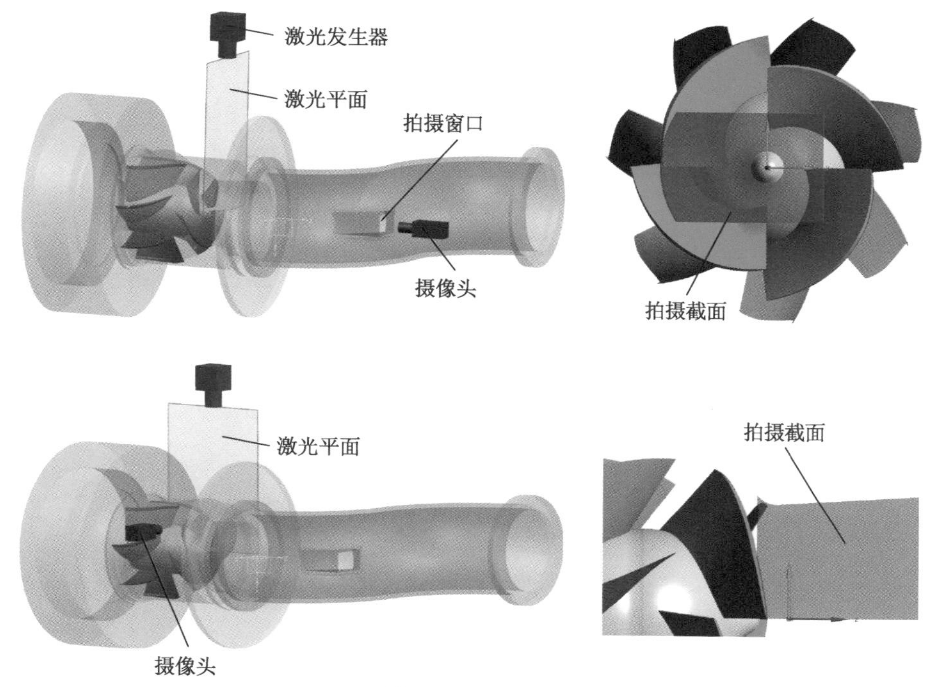

(b) 激光位置和相机位置

图 7-18 进口处 PIV 测试图

(5) PIV 数据同步采集方法

通过软件自编程序制作混流泵瞬态 PIV 同步触发及转速输出系统，软件操作界面如图 7-19 所示。将同步触发控制器加电，用 USB 线把控制器和计算机连接起来。在参数配置界面，把串口设置为 COMx 打开，在发送数据窗口输入“31 31 31 31 0D 0A”，然后点击发送数据，在同步器已经有触发脉冲输出的情况下，接收数据窗口会显示接收到的同步脉冲输出时的转速信息，数据格式为{xxx:yyy.zzz,AAAA,BBBB,CC}，其中，xxx 表示输出脉冲个数，最大为 999，超过后从 0 开始；yyy.zzz 表示脉冲输出时内部时钟值，yyy 单位为 s，zzz 单位为 ms，超过 999.999 后从 0 开始；AAAA 为前一脉冲输出到当前脉冲输出时的平均转速，BBBB 为系统的稳定转速(进行了滤波处理，不能作为瞬时速度)；CC 表示当前输出脉冲分频数。通过同步器输出的瞬时速度作图，拟合一条升速曲线，就可以获得输出脉冲时的真实瞬时速度。

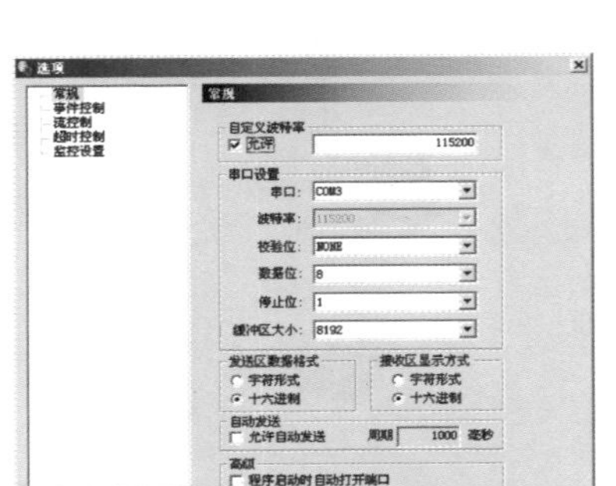

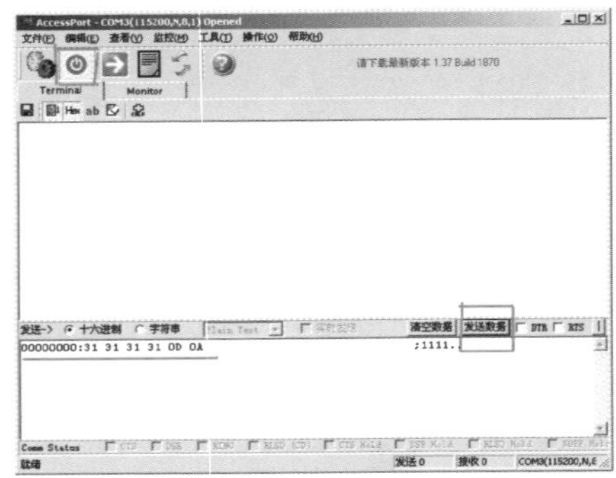

图 7-19 PIV 同步触发及转速输出系统界面

7.5.2 试验结果及分析

PIV 试验中，分别对混流泵进口垂直轴截面、进口轴截面、叶轮与导叶间隙，以及导叶内部流场进行了拍摄，拍摄区域的示踪粒子效果如图 7-20 所示。

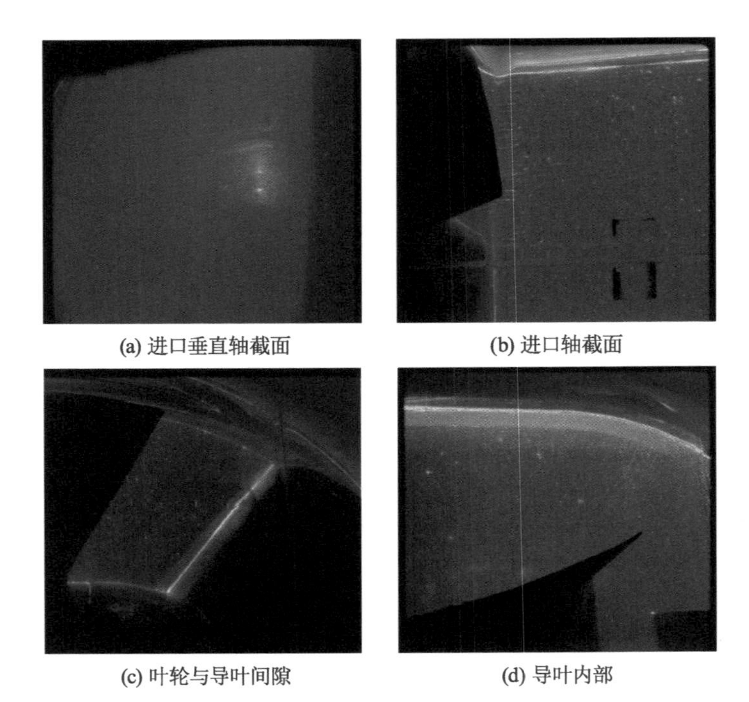

(a) 进口垂直轴截面　(b) 进口轴截面

(c) 叶轮与导叶间隙　(d) 导叶内部

图 7-20 PIV 试验示踪粒子效果图

（1）瞬态工况下 PIV 测试结果

研究混流泵启动过程中的瞬时速度，有助于揭示混流泵启动过程的内流机理，并帮助揭示其瞬态外特性的原因。因此，需要对叶轮进口垂直轴截面、进口轴截面和导叶内部某一截面上的瞬时速度随时间（转速）的变化过程进行详细分析。

① 进口垂直轴截面流场 PIV 测量结果与分析

获得混流泵启动过程叶轮进口垂直轴截面上瞬时速度的变化过程如图 7-21 所示。试验中混流泵从 0 加速启动到 1 450 r/min 转速时设置启动时间为 1 s，实际完成时间为 1.35 s。在启动过程中，PIV 设备采集的第 1 组数据是转速 $n=189$ r/min 时的瞬时流场。如图 7-21a 所示，在启动初期，进口横截面上的速度分布不均匀且被低速流动占据了大部分区域，在截面外缘处由于叶轮的旋转使得附近的流动速度较大，为 0.8～1.3 m/s，该速度约为轮毂处流动速度的 3 倍以上，流动呈现从中心向四周发散的趋势。图中三个椭圆位置间的相互角度约为 90°，该处速度较低，应是由于流体流动过程中与叶片进口边发生冲击所致。随着转速增加至 $n=993$ r/min，轮毂周围的低速区逐渐消失，高速区域始终靠近截面外缘区域，同时在 PIV 拍摄面左下角出现一个与叶轮旋转方向相反的旋涡；当转速达到 $n=1\ 445$ r/min 时，整体速度分布均匀，基本无明显旋涡出现，液流最高流速达到 2.45 m/s，同时叶轮轮毂附近中心区域的流速也增加到 0.8 m/s 左右。结合其瞬态外特性结果可以发现，此时泵的扬程较高，实际运行流量也较大，截面上的内部流场分布较为均匀。

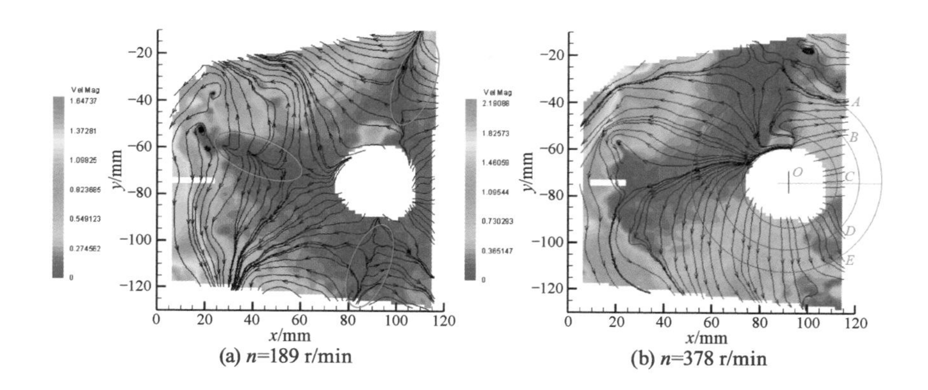

(a) n=189 r/min　　(b) n=378 r/min

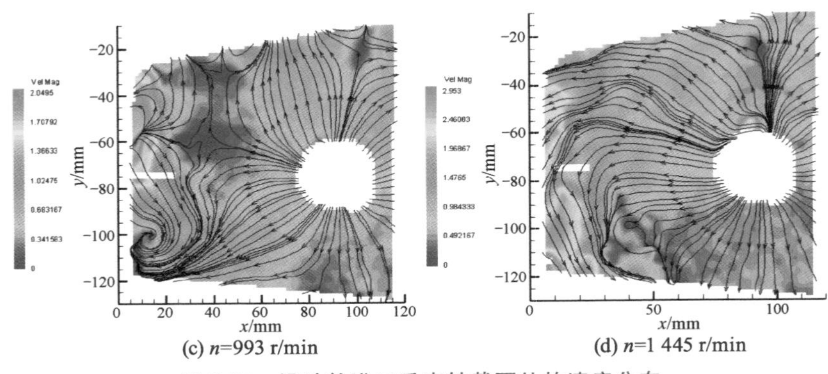

(c) n=993 r/min　　(d) n=1 445 r/min

图 7-21　沿叶轮进口垂直轴截面处的速度分布

对比 4 个转速下的内部瞬变流场，随着叶轮旋转加速，整个进口截面的流动呈现出明显的卷吸效应，液流从轮毂中心处不断涌向叶轮进口，叶轮旋转加速度快速转化为压能，引起外部瞬时扬程快速上升，内部瞬态流动和外特性同时表现出强烈的非定常效应。由于 PIV 试验时，进口水管向右侧弯曲，导致入流时液流方向发生近 90°的改变，在管道左侧产生了一个瞬时高速区，并出现少量涡动，在转速稳定后，弯管影响逐步减小。

对比分析 PIV 测试结果与数值模拟结果，如图 7-22 所示。在不同转速下，PIV 测试与数值计算的进口截面流动总体呈现相同的运动趋势，由于数值计算时进口来流均匀且平行于轴向，在叶轮加速过程中叶轮对来流卷吸作用呈现对称分布，而试验中来流方向并不完全平行于轴向，形成部分旋涡流，在 n=993 r/min 时尤为明显。随着转速趋于稳定，PIV 测试结果与数值计算结果基本一致。

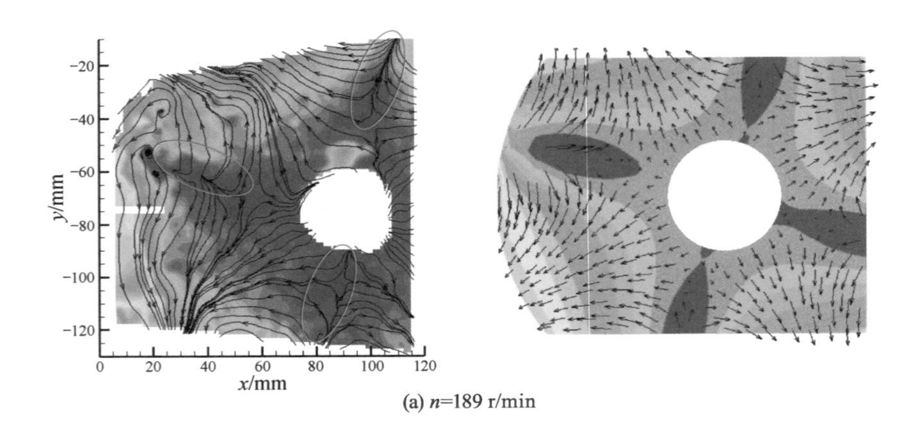

(a) n=189 r/min

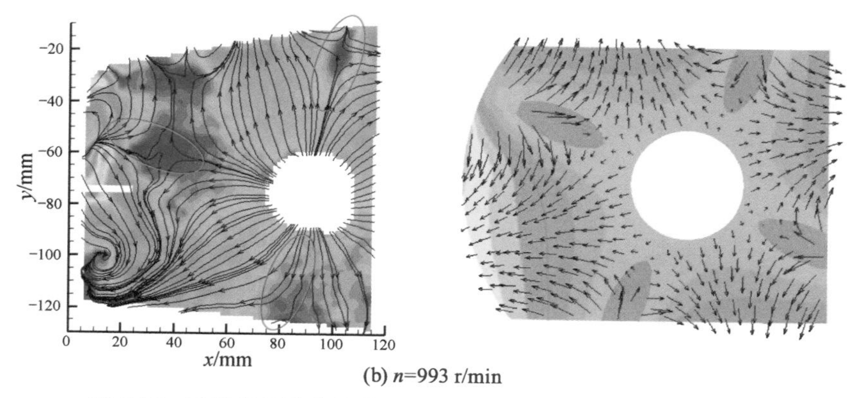

(b) n=993 r/min

图 7-22 叶轮进口垂直轴截面 PIV 试验(左)与数值计算(右)对比

以轮毂的轴(92,－75)为中心绘制一系列圆,其半径分别为 r＝23,33,43 mm,获得三个圆中 CC,BD 和 AE 段圆弧上的相对速度分布,如图 7-23 所示。图 7-23 b－d 中横坐标为圆周角度,纵坐标为速度值。对比三个圆环上的速度分布可知,当 r＝23 mm 时,随着转速的增加,各点液流速度不断增加,但由于该圆环最靠近轮毂壁面,各个转速下相对速度分布较平稳。圆周角在 50°～100°区间内,可能是由于轮毂面的光线反射,形成一个相对速度分布较大的区域。随着圆周半径增大,在启动初期 n＝189 r/min 时,沿圆周方向速度分布较为平稳,波动幅度相对较小;当叶轮转速达到 378 r/min 和 993 r/min 时,由于处于流量快速上升的第二阶段,叶轮做功较为充分,叶片对流场的扰动效应较为明显,导致沿圆周方向的速度分布极不均衡;当叶轮转速达到1 450 r/min 时,进口轴截面上的相对速度进一步增大,沿圆周方向的不均衡程度有所减弱。

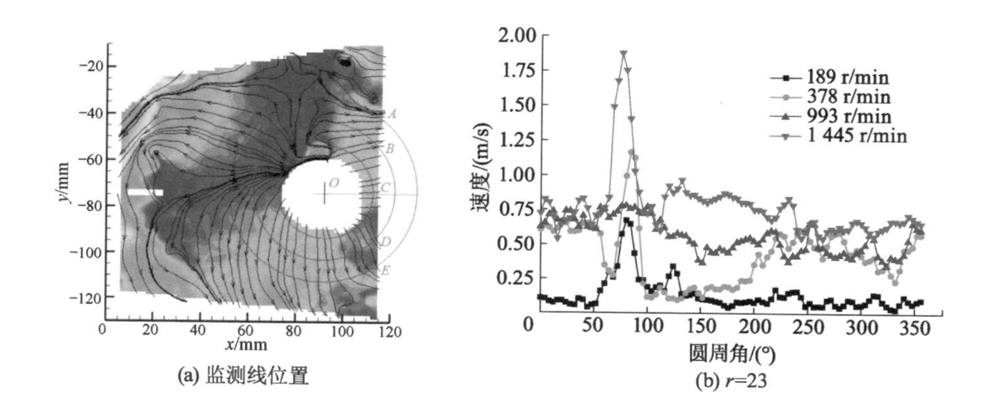

(a) 监测线位置

(b) r=23

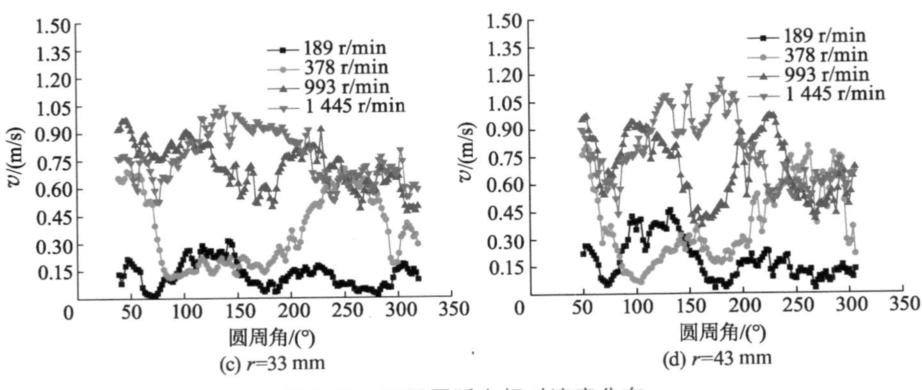

图 7-23　不同圆弧上相对速度分布

② 进口轴截面流场 PIV 测量结果与分析

图 7-24 所示为进口轴截面上的速度分布。由于每次 PIV 试验过程中，泵的起始位置并不统一，而只有当泵轴转过某一固定位置时，轴编码器才会发出一个脉冲激发相机拍摄。因此，从根本上说每次启动过程 PIV 试验中的测量转速并不会完全一致。在进口轴截面处，PIV 设备采集的第 1 组数据是转速 $n=3$ r/min 时的瞬时流场。从图中可以看出，在泵刚刚启动时，由于叶轮的突然转动造成叶轮进口处流体的涡动，此时叶轮速度相对较慢，低速区覆盖进口处大部分区域，低速区流动速度分布在 0～0.23 m/s 之间，部分流动呈现势流状态，由此导致瞬时压力增高，无量纲扬程出现极大值。随着转速的快速变化，进口处流场的涡动减弱并向壁面扩散，当转速超过 356 r/min 后，进口涡动流场基本消失，在叶轮进口边从轮缘到轮毂处形成高速流动区域，且外缘的速度略高于轮毂轴线处；端壁面边界层从层流向湍流不断发展，在轮毂处和端壁区形成明显的低速区域；整个流道内液流水平流向叶轮进口，平均流速为 2.65 m/s，叶轮的卷吸效应并不明显，泵的流量缓慢上升。当转速超过 749 r/min 后，由于叶轮的不断加速，叶片的速度要明显高于流体的速度，流体在惯性力的作用下相对叶片有从轮毂向轮缘运动的趋势，使得在叶轮进口边外缘形成的高速区域沿径向扩大，进口端壁面的低速区面积逐渐减小，叶轮的瞬态卷吸效应逐步明显，泵的流量和扬程实现快速上升。当转速增至 1 445 r/min 时，高速区域在 Y 方向缩短，在 X 方向加粗，高速流动区域的面积随着转速的增大而不断增大，叶轮加速的卷吸作用更为显著，大部分流体在远未到达叶轮之前已呈现从轮毂向轮缘运动的趋势，此时轴截面内的最大速度增至 6.47 m/s，逐步达到流量快速上升期的峰值，外部特性呈现出流动惯性产生的瞬时冲击扬程。随着转速趋于稳定，加速过程结束，混流泵

内部流动趋于平稳，截面内的流动变得非常有规律，启动过程瞬态效应消失。

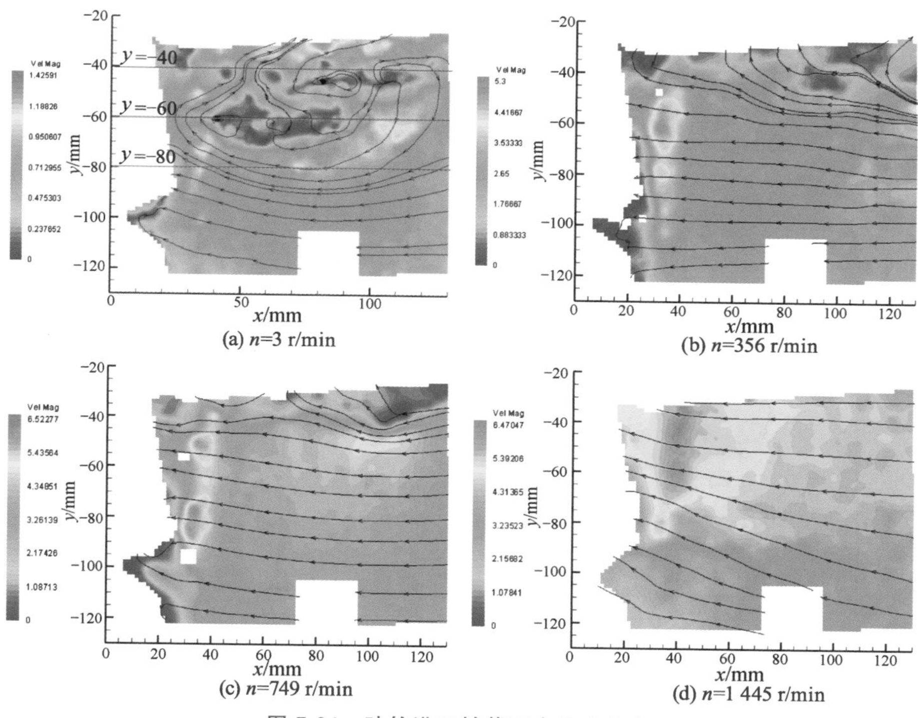

图 7-24　叶轮进口轴截面内速度分布

获得沿进口轴截面上监测线 $y=-40$ mm，$y=-60$ mm，$y=-80$ mm 上的相对速度分布，如图 7-25 所示。图 7-25b－d 中横坐标为圆周角度，纵坐标为速度值。在启动初期 $n=3$ r/min 时，由于叶轮刚刚启动，进口部分流体仍处于初始加速状态，3 条监测线上的相对速度分布值较小，监测线 $y=-60$ mm 上的部分流动呈现势流状态。在圆周角为 20°～40°时，进口部分流体的相对速度随着叶轮转速的增加而增大，叶轮进口附近出现高速区。从 3 条监测线可以看出，由于监测线 $y=-40$ mm 和 $y=-60$ mm 的位置更靠近叶顶和端壁，因此其相对速度分布受到叶轮和边界层加速度的强烈影响。$y=-60$ mm 监测线相比 $y=-40$ mm 监测线更远离边界层，相比 $y=-80$ mm 监测线更接近叶轮外缘，因此 $y=-60$ mm 直线上流体的相对速度比其他两条监测线上的流体速度稍高；监测线 $y=-40$ mm 上是能量损失严重区域，相对速度在加速过程中波动较大，但监测线 $y=-80$ mm 上的相对速度随着转速的增加稳定上升。

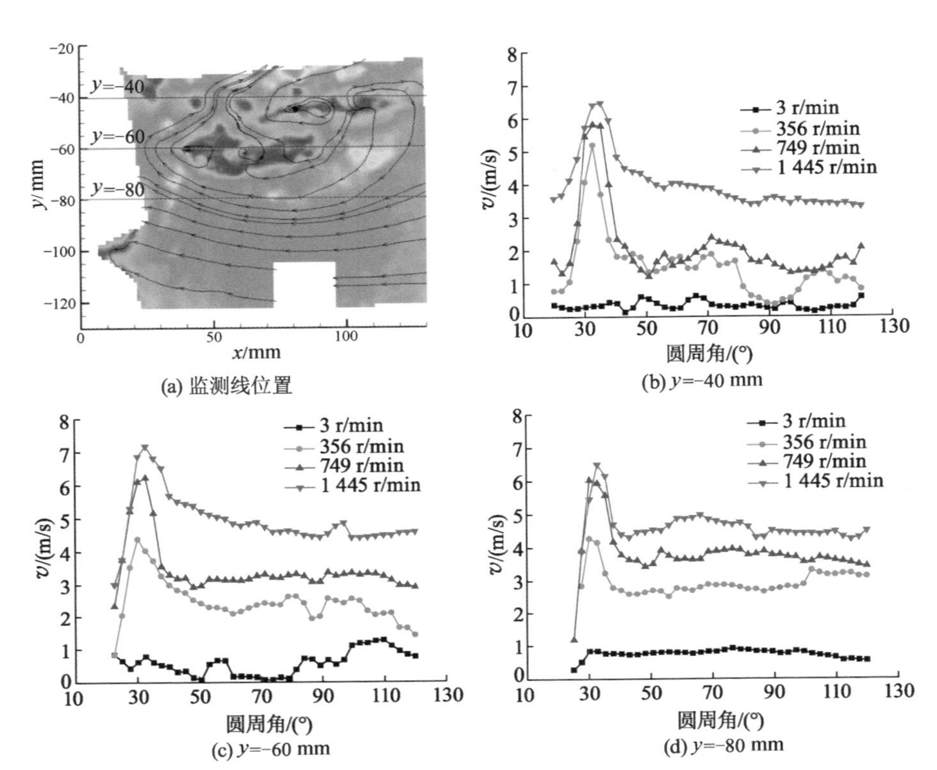

图 7-25 叶轮进口轴截面不同监测线上的速度分布

③ 导叶截面流场 PIV 测量结果与分析

图 7-26 所示为导叶内的瞬时速度场分布，导叶截面位置偏离转轴约 30 mm，PIV 试验中的空白由导叶叶片遮挡所造成，而数值计算中的空白主要是与导叶片相交所形成的。从图中可以看出，在转速 $n=585$ r/min 时，由于泵启动时间不长，叶轮速度相对较慢，叶轮对液流做功相对较少，导叶内部低速区占据大部分位置，并形成明显的涡动，流体互相掺混并进行涡能量的传递，内部流场呈现强烈的非定常性，主涡在转速增加的过程中逐渐被拉伸，形状变得扁长，在靠近轮毂处几个不同尺度的旋涡对主流形成较大影响，堵塞部分流道，致使导叶外缘形成高速区，流动速度分布在 2.15～4.29 m/s 之间。随着转速的增加，主流获得的动压能不断增大，导叶内部高速区逐步增加，主涡被分散成几个小涡并沿着流动方向发展，当速度接近稳态时，内部流动逐步趋于稳定，此时测试平面内平均速度为 3.5 m/s。对比图 7-12c 外特性曲线可知，混流泵启动过程中内部的非定常流动与瞬态外特性具有较好的一致

性，叶轮旋转加速度带来的非定常流动是导致瞬态外特性的直接原因。

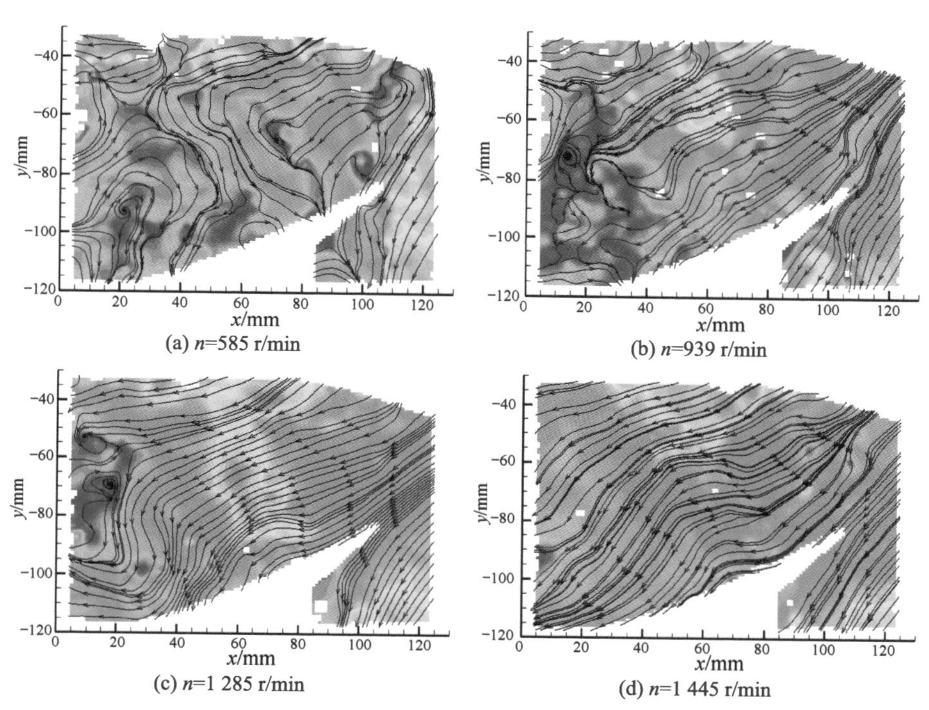

(a) n=585 r/min (b) n=939 r/min (c) n=1 285 r/min (d) n=1 445 r/min

图 7-26　导叶内部速度分布

(2) 不同启动条件对内部流场的影响

为了进一步揭示混流泵启动过程的瞬态特性及内外特性之间的联系，分别对不同启动加速度、不同稳态转速和不同管阻的三种启动方案进行 PIV 试验研究，分析不同启动条件对瞬态内部流场的影响。

图 7-27 所示为混流泵在 1 s 启动时间内转速从 0 加速到 1 450 r/min 时的瞬态内流场演化过程。试验中阀门保持全开状态，稳定流量约为该转速下的 1.2 倍设计流量，并以此启动条件下的内流场作为分析比较的基础。

从图 7-27a 中可以看出，当叶轮启动初期转速 n 在 100 r/min 左右时，其二维流线图分布较为紊乱，由于叶片外缘的旋转速度大，在流体的黏滞力作用下使得进口外缘区域速度较大，而轮毂附近速度较低，在轮毂与外缘之间形成一个明显与叶轮旋转方向相同的旋涡；当转速 n=489 r/min 时，进口轴截面上的速度明显增加，由于叶轮进口直径远小于叶轮出口直径，速度存在径向分量，使得流体速度沿着轮毂向周围发散，旋涡沿着叶轮旋转方向不断偏移并逐渐减小；在转速刚好达到稳定转速时，该截面上的速度分布较为均匀，此时旋涡已经消失，且压力梯度也逐渐减小。转速稳定阶段测试平面内平均流速为 1.8 m/s。

从图 7-27b 中可以发现，叶轮和导叶间隙流动的瞬态特性也十分明显，由于存在着动静干涉，在转速为 $n=100$ r/min 时整块区域就被分成不同的高速区域和低速区域，高速区域流动速度分布在 1.17～2.55 m/s 之间，低速区域最大流动速度为 0.85 m/s。此时由于叶轮做功小、扬程低，使得流体不能完全克服管阻进行循环，间隙内的流体出现堵塞和涡动，流场较为复杂。由于叶轮外缘的流体能量大于轮毂，使得叶轮出口以后的流体偏向外缘方向，并与导叶进口的涡动相互作用，在叶轮出口外缘处形成一个逆时针旋涡。当转速增加至 $n=497$ r/min 时，叶轮做功增加，叶轮出口后的流体能量增加，叶轮外缘出口方向的旋涡逐渐消失，高速区占据更多区域，并在导叶进口中部偏下形成一个更大尺度的旋涡。当转速接近稳定转速时，其内部流场分布较为均匀，旋涡流动基本消失，平均流速增加到 3.75 m/s。仅在导叶方向外缘侧形成一个高速区域，此时所对应的外部性能曲线快速上升。

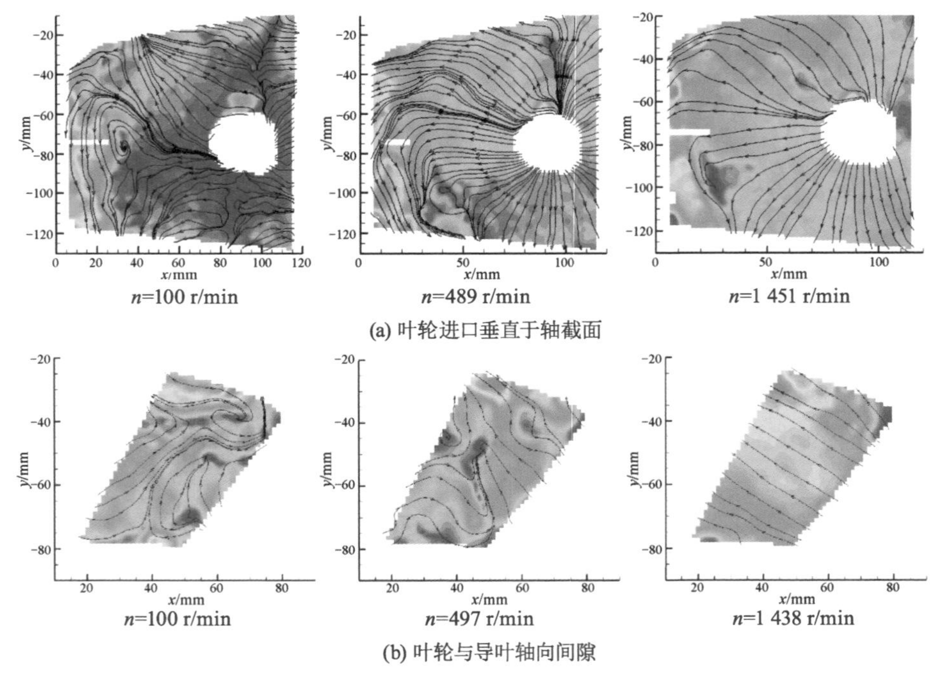

图 7-27　启动过程瞬态内部流场分布(1 450 r/min，阀门全开，1 s)

① 不同启动加速度对瞬态流场的影响

为研究泵启动时间对内部瞬时流场的影响，这里给出启动时间为 2 s 时相同稳定转速和阀门开度状态下的 PIV 测试瞬态流场分布，如图 7-28 所示。

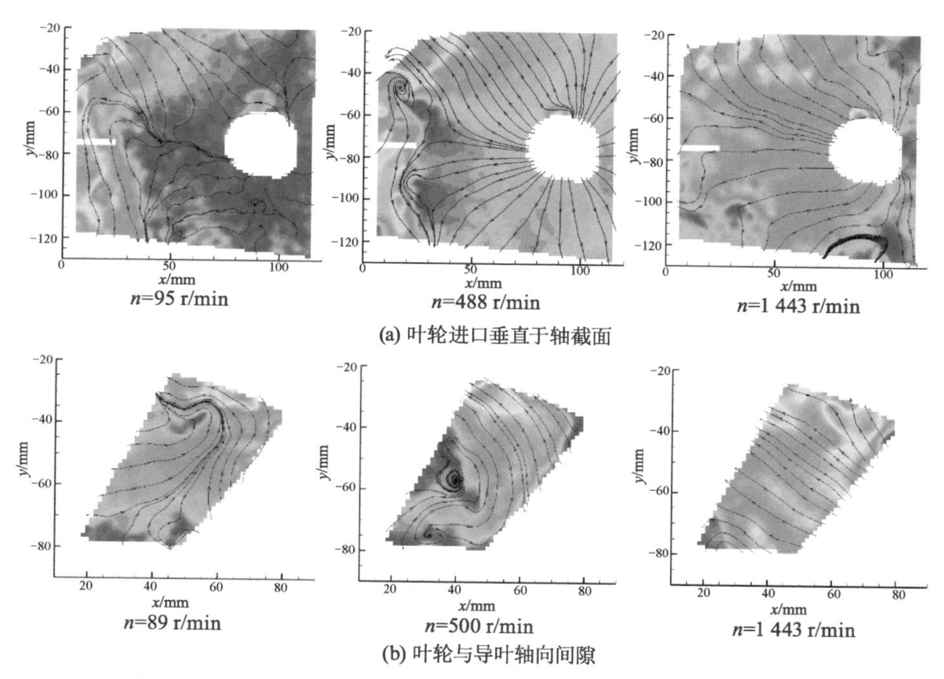

图 7-28 启动过程瞬态内部流场分布(1 450 r/min,阀门全开,2 s)

从图 7-28a 中可以看出，叶轮进口轴截面上的流场变化趋势与 1 s 启动时的相似，但仍然存在很多细节上的区别。在 $n=95$ r/min 时，其内部流场分布与 1 s 启动基本一致，但由于 2 s 启动加速度小，其加速过程缓慢，流体惯性力效果表现不明显，叶轮对流体的瞬时冲击小，并未出现 1 s 启动时的旋涡，流体平均流速为 0.46 m/s，外部特性表现为扬程上升速度落后于 1 s 启动过程。在转速 $n=488$ r/min 时，外缘的速度较大，流场均匀地从轮毂向外缘发散，无明显旋涡，均匀程度优于 1 s 启动情况。对比叶轮与导叶轴向间隙内部流场，从图 7-28b 中可以看出，在启动初期，2 s 启动的情况下，截面处靠近导叶一侧只有一个旋涡，该旋涡方向为逆时针旋转。在转速为 $n=500$ r/min 时，旋涡向下偏移尺度明显减小，因旋涡影响，大部分流出叶轮的流体沿着外缘方向流入导叶内部，流线较 1 s 启动更为光顺，同时在左上角处形成一个高速区域。随着转速的增加，流动逐步趋于稳定，瞬态效应消失，外部特性呈现出明显减弱的瞬时冲击扬程。

② 不同稳态转速对瞬态流场的影响

图 7-29 所示为 1 s 内启动到 750 r/min 转速时阀门全开情况下的瞬态内部流场分布。从图中可以看出，在叶轮进口垂直轴截面位置的流场变化趋势与稳定转速为 1 450 r/min 时接近，而叶轮与导叶轴向间隙截面的流场存在较大不同。

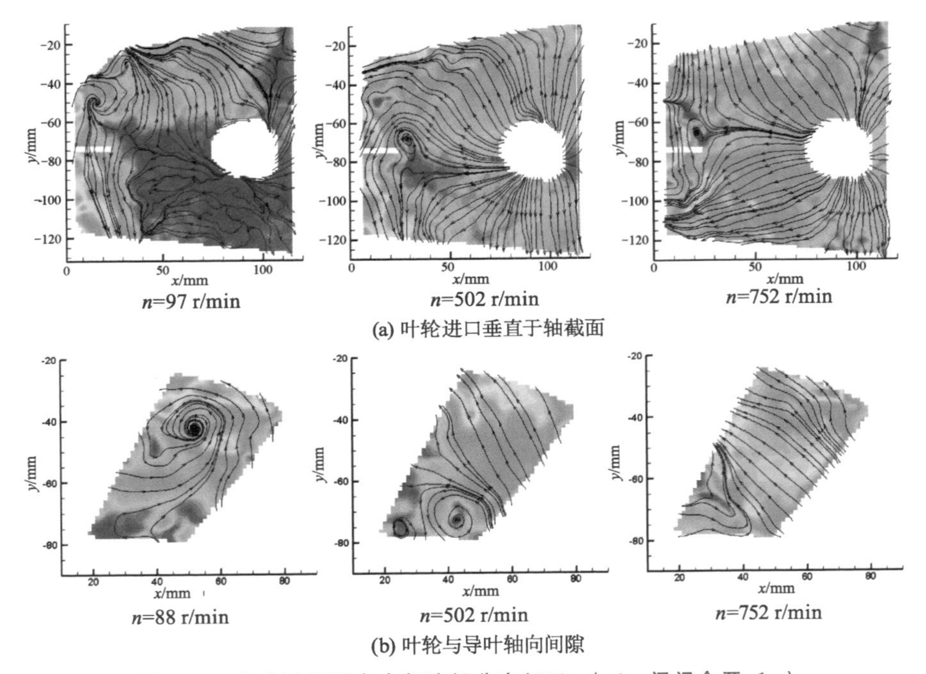

图 7-29 启动过程瞬态内部流场分布(750 r/min，阀门全开，1 s)

在进口垂直轴截面上，由于启动初期转速低，流场呈现 1 450 r/min 稳定转速下的分布趋势，外缘流体受叶片扰动较大，但未出现大尺度旋涡，因角加速度减小一半，在 $n=502$ r/min 之前，整体速度更为均匀，但区别不明显。当转速 $n=752$ r/min 趋于稳定后，流场较 1 450 r/min 稳定转速的流场更为紊乱，平均流速为 0.54 m/s。比较叶轮与导叶轴向间隙内的流态分布，在 $n=88$ r/min 时，截面出现一个明显的逆时针方向旋涡，主要是由于转速较低，仅叶轮外缘部分的流体能够克服一定的沿程阻力向前流动。当转速 $n=502$ r/min 时，外缘附近的旋涡消失，而在叶轮出口一侧轮毂处出现明显的旋涡，这可能是由叶轮内部轮毂处的脱流造成的；当转速接近稳定转速时，流场分布没有

1 450 r/min 稳定转速时好，在导叶进口靠近轮毂处存在明显的回流旋涡，叶轮外缘出口处存在较大的偏流现象。

③ 不同管路阻力对瞬态内流场的影响

图 7-30 所示为 0.8Q 流量下 1 s 启动到 1 450 r/min 转速时的 PIV 内部流场分布。从图中可以看出，阀门开度较小，管路阻力大，造成启动瞬态特性要早于阀门全开工况下发生。在转速接近 n=507 r/min 时，叶轮进口垂直轴截面和叶轮与导叶间隙处均出现大尺度涡流，瞬态效应明显。随着转速的进一步增加，间隙流场中的旋涡有向下运动且逐步减弱的趋势，不同管阻下涡流强度减弱的速度有一定差异。因此，管路阻力大，瞬态内流场表现为多种尺度旋涡的碰撞和演化，造成能量消耗，水力损失较大。结合瞬态外特性试验，管路阻力大，加速完成时将产生较大的瞬态负载冲击，使得输入转矩明显增加。

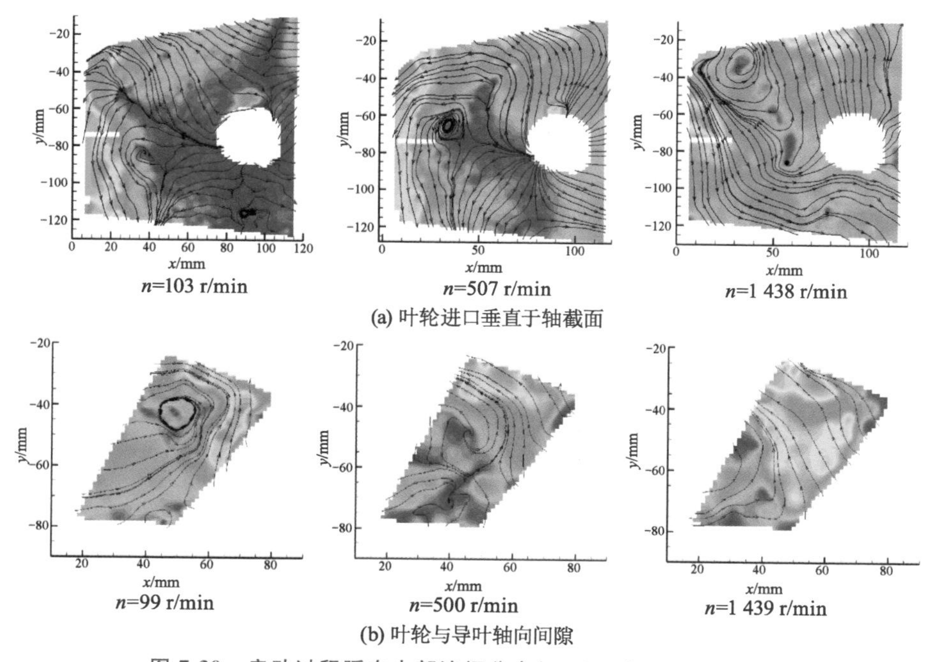

图 7-30 启动过程瞬态内部流场分布(1 450 r/min，0.8Q，1 s)

7.6 压力脉动试验

7.6.1 试验方法

(1) 压力脉动监测点布置

为了研究混流泵启动过程瞬态流动带来的压力脉动特性及导叶与叶轮相互干涉诱发的压力脉动特性,试验重点考察叶轮进口、叶顶间隙、叶轮出口、导叶进口、导叶出口及泵装置出口的压力脉动特性。布置 6 个压力监测点,分别采集不同位置的流态信息,以捕捉引发叶轮和导叶低频振动的水压脉动源,监测点位置如图 7-31 所示。测试现场布置如图 7-32 所示。

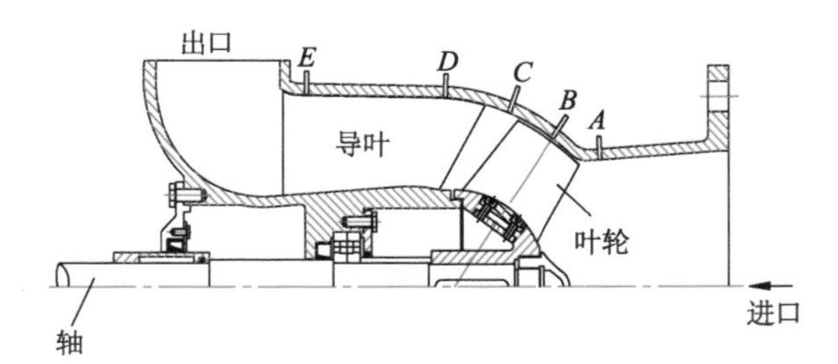

图 7-31 压力脉动监测点位置

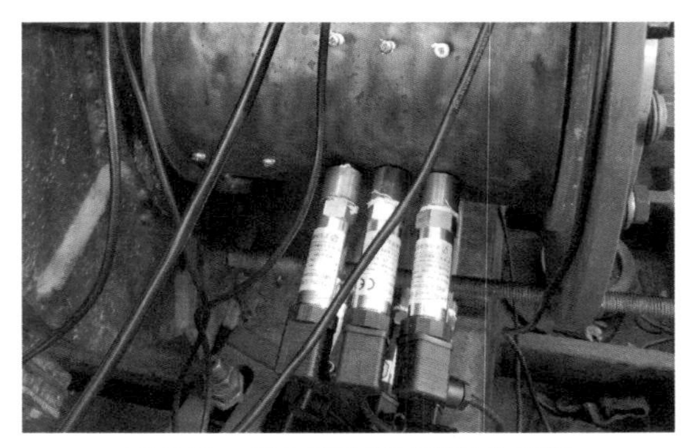

图 7-32 压力脉动测试现场布置图

(2) 试验过程及数据采集

通过变频器调节泵的转速,通过出口阀门调节试验流量,在 0 流量到 1.2Q 范围内选取若干个流量工况点,并同步采集各监测点位置的压力脉动信号。试验数据采样频率为 17 400 Hz,采样时间为 1 min,设置低通滤波,截止频率为 6 796 Hz。

（3）数据处理

进行压力脉动采集数据处理流程如图 7-33 所示。数据处理自编程序框图如图 7-34 所示。通过抗混叠滤波器（Anti-alias Filter）对模拟信号进行离散化，采样频率大于 2 倍最高频率，截止频率（f_c）＝采样频率（f_s）/2.56。通过小波去噪将信号映射到小波域，根据噪声和噪声的小波系数在不同尺度上具有不同的性质和机理，对含噪信号的小波系数进行处理。利用傅里叶变换的方法对振动的信号进行分解，并按频率顺序展开，使其成为频率的函数，进而在频率域中对信号进行研究和处理。

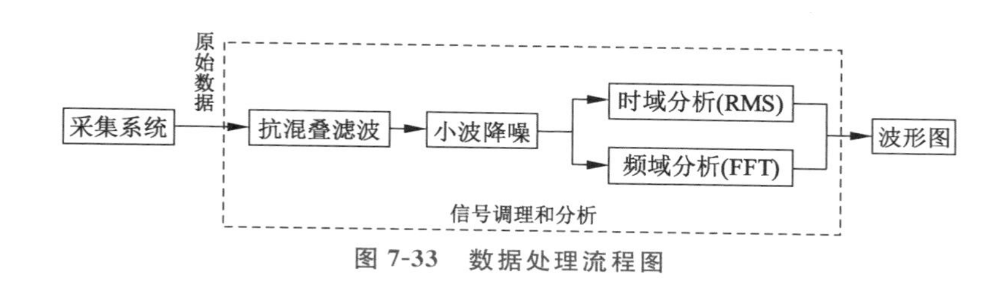

图 7-33　数据处理流程图

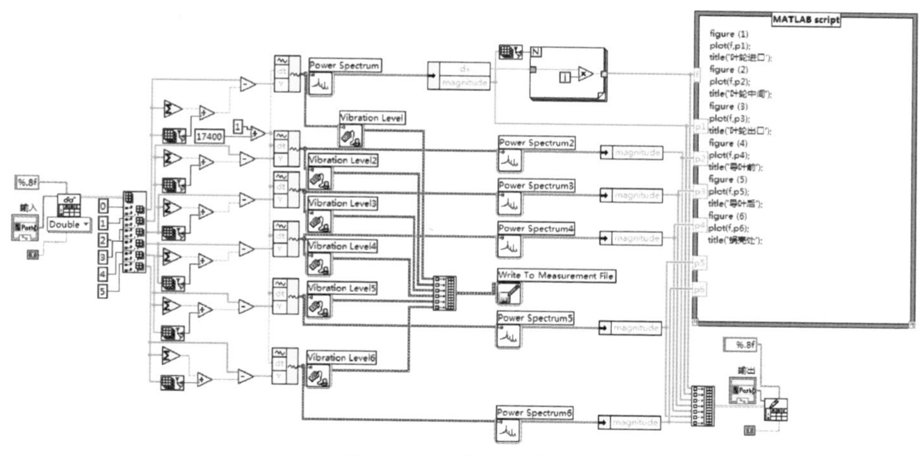

图 7-34　自编程序框图

7.6.2　试验结果及分析

（1）稳态压力脉动试验结果

图 7-35、图 7-36 所示分别为混流泵在 1 450 r/min 转速设计工况下各点的压力脉动时域图和频域图。从图中可以看出，在叶轮进口处一个叶轮旋转

周期内有 4 个波峰，与叶轮叶片数相同，即压力脉动的周期 $T=90^{\circ}$，且波动呈现出类似正弦波的周期性，动静干涉作用明显，与内流场分析结果吻合。在叶顶间隙中间位置，压力脉动强度最大，脉动呈现强耦合性。同时，由于叶顶泄漏涡的存在，压力脉动的幅值处出现了两个小的波峰；叶轮前后较大的压差也使得压力波动出现急速下降和上升现象，这与第 3 章中压力脉动数值计算结果一致。随着叶轮旋转对内部流场的影响逐步减弱，在导叶间隙和导叶出口处压力波动虽出现一定的周期性，但叶片通过频率已不占据主导作用。在泵装置出口处，叶轮旋转周期内压力波动呈现一定的周期性且幅值较大，可能是由于泵装置出口面积小于环形蜗室截面积，因此环形蜗室内部的多种尺度旋涡在出口处发生碰撞并进行动静压转换，导致较大的压力脉动。对比试验测试的压力脉动，数值计算压力脉动的压力系数和脉动趋势与试验保持了较好的一致性，在叶轮区域均有 4 个明显的波峰和波谷。

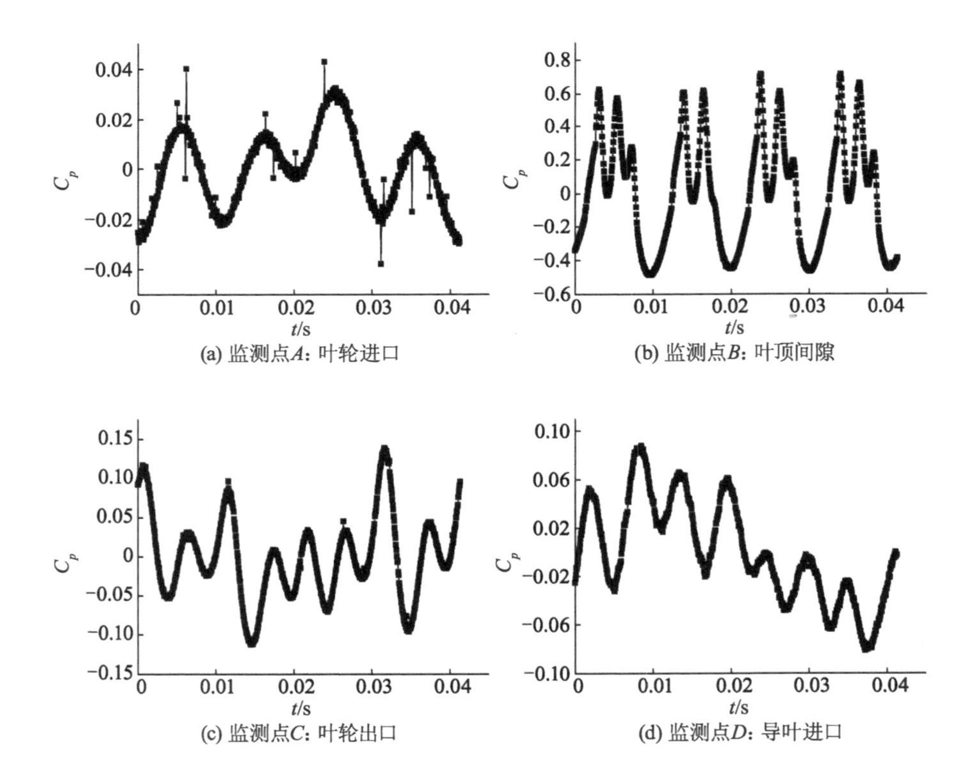

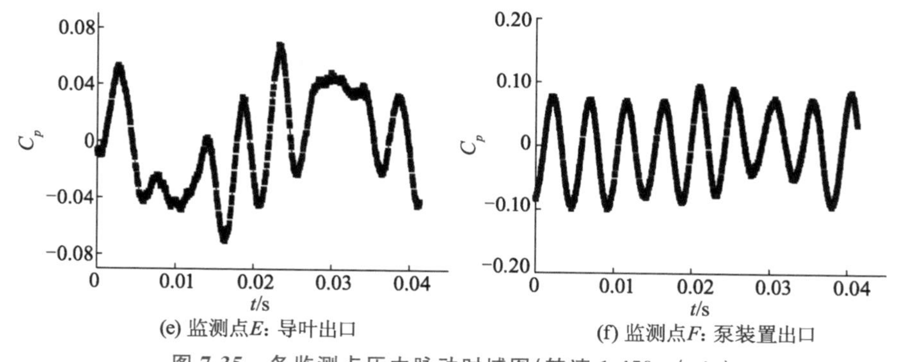

(e) 监测点E: 导叶出口

(f) 监测点F: 泵装置出口

图 7-35 各监测点压力脉动时域图(转速 1 450 r/min)

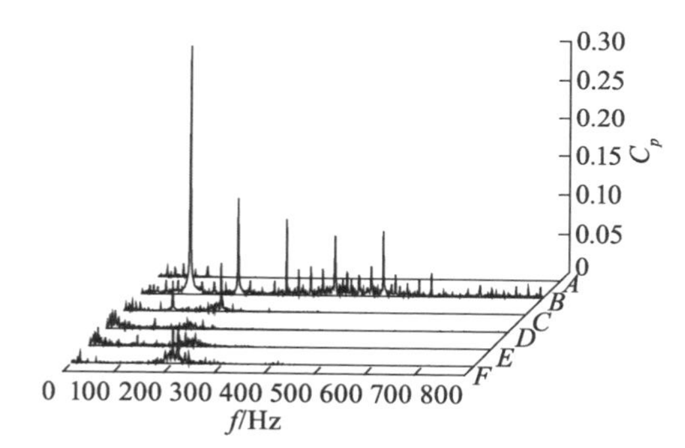

图 7-36 各监测点压力脉动频域图(转速 1 450 r/min)

压力脉动时域数据通过快速傅里叶变换(FFT),可以获得谐波分量的幅值,得到对应的压力脉动频域分布。叶轮的转速为 $n=1\ 450$ r/min,则转频为 24.17 Hz,叶轮叶片数 $Z=4$,叶片通过频率(即叶频,BPF)为 96.67 Hz。在流体的压力脉动中,叶轮叶片对流体的影响频率应为转频的 Z 倍。从压力脉动频域图中可以看出,点 A,B,C 处压力脉动的主频均约为 95 Hz,即叶频的一倍频;次主频为 190 Hz,即叶频的二倍频。对比脉动幅值,在点 B 处,即叶轮叶顶间隙处脉动幅值最大,且由此处向两侧逐渐衰减。同时在点 D,E,F 处,压力脉动的主频变为叶频的二倍频。进入导叶后,随着速度能逐渐转换为压力能,叶轮转动的影响逐渐消减。从频域图中也可以看出,数值计算与试验结果保持了较好的一致性,脉动频率均为转频或叶频的整数倍。

(2) 瞬态压力脉动结果

① 瞬态脉动时域分析

进行启动过程瞬态压力脉动测试研究,混流泵在 2 s 时间内从 0 启动到 1 450 r/min 转速下 6 个监测点的压力波动低频信号如图 7-37 所示。从图中可以看出,随着转速的增加,在 0～0.4 s 内各点的压力变化不大,并均滞后于转速的变化。0.4 s 以后,随着转速的增加,各点压力出现明显变化:进口处的压力迅速下降,压力脉动幅值也不断变大,在到达稳定转速后,压力值有一个微小的回升,随后趋于稳定并出现与稳态工况相似的周期性波动。在叶轮中间和叶轮出口处,压力随着叶轮转速的增加迅速上升,在叶轮中间点处的压力值几乎与转速同时达到最大值,与叶轮转速保持了较好的同步性;叶轮出口处的压力上升速度最快,压力值最大,并在达到稳定转速时有明显的压力冲击,这是引发瞬时冲击扬程的主要原因。在导叶间隙、导叶出口和环形蜗室出口处,当转速稳定后,各点压力变化均稍微滞后于转速变化并小于叶轮出口处的压力值,这是由于流道内液体压力传递存在一定的时间差且损失了部分能量造成的。

随着转速的增加,各点压力脉动的幅值也不断增加,叶顶间隙处的瞬态幅值大于其他任何点。研究表明,在叶轮顶部区域,启动过程瞬态压力脉动的幅值最大,压力值从最大值回落到稳定转速的落差最大,瞬态效应最为明显。因此,叶轮叶片是启动过程瞬态特性研究的重要部位。

同时,从图 7-37 中可以还看出,在转速稳定后监测点 E(导叶出口)处的压力明显高于监测点 F(泵装置出口)处的压力,说明环形蜗室水力损失较大,损失接近1 m。其中泵进口压力(p_A)和泵装置出口压力(p_F)的压差 p_F-p_A 曲线显示了泵启动过程瞬态扬程变化趋势,在启动期结束时,由于叶轮旋转加速带来的流动惯性影响产生了瞬时压力冲击,这与动态外特性试验测试结果一致。

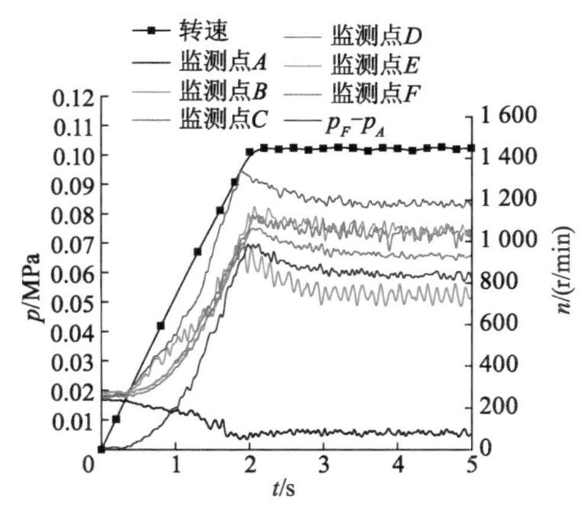

图 7-37　各监测点的瞬态压力脉动(启动时间 2 s,转速 1 450 r/min)

② 瞬态脉动小波分析

混流泵启动过程产生的压力脉动呈现非周期性波动，为非平稳脉动信号，因此，传统的傅里叶变换已无法表示脉动压力的频谱特性。为了更好地描述启动过程各频率段的幅值大小和变化趋势，采用小波变换对各监测点瞬态压力脉动进行小波分解。由于叶轮和导叶动静干涉是影响压力脉动不可忽视的因素，因此考虑将导叶叶片数的运行叶频(670 Hz)作为小波分频的依据。小波变换采用基本小波为 db4，尺度为 6，其中低频 cA6 频带为 0～270 Hz，高频 cD1，cD2，cD3，cD4，cD5，cD6 频带分别为 8 700～17 400，4 350～8 700，2 170～4 350，1 080～2 170，540～1 080，270～540 Hz；根据工程经验，取 1/4 倍(cD3 之前)频段测试数据较为可靠。因此，只对低频系数 cA6 和高频系数 cD4，cD5，cD6 进行分析。各监测点瞬态压力脉动小波分析如图 7-38 所示。其中 cA6 特征频率为转频，主要反映了叶轮内稳态压力的变化情况，cD4，cD5，cD6 主要反映了各种尺度旋涡、边界层分离、湍流扰动等因素对压力脉动的影响，cD4 特征频率为多倍转频，cD5 和 cD6 特征频率为 Z 倍叶频。

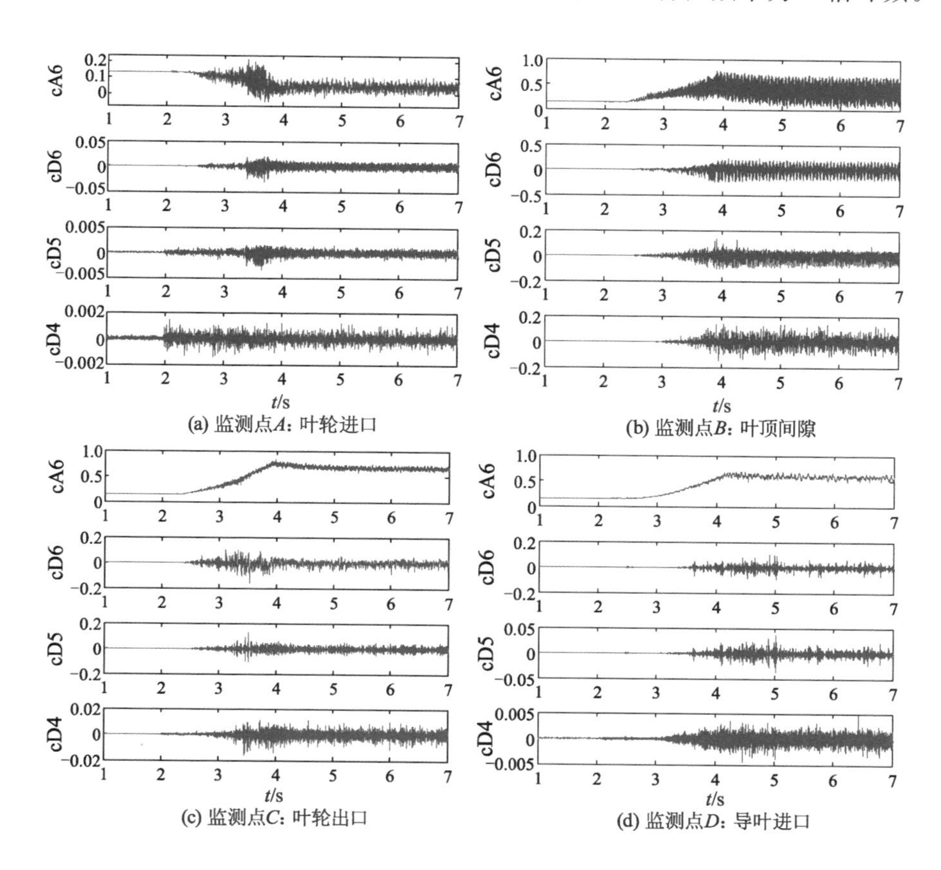

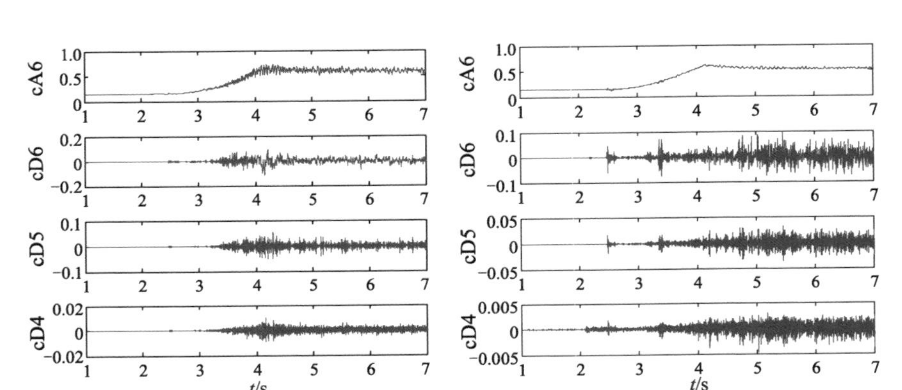

图 7-38　各监测点瞬态压力脉动小波分析图(启动时间 2 s,转速 1 450 r/min)

从图 7-38 中可以看出,各监测点压力均呈现出一定的瞬态效应。cA6 段随着转速的增加,压力脉动幅值不断增大,进口处压力迅速下降,并在转速达到最大值后有一个压力回升,相对于最小压力处,表现出明显的瞬时冲击效应。其他各点压力均迅速升高,在点 B 处显现出明显的水流冲击。在 cD6—cD4 段的变化上,由于加速产生了较大的瞬时负载冲击,引发了多种尺度旋涡的生成和发展,湍流的加剧导致脉动幅值的增大(3～3.8 s 处)。当加速完成后,各种旋涡在流道内传播,不稳定的状态仍然存在,直到 5 s 左右,压力波动趋于稳态,瞬态效应开始消失。

由于监测点的位置不同,其瞬态效应的强度也有所不同。点 B 处各段的脉动压力峰值均大于其他监测点,由于处于叶顶区,叶片的动静干涉和叶顶泄漏涡成为影响瞬态效应的重要因素;在点 D 处 cA6 段的脉动压力在加速完成后的回落程度小于点 C 处且 D6—D4 段的峰值也小于叶轮出口处的峰值;沿着液流流动方向,到达泵装置出口处,瞬态脉动幅值明显小于其他监测点。可见,随着能量的转换和消耗,瞬态效应呈现一定的衰减性。

(3) 不同启动条件下的压力脉动

为了更准确、更全面地捕捉启动过程中的瞬态压力脉动现象,分别对不同启动加速度、不同启动时间和不同转速条件下的瞬态压力脉动进行测试。考虑压力脉动测试设备的响应速度和脉动分析的需要,确定测试瞬态压力脉动的启动时间分别为 2,5,8 s,启动后的稳定转速分别为 750,1 150,1 450 r/min。

① 启动加速度对压力脉动的影响

为了对比启动加速度对各点动态压力的影响,对混流泵分别在 2,5,8 s 时间内从 0 加速到 1 450 r/min 转速过程中的瞬态压力进行测试分析,最大启动加速度为 75.9 rad/s^2。图 7-39 所示为不同加速度下的瞬态压力脉动时域图。

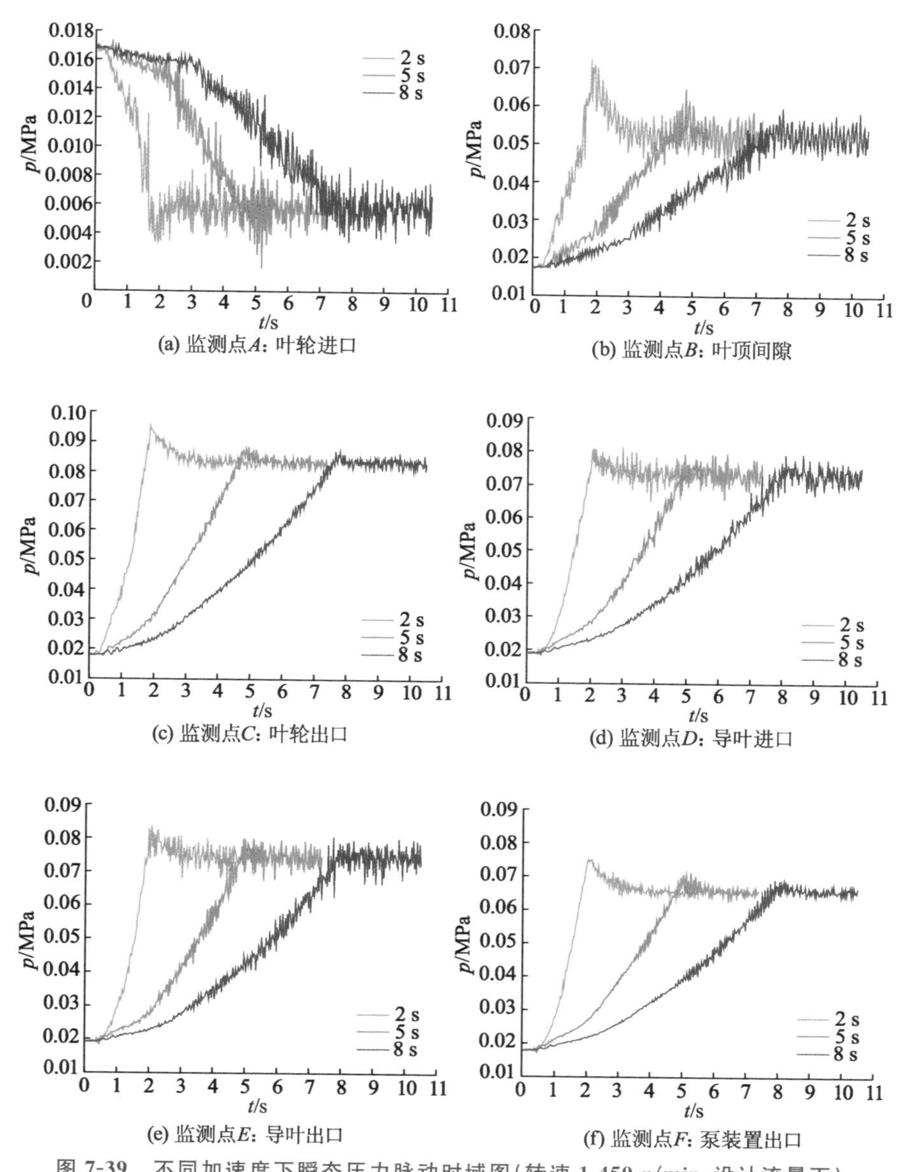

图 7-39　不同加速度下瞬态压力脉动时域图(转速 1 450 r/min，设计流量下)

从图 7-39 中可以看出，各点不同加速度下压力变化趋势基本一致。随着转速的增加，进口处压力迅速下降，并在转速到达最大值后有一个压力回升，相对于最小压力处，采用 2 s 启动时间进口压力回升约 50%，大于 5 s 启动时的压力回升值，表现出更明显的瞬时冲击效应，随后逐渐趋于稳定，从最大瞬态效应到趋于稳态的时间约为 1.5 s。采用 8 s 启动时，由于启动时间较长，进口处压力趋于稳态过程较为平缓，没有明显的压力回升，其他各点随着转速的增加，压力值迅速增大。采用 2 s 启动时间瞬态效应最为明显。

在瞬态压力的幅值变化上，结合 PIV 内流场解析可知，由于加速时会产生较大的瞬时负载冲击，内部瞬时流动表现为脉动涡在泵体内部剧烈碰撞并进行涡能量的传递，脉动压力的幅值不断增大，并且这种趋势与加速度大小直接相关，加速度越大，这种不稳定的程度就越明显，脉动压力的幅值就越大。

当加速完成后，瞬变流由于惯性在流道内继续进行能量的传递和流动结构的演化，加速度越大，这种不稳定的时间就越长。随着加速度趋近于零，流动开始趋于稳定，各点压力达到稳态后的脉动规律，此时这种启动瞬态效应开始消失。

② 管路阻力对压力脉动的影响

针对不同管路阻力下的启动特性，将出口阀门调节流量分别调至 304，380，480 m^3/h，对混流泵在 2 s 时间内加速启动到 1 450 r/min 转速的瞬态压力脉动进行测试，不同流量下的瞬态压力脉动结果如图 7-40 所示。从图中可以看出，管路阻力对压力脉动的影响较大。在小流量工况下，进口处压力随转速下降过程中有一个小的回升脉冲，这可能是因为混流泵启动后出口管路阀门调节在较小开度下造成压力损失而不能使压力跟随转速迅速降低。相反，在大流量工况下，进口处压力下降曲线没有大的波动，但由于流体冲击惯性与较大的阀门开度，瞬时压力在转速达到最大值后继续下降，持续 2 s 左右时间才逐渐趋于稳定，比其他两个工况下降幅度都大；在叶顶间隙，启动阶段压力随转速迅速上升到最大值，流阻较小时，转速稳定后该点压力迅速回落，表现出强烈的瞬态效应，且瞬态压力脉动幅值较大，结合启动过程瞬态水力特性，这种瞬态效应表现为瞬时扬程的冲击。对比各点在不同流量下的压力脉动，瞬态过程完成后，大流量工况下的瞬态效应大于其他两种工况，但其稳态压力值均小于其他工况。

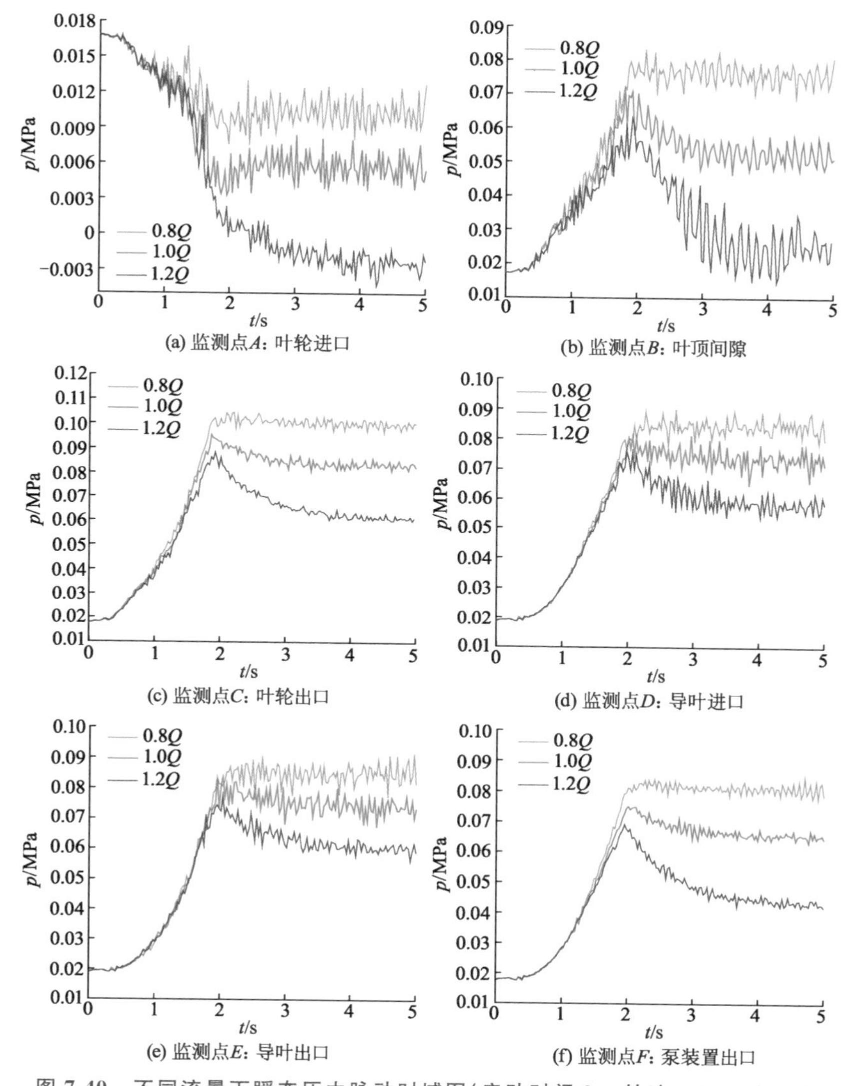

图 7-40　不同流量下瞬态压力脉动时域图(启动时间 2 s,转速 1 450 r/min)

③ 不同稳态转速对压力脉动的影响

为了研究不同稳态转速对启动过程瞬态压力脉动的影响,对混流泵在 2 s 时间内分别启动到 750,1 150,1 450 r/min 三个稳态转速下的动态压力进行测试研究。图 7-41 所示为不同转速下的瞬态压力时域图。从图中可以看出,在 0～1 s 内,动态压力变化趋势基本一致,压力脉动幅值随着转速增加逐渐变大,但在 3 种转速下,压力分别在不同时刻达到极值。由于在相同启动时间内分别加速到不同转速,泵的启动力矩不同,瞬时冲击表现出不同的瞬态效应。在1 450 r/min 转速下,瞬时冲击效应非常明显,各监测点均是在启动 2 s 后出现压力极值,且瞬态效应持续时间最长,水压冲击对管道和叶轮造成的破坏最大。当加速完成后,流动随着加速度下降开始趋于稳定,各点压力呈现周期性的脉动规律,且转速越低脉动越小,这与稳态工作过程中的小流量工况明显不同。表现在外特性上就是随着稳定转速减小,启动过程的瞬态水力性能逐步下降。

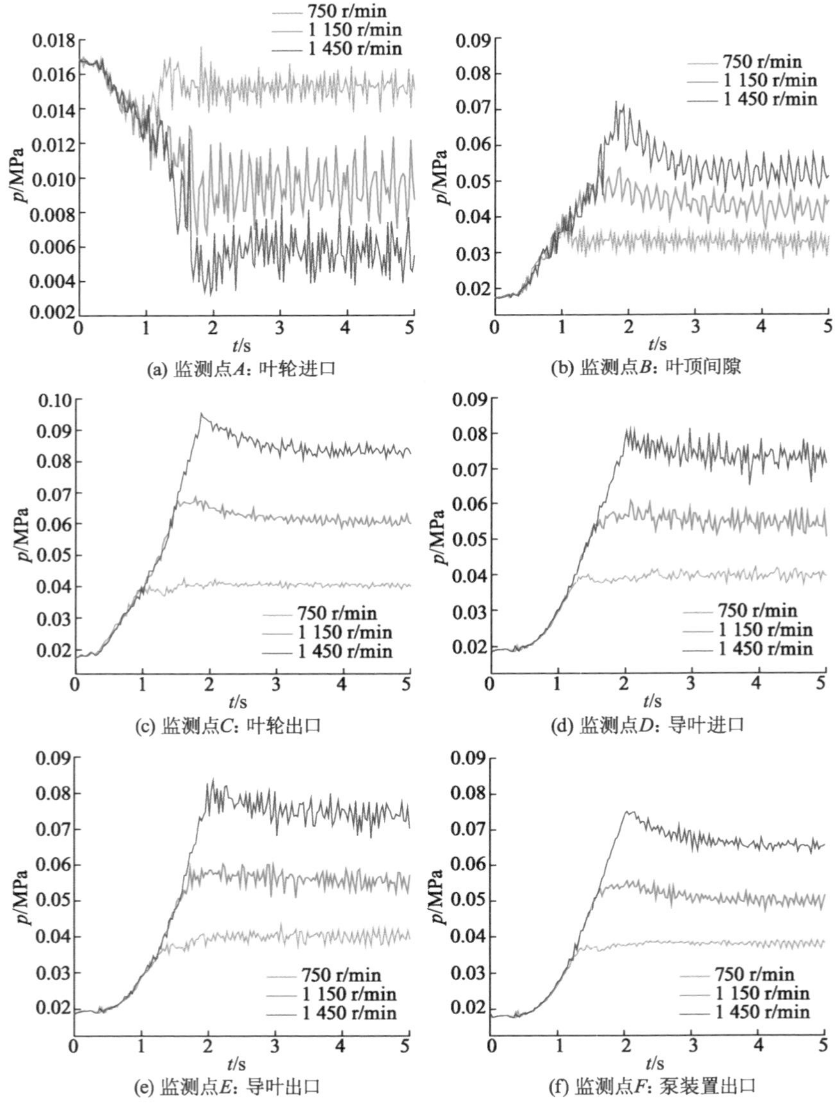

图 7-41　不同转速下的瞬态压力脉动时域图(启动时间 2 s,设计流量下)

7.7 轴心轨迹试验

7.7.1 试验方法

(1) 主轴轴心轨迹测量方法

由于混流泵转子的回转误差远远大于圆度误差，因此可以忽略转子轴的形状误差，故试验采用双向动态测量法测量轴心轨迹。这种测量方法是在主轴两个相互垂直的方向上安装传感器采集主轴的回转误差信号，也称为双坐标测量法。由于转子主轴的轴心误差运动是一个二维平面运动，因此至少需要两个传感器在主轴一横截面内同时采集数据，将各传感器的位移数据进行处理得到主轴的轴心轨迹。如图 7-42 所示，两个传感器的输出信号分别代表两个方向上回转误差运动的分量，将两组位移数据合成便能得到主轴的轴心轨迹。

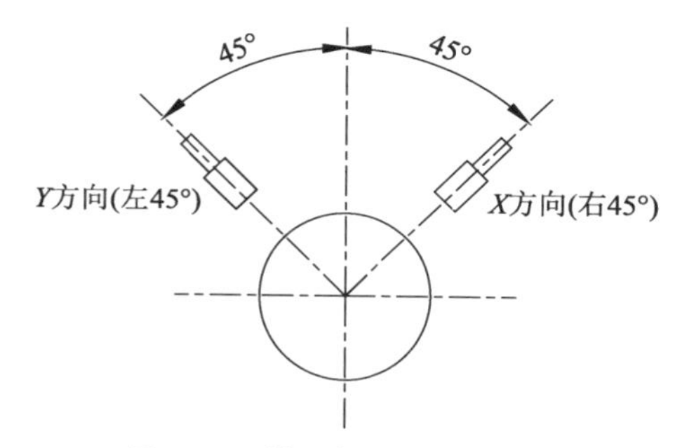

图 7-42 轴心轨迹测量原理图

(2) 信号的处理和滤波

本特利 408 数据采集系统所配置的 ADRE Sxp 软件具有信号处理和滤波功能，对于原始信号使用巴特沃斯带通滤波器(Butterworth Filter)进行初始滤波处理，巴特沃斯带通滤波器的参数如下：高通滤波器为 1～25.5 kHz，低通滤波器为 10～50 kHz，拐角频率(－3 dB)为对高通滤波器和低通滤波器有 1 Hz 的增量。巴特沃斯滤波器的特点是通频带内的频率响应曲线最大限度平坦，没有起伏，而在阻频带则逐渐下降为零。在振幅对数对角频率的波特图上，从某一边界角频率开始，振幅随着角频率的增加逐步减小，并趋向负无穷大。巴特沃斯滤波器振幅的平方对频率的关系可表示为

$$G^2(\omega)=|H(\mathrm{j}\omega)|^2=\frac{G_0^2}{1+\left(\dfrac{\omega}{\omega_c}\right)^{2n}} \tag{7-5}$$

式中：n 为滤波器的阶数；ω_c 为截止频率（大约为－3 dB 时的频率）；G_0 为直流增益（在频率为 0 时的增益）。

通过拉普拉斯变换，设 $s=\sigma+j\omega$，则在二维复平面上有

$$|H(s)|^2=H(s)\overline{H(s)} \tag{7-6}$$

由拉普拉斯的一般性质可知，$s=j\omega$，$|H(-j\omega)|=\overline{H(j\omega)}$，因此，通过解析延拓可得

$$H(s)H(-s)=\frac{{G_0}^2}{1+\left(\frac{-s^2}{\omega_c^2}\right)^n} \tag{7-7}$$

上述函数的极点等距离地分布在半径为 ω_c 的圆上，有

$$\frac{-s^2}{\omega_c^2}=(-1)^{\frac{1}{n}}=e^{\frac{j(2k+1)\pi}{n}} \tag{7-8}$$

式中：$k=0,1,2,\cdots,n-1$。因此，可得

$$s_k=\omega_c\cdot e^{\frac{j\pi}{2}}\cdot e^{\frac{j(2k+1)\pi}{2n}} \tag{7-9}$$

传递函数可以通过如下极点来表示：

$$H(s)=\frac{G_0}{\prod_{k=1}^{n}(s-s_k)/\omega_c} \tag{7-10}$$

式中：$\prod_{k=1}^{n}(s-s_k)/\omega_c$ 是巴特沃斯多项式。

(3) 试验布置和数据采集

将轴心轨迹的监测点选取在转子轴联轴器与电机相连的一端，根据要求安装好电涡流位移传感器和键相，接入本特利 408 数据采集系统。电涡流位移传感器垂直相交，键相水平垂直安装于转子轴，试验布置如图 7-43 所示。

设置变频器为 3 s 启动，即混流泵在 3 s 内转速从 0 达到 1 450 r/min。调节出口阀门，使流量稳定在设计工况点 $Q=380\ \mathrm{m^3/h}$。调试完成后，为保证试验中数据不丢失，当试验管路内流体重新处于静止状态时，先启动性能参数测量仪和本特利 408 数据采集系统进行数据采集，再启动电机。当转速稳定在 1 450 r/min，流量稳定在 380 $\mathrm{m^3/h}$ 时停机，待管路内流体重新稳定。上述试验重复 3 次。

图 7-43 电涡流位移传感器及键相试验布置图

7.7.2 试验结果及分析

（1）不同转速下原始轴心轨迹图和时域图

测试得到在启动过程中不同时间段内转子的轴心轨迹图和转子 X 方向与 Y 方向的时域图，如图 7-44 所示。图中转速值的变化趋势表示该转速下前 0.3 s 时间内的轴心轨迹。从整体趋势看，试验测得的轴心轨迹并不是理想的圆形，而是外“8”字形；时域波形图为周期性的畸变正弦波，在工频的正弦波上存在二倍频次峰。对比不同转速下的轴心轨迹可以看出，随着转速的增大，转子的轴心轨迹图轮廓从小到大、从集中到扩散，线条从稀疏变密集，X 方向和 Y 方向的时域图随着转速的增加，其波形的周期逐渐变短，波形的峰值逐渐增大，如图 7-44a－c 所示。当转速逐渐稳定后，转子的轴心轨迹大小比最大时略有降低，X 方向和 Y 方向时域图的波形周期趋于稳定，波形的峰值也趋于稳定，如图 7-44d 所示。

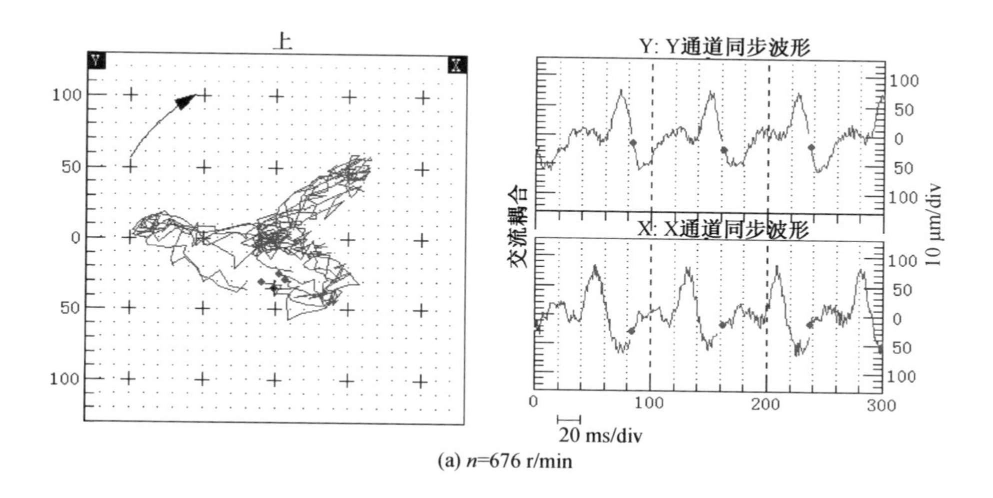

(a) n=676 r/min

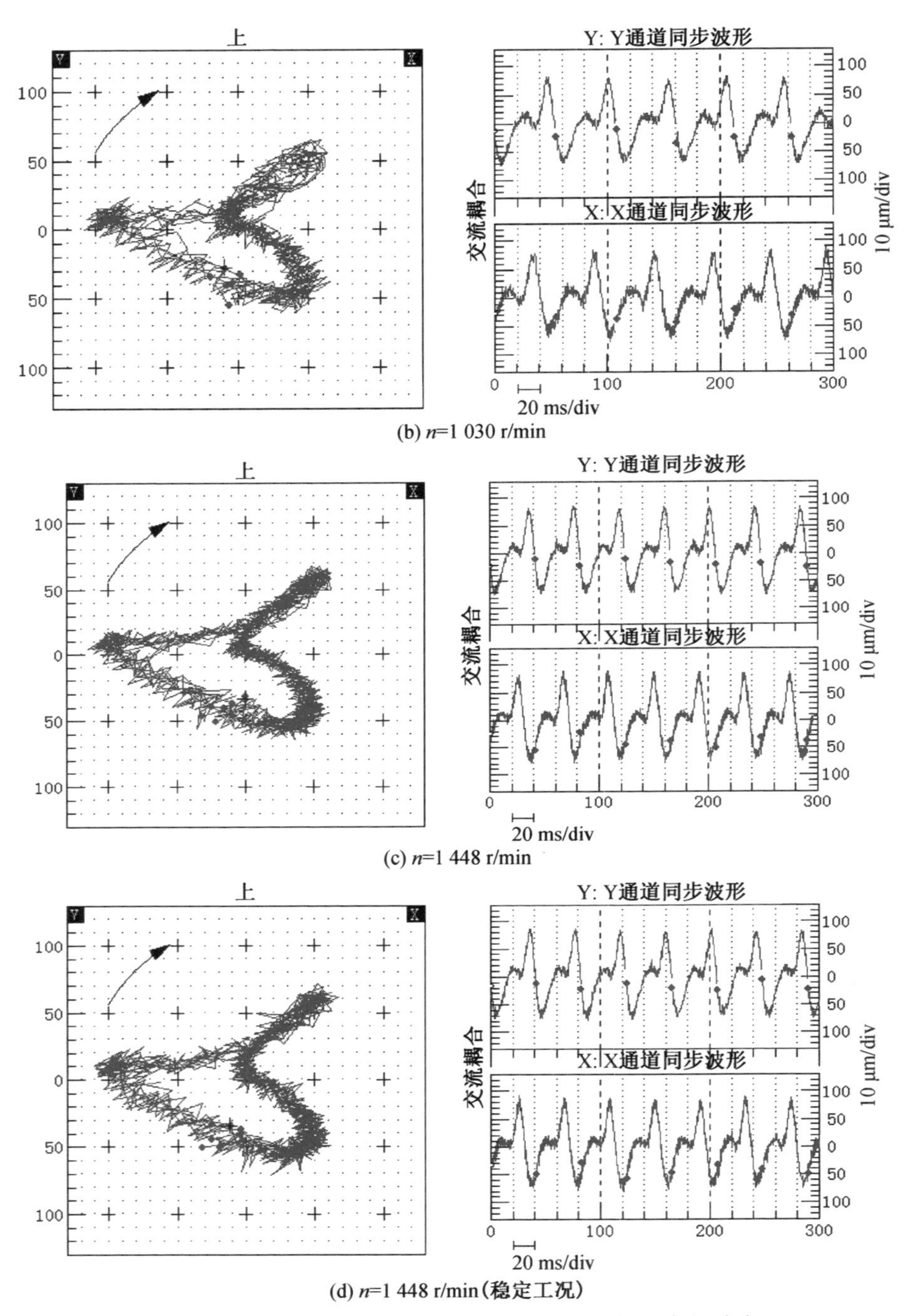

图 7-44　不同速度下原始轴心轨迹图和 X 方向与 Y 方向时域图

从原始轴心轨迹图和时域图可以发现，启动过程中，转速从 0 增加到 1 450 r/min 的过程中，随着转速的增加，转子振动的径向偏移量是随之振荡增大的，伴随产生的是轴心轨迹的幅值也随之振荡增加。尤其是监测到转速从 1 000 r/min 增加到 1 450 r/min 并逐渐稳定时，其轴心轨迹的幅值并不是呈线性增大的趋势，而是呈先增大后减小的趋势，在加速完成时出现峰值，这与瞬时冲击扬程的变化趋势基本一致，瞬时水力冲击负载对轴心轨迹变化具有重要影响。在加速启动初期，轴心轨迹的幅值波动较为缓慢但幅值增长较快，表现在时域图波形中就是“毛刺”较少，相邻周期的峰值变化较快。随着转速进一步增加并趋于稳定，轴心轨迹的幅值增加趋势变缓，幅值波动稳定在一定范围内并呈带状分布，表现在时域图波形中就是“毛刺”较多，相邻周期的峰值变化不大。

（2）轴心轨迹的分解提纯

为了得到比较清晰的轴心轨迹，准确分析加速启动过程中瞬态效应与涡动、偏心等对轴心轨迹的影响，对原始轴心轨迹进行分解提纯，获得了排除噪声和电磁干扰等超高次谐波信号的轴心轨迹，突出工频、二倍频等主要因素，清晰地发现了问题的本质。从一倍频轴心轨迹可以看出轴承的间隙及刚度是否存在问题，从二倍频轴心轨迹则可以看出严重不对中时的影响方向等。

利用本特利 408 数据采集系统所配置的 ADRE Sxp 软件，对原始波形进行分解提纯，得到转子一倍频的轴心轨迹图和 X 方向与 Y 方向的时域图如图 7-45 所示。从图中可以发现，在混流泵加速启动初期，一倍频的轴心轨迹图是一个长短轴相差不大的椭圆（n=676 r/min），其长轴方向大致为竖直方向，随着转速的升高，其轴心轨迹的形状越来越趋向于圆形，且圆形逐渐增大，在 n=1 450 r/min 时达到最大值，稳定后圆形轨迹有所减小；一倍频下的波形图振幅也随着转速的增加逐渐变大，周期逐渐减小。由于一倍频下的轴心轨迹是由一个长短轴相差不大的椭圆逐渐变为一个圆形，依据旋转机械故障研究文献，可以判断混流泵模型的加速启动过程存在弓状回转涡动，并且是反进动的，这主要是由转子不平衡量引起的工频振动。在加速启动过程中，这种回转涡动随着转速的增加而逐渐增大，说明转子不平衡量引起的工频振动随着转速的增加逐渐加剧，加速末期转子不平衡量引起的弓状回转涡动带来的瞬态不良影响也应引起足够重视并进行有效预防。同时，在启动初始阶段，一倍频的轴心轨迹为一个长短轴相差不大的椭圆，说明混流泵支承的轴承刚度在方向上存在差异，但是这种差异很微小。随着速度的增加，一倍频的轴心轨迹逐渐变为圆形，说明轴承因素对一倍频的影响可以忽略。

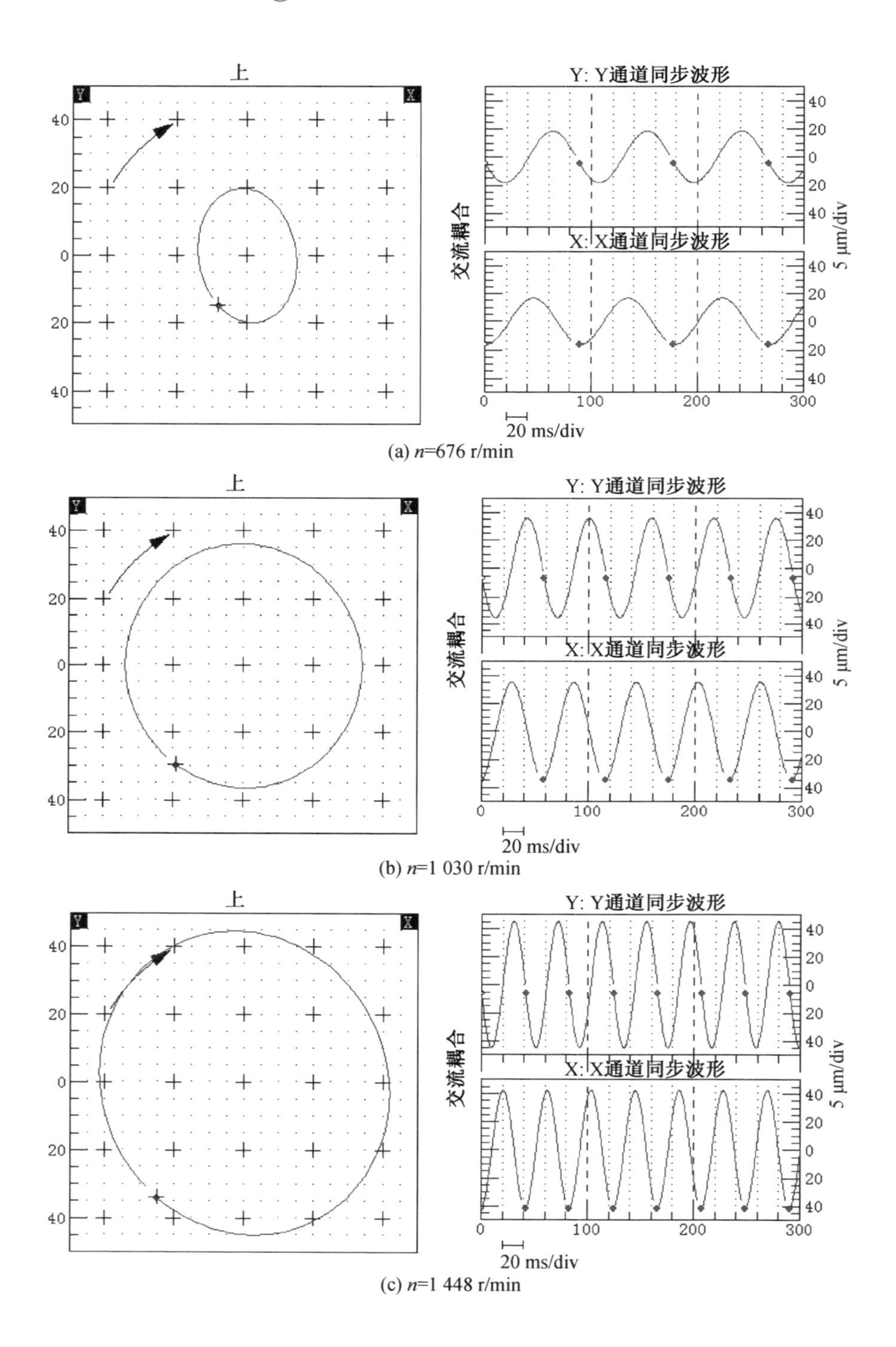

(a) n=676 r/min

(b) n=1 030 r/min

(c) n=1 448 r/min

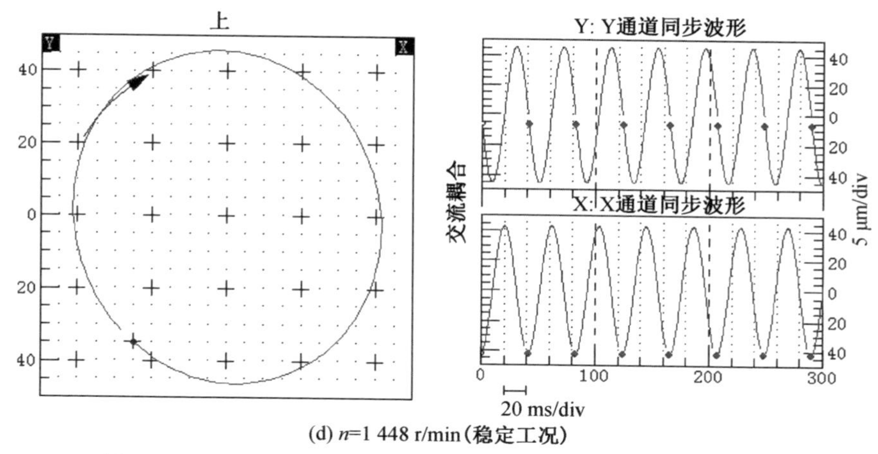

(d) n=1 448 r/min(稳定工况)

图 7-45　不同速度下一倍频轴心轨迹图和 X 方向与 Y 方向时域图

将原始轴心轨迹提纯,得到转子二倍频轴心轨迹图和 X 方向与 Y 方向的时域图如图 7-46 所示。可以发现,在启动过程中,当转速到达 $n=676$ r/min 时,二倍频的轴心轨迹图是一条左端略微翘起且近似水平的线段;当转速升高到 $n=1\ 030$ r/min 时,二倍频的轴心轨迹图变为一个扁平的椭圆,其长轴方向右端略微翘起且大致为水平方向;随着转速继续升高并达到稳定,轴心轨迹的形状保持为长短轴长度随着转速增加逐渐增加的扁平椭圆,且长轴的方向逐渐向水平方向稳定。同时,二倍频下的波形图振幅随着转速的升高逐渐变大,周期逐渐减小。观察二倍频轴心轨迹和时域图,在转速从 0 上升到 1 450 r/min 且稳定的过程中,由于二倍频轴心轨迹是由一条近似水平线段逐渐变化为长轴在水平方向的扁平椭圆,依据旋转机械故障研究文献,可以判断这是由于混流泵转子的不对中导致的二倍频下的轴心轨迹是一个长短轴相差很大的椭圆,转子存在方向为同步正进动的涡动,且这种不对中的情况严重影响了水平方向的振动,是导致原始轴心轨迹呈外"8"字形、波形图存在二倍频次峰的主要因素。由于不对中振动对转子负荷的变化较为敏感,振动幅值随水力冲击负载的增大而不断增大。

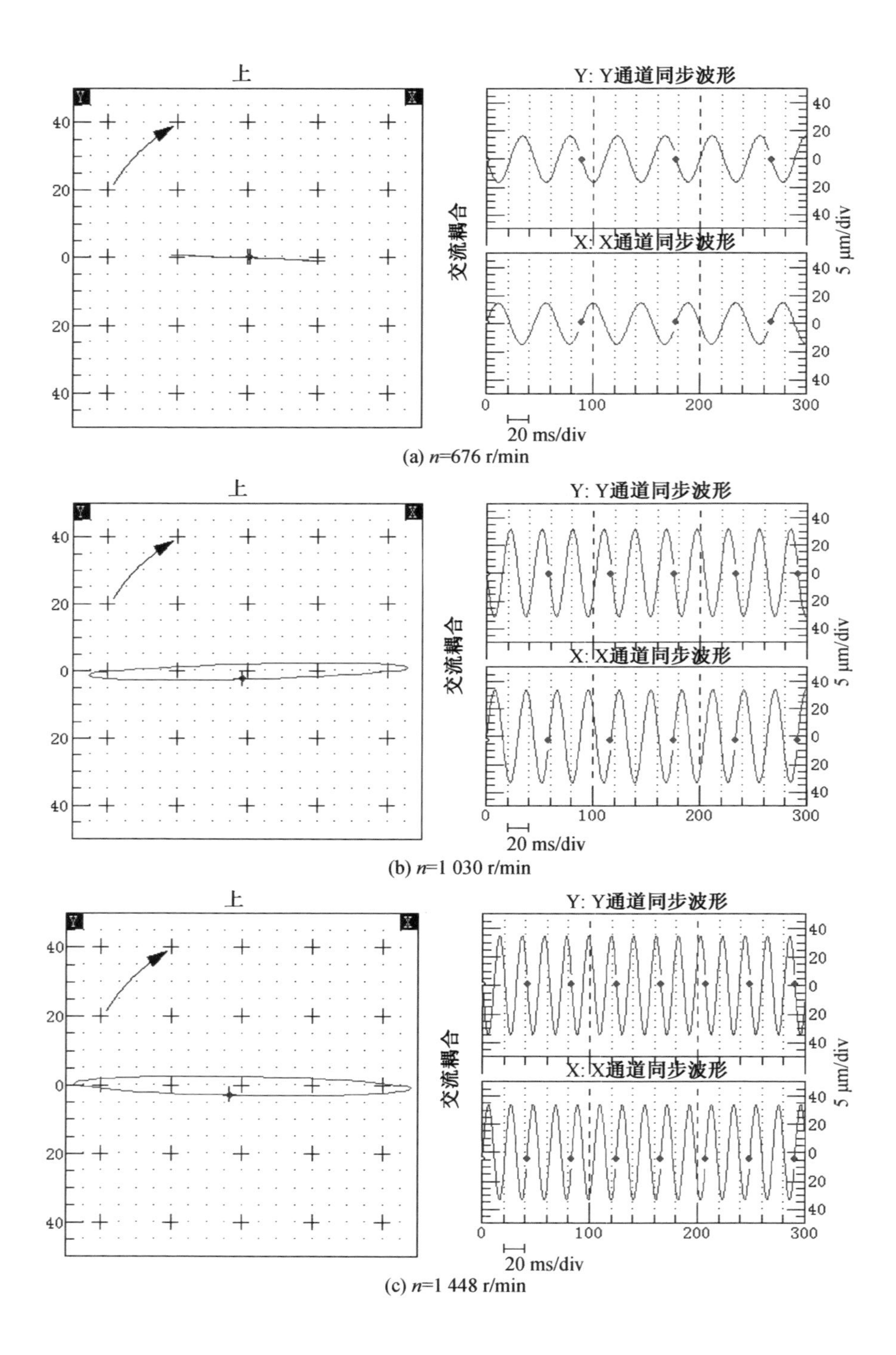

(a) n=676 r/min

(b) n=1 030 r/min

(c) n=1 448 r/min

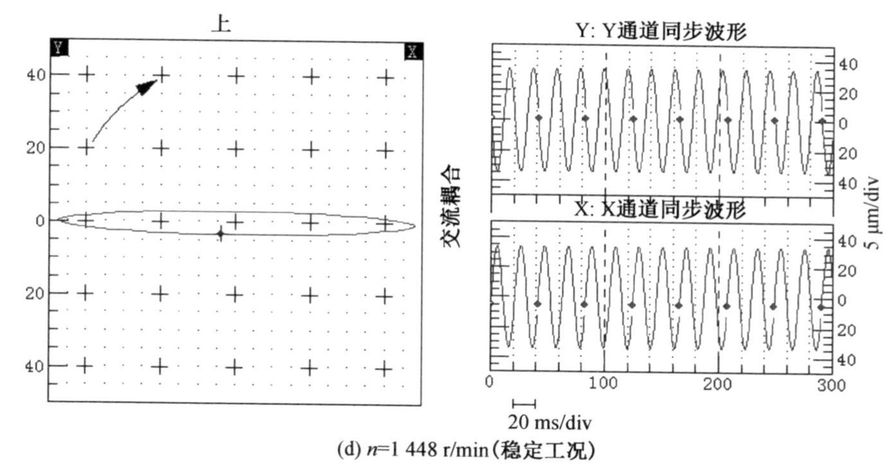

(d) n=1 448 r/min(稳定工况)

图 7-46　不同速度下二倍频轴心轨迹图和 X 方向与 Y 方向时域图

(3) 频谱分析

绘制不同转速下监测点 X 方向和 Y 方向的频谱图,如图 7-47 所示。由泵的额定转速 1 450 r/min 可计算出转子的转速频率 $f=1\ 450/60=24.17$ Hz。从图 4-47 中可以看出,频谱中能量集中,一倍频和二倍频占据主要的振动能量,三倍频和四倍频所占的比重不多。从频谱图可以看出,转速从 0 上升到 1 450 r/min,在稳定的过程中,随着转速的增加,其一倍频的峰值逐渐增大,二倍频的峰值先增大后减小再增大,其他倍频也是逐渐增加,但是数值较小对于转子系统的影响较小。结合不同速度下一倍频轴心轨迹图和 X 方向与 Y 方向时域图可以发现,随着转速的增加,转子的不平衡量增大,从而导致转子的振动增加。结合不同速度下二倍频轴心轨迹图和 X 方向与 Y 方向时域图可以发现,随着转速的增加,转子的偏心量先逐渐增大再减小。研究表明,在混流泵启动过程中,加速是引起轴系振动的主要原因。同时,由于流量的增加导致的水力激振力逐渐增大是轴系振动加剧的又一重要因素。转速增加使得转子不平衡增大,径向偏移量增加,水平方向振动加剧,振动幅值在加速下随水力冲击负载的增大不断增高。

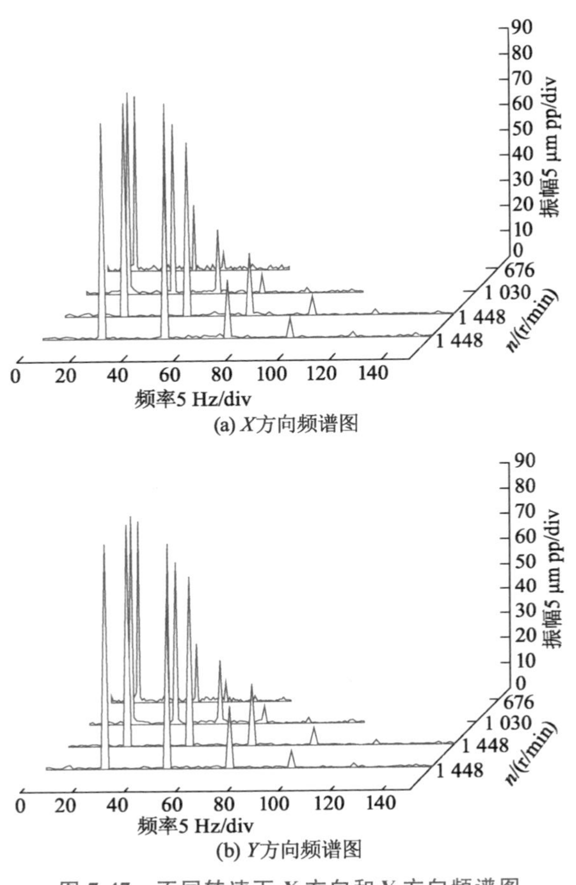

(a) X方向频谱图

(b) Y方向频谱图

图 7-47　不同转速下 X 方向和 Y 方向频谱图

同时,结合混流泵瞬态外特性曲线,由于启动过程中瞬态效应的存在,也导致转子振动不稳定。研究表明,混流泵启动过程并不是一个振动呈线性持续增加的过程,而是一个振动呈现波动上升的过程。一方面,启动过程中,转子的轴心轨迹和时域图波形的幅值增大,说明随着转速的增加,混流泵的扬程逐渐增大,转子所受的水力冲击负载逐渐增大,转子的不平衡量、径向偏移量和水平振动与其所受的瞬时水力冲击密切相关。另一方面,虽然转子速度线性增大,但转子的轴心轨迹和时域图波形的幅值并不是线性增大的,而是先增大后减小,振动情况随转速的升高逐渐加重并在加速末期达到一个峰值。这说明在混流泵启动过程中,除了需要关注转子加速对轴系振动产生重要影响外,还要关注由于叶轮旋转加速带来的流动惯性产生的水力激振和瞬时冲击扬程的影响，加速末期的瞬态效应也是影响轴系振动和振动故障恶化的另一重要因素。

7.8 试验误差分析

7.8.1 试验小结

通过管路改造搭建适用于研究混流泵启动过程瞬态特性的试验台。外特性试验中分别获得了3个转速下的稳态性能曲线和不同启动加速度、不同转速和不同管路阻力条件下启动过程的瞬态流量、扬程和转速变化曲线；采用PIV内流测试技术获得了混流泵内部瞬态流动的演化过程和速度分布；通过HSJ2010水力机械综合测试仪测量了稳态和瞬态条件下的压力脉动特性；基于本特利408数据采集系统，测量获得了启动加速过程中不同转速下转子的轴心轨迹图和时域图，分解提纯了一倍频和二倍频轴心轨迹图及其时域图。

（1）外特性试验

稳态外特性测试结果显示，各个转速下的无量纲曲线比较接近，性能具有较好的相似性。两次重复性外特性测量结果比较集中，最大误差不超过5%，说明试验重复性很好，结果较为可靠。

启动过程外特性测试结果显示，流量上升表现出明显的滞后效应，上升过程可分为3个不同的阶段。扬程的上升与转速的增加保持了较好的同步性，而无量纲扬程从极大值迅速减小到低于稳态值，并在转速稳定后与稳态性能趋于一致，启动过程表现出明显的瞬态效应。相同条件下，启动加速度越大，瞬态效应越明显；管路阻力越小，瞬时扬程冲击越大；稳定转速越小，瞬态性能下降越明显。

（2）PIV试验

瞬态PIV测试结果显示，随着叶轮转速的增加，叶轮进口端壁边界层由层流向湍流不断发展，整个进口截面的流动呈现出明显的卷吸效应，液流从轮毂中心处不断涌向叶轮进口，叶轮旋转加速度快速转化为压能，由此引起瞬时流量和扬程的快速上升，并在加速末期逐步达到流量快速上升期的峰值，外部特性呈现出流动惯性产生的瞬时冲击扬程。此外，由于进口管道向右弯曲，在管道左侧产生瞬时高速区，并伴有少量涡流，随着转速趋于稳定，弯管所受影响逐渐减小。

对比不同启动条件对内流场的影响，启动角加速度越大，内部流场越紊乱；在不同管阻特性下，管路阻力越大，泵启动过程中的瞬时流量越小，内部流场更为紊乱。内部各种尺度涡的产生和发展造成大量的能量损失和水流冲击，内部瞬态非定常流动是导致外部瞬时扬程冲击和流量滞后效应的主要原因。研究结论对探索混流泵启动过程的瞬态特性具有较高的参考价值。

(3) 压力脉动试验

通过稳态压力脉动的时域和频域分析，验证了叶轮转动是引起压力脉动的主要因素，其脉动频率均为转频的 Z 倍及其谐波，叶轮流道内各点的压力脉动呈现正弦曲线的周期性波动，在叶顶中间动静干涉最为显著。数值计算压力脉动的压力系数和脉动趋势与试验保持了较好的一致性。

各点瞬态压力在加速期均表现出强烈的瞬态效应，并在转速达到最大值时出现一个瞬时压力冲击。随着转速的增加，叶轮进口压力迅速下降，出口处各点压力迅速上升，并均在转速稳定后有一个微小的压力回升。内部非定常流动结构的演化与发展影响着脉动压力的变化，而压力波动的外部表现呈现为瞬时扬程的冲击。

(4) 轴心轨迹试验

混流泵启动过程中，原始轴心轨迹呈外“8”字形且“毛刺”较多，而分解提纯后的一倍频和二倍频轴心轨迹分别呈圆形和椭圆形，说明启动过程中转子系统存在不平衡、不对中等问题。由于转子系统存在由不平衡量引起的工频振动和不对中现象导致的同步正进动，转速增加使得转子不平衡增大，径向偏移量增加，水平方向振动加剧，加速是造成轴系振动恶化的主要原因。

启动过程中混流泵转子系统的运行状态受瞬态效应引起的水力激振、冲击负载等影响较大。当转速达到最大值时，出现一个瞬时冲击扬程和冲击负载。与此同时，加速启动末期轴系振动也出现一个峰值，随转速的稳定逐渐减小并稳定。因此，加速完成时的瞬态效应更易加剧轴系振动并诱发振动故障的恶化。

7.8.2 误差分析

外特性试验误差主要表现在涡轮流量计测试响应时间的滞后，根据厂家提供的数据，瞬时流量测试值比实际值要延迟 0.5～1 s，虽然在后期处理时通过高频压力传感器对测试响应时间进行了修正，但是系统误差增大。

PIV 试验中，对试验结果的影响因素较多。选择空心玻璃球作为示踪粒子，虽然其物理属性与水接近，但仍然存在一定的差异。由于启动初期流量较小、流速较慢，PIV 拍摄到的有效粒子数目较少。在跨帧时间间隔选择上，当时间间隔较小时，容易造成 A，B 帧粒子的位移较小，导致粒子重叠部分较多，影响处理结果；当时间间隔较大时，粒子容易跑出片光源以外，造成速度处理失真。后处理过程中采用一对相关照片进行分析，加大了随机误差。试验中光学折射造成的测量误差无法避免，虽然加工了与有机玻璃筒相同的标定筒，但在标定筒的安放上无法保证二者的相对位置完全相同。系统中流体内存在的杂质、气泡，以及泵启动过程中汽蚀产生的气泡等，对 PIV 的成像效果也会造成影响。

测试环境的噪声和振动会对动态压力的测量造成一定的干扰，高频压力传感器在测量瞬态数据时存在动态误差。同时，由于试验中将进口管路改成弯管，导致进口前的来流并不绝对均匀，对流场也造成一定的影响。

7.9 本章小结

本章搭建了混流泵瞬态性能试验台，通过能量性能试验、PIV 试验、压力脉动试验和轴心轨迹试验研究了混流泵启动过程中的瞬态内外特性及其诱发的瞬态效应，并验证了数值计算的准确性。

① 加速启动过程中，混流泵扬程的上升与转速的增加保持了较好的同步性，在加速末期出现一个明显的冲击扬程，而流量上升表现出显著的滞后效应。相同条件下，启动加速度越大，瞬态效应越明显；管路阻力越小，瞬时扬程冲击越大；稳定转速越小，瞬态性能下降越明显。

② 瞬态 PIV 测试结果显示，随着叶轮转速的增加，端壁边界层由层流向湍流不断发展，叶轮旋转加速度快速转化为压能，内部各种尺度涡的产生和发展造成大量的能量损失和水流冲击，外部特性呈现出流动惯性产生的瞬时冲击扬程。内部瞬态非定常流动是导致外部瞬时扬程冲击和流量滞后效应的主要原因。

③ 各点瞬态压力在加速期均表现出强烈的瞬态效应，并在转速达到最大值时出现一个瞬时压力冲击。随着转速的增加，叶轮进口压力迅速下降，出口处各点压力迅速上升，并均在转速稳定后有微小的压力回升。内部非定常流动结构的演化影响脉动压力变化，而压力波动的外部表现呈现出瞬时扬程的冲击。

④ 混流泵启动过程轴心轨迹测试结果表明，转子系统的运行状态受瞬态效应引起的水力激振、冲击负载等影响较大。转子系统存在由不平衡量引起的工频振动和不对中现象导致同步正进动，转速增加使得转子不平衡增大、径向偏移量增加、水平方向振动加剧。因此，加速是造成轴系振动恶化的主要原因。

参考文献

[1] Bolpaire S, Barrand J P, Caignaert G. Experimental study of the flow in the suction pipe of a centrifugal impeller: Steady conditions compared with fast start-up [J]. International Journal of Rotating Machinery, 2018, 8: 241656(1—8).

[2] Bolpaire S, Barrand J P. Experimental study of the flow in the suction pipe of a centrifugal impeller: Steady conditions compared with fast start-up[J]. International Journal of Rotating Machinery, 2002, 8(3): 208—240.

[3] Bolpaire S, Barrand J P. Experimental study of the flow in the suction pipe of a centrifugal pump at partial flow rates in unsteady conditions [J]. Journal of Pressure Vessel Technology, 1999, 121(3): 291.

[4] Chalghoum I, Elaoud S, Akrout M, et al. Transient behavior of a centrifugal pump during starting period[J]. Applied Acoustics, 2016, 109: 82—89.

[5] Dazin A, Caignaert G, Bois G. Transient behavior of turbomachineries: Applications to radial flow pump startups[J]. Journal of Fluids Engineering, 2007, 129(11): 1436.

[6] Dazin A, Caignaert G, Dauphin-Tanguy G. Model based analysis of the time scales associated to pump start-ups[J]. Nuclear Engineering & Design, 2015, 293: 218—227.

[7] Farhadi K, Bousbia-Salah A, D'Auria F. A model for the analysis of pump start-up transients in Tehran Research Reactor[J]. Progress in Nuclear Energy, 2007, 49(7): 499—510.

[8] Fu S F, Zheng Y, Kan K, et al. Numerical simulation and experimental study of transient characteristics in an axial flow pump during start-up[J]. Renewable Energy, 2020, 146: 1879—1887.

[9] Grover R B, Koranne S M. Analysis of pump start-up transients [J]. Nuclear Engineering & Design, 1981, 67(1): 137—141.

[10] Hu F F, Ma X D, Wu D Z, et al. Transient internal characteristic study of a centrifugal pump during startup process[J]. 26th Iahr Symposium on Hydraulic Machinery and Systems, PTS1 — 7, 2013, 15: 042016.

[11] ISO 9906:2012, Rotodynamic pumps—Hydraulic performance acceptance tests—Grades 1, 2 and 3.

[12] Lefebvre P J, Barker W P. Centrifugal pump performance during transient operation[J]. ASME Journal of Fluid Engineering, 1995, 117(2): 123—128.

[13] Li Q, Wu P, Wu D Z. Study on the transient characteristics of pump during the starting process with assisted valve[C]. ASME 2017 Fluids Engineering Division Summer Meeting, Waikoloa, 2017.

[14] Li W, Ji L L, Shi W D, et al. Fluid-structure interaction study of a mixed-flow pump impeller during startup [J]. Engineering Computations, 2018, 35(1): 18—34.

[15] Li W, Zhang Y, Shi W, et al. Numerical simulation of transient flow field in a mixed-flow pump during starting period[J]. International Journal of Numerical Methods for Heat & Fluid Flow, 2018, 28(4): 927—942.

[16] Li Z, Wu D, Wang L, et al. Numerical simulation of the transient flow in a centrifugal pump during starting period[J]. Journal of Fluids Engineering, 2010, 132(8): 081102(1—8).

[17] Li Z, Wu P, Wu D, et al. Experimental and numerical study of transient flow in a centrifugal pump during startup[J]. Journal of Mechanical Science and Technology, 2011, 25(3): 749—757.

[18] Liu J, Li Z, Wang L, et al. Numerical simulation of the transient flow in a radial flow pump during stopping period[J]. Journal of Fluids Engineering, 2011, 133(11): 111101(1—7).

[19] Liu Y F, Zhou J X, Zhou D Q. Transient flow analysis in axial-flow

pump system during stoppage [J]. Advances in Mechanical Engineering, 2017, 9(9): 1—8.

[20] Ma X D, Li Z F, Wang L Q. Theoretical study of a mixed pump in startup process[C]. 26th IAHR Symposium on Hydraulic Machinery and Systems, 2012.

[21] Ma X D, Liu J T, Wang L Q. Numerical simulation of the transient process of power failure in a mixed pump[J]. Advances in Mechanical Engineering, 2013(1): 215—243.

[22] Manish S. Rotor-stator interactions, turbulence modeling and rotating stall in a centrifugal pump with diffuser vanes [D]. Baltimore: The Johns Hopkins University,1999.

[23] Manole D M, Lage J L. Nonuniform gira accuracy test applied to the natural convection flow within a porous medium cavity[J]. Numerical Heat Transfer. Part B, 1993, 23(3):351—368.

[24] Morand H J-P, Ohayon R. Fluid-structures interaction [M]. Chichester: John Wiley and Sons, 1995.

[25] Saito S. The transient characteristics of a pump during start up[J]. Bulletin of JSME, 1982, 25(201): 372—379.

[26] Takemura T, Goto A. Experimental and numerical study of three-dimensional flows in a mixed-flow pump stage [J]. ASME Journal of Turbomachinery, 1996,118(6): 552—561.

[27] Thanapandi P, Prasad R. Centrifugal pump transient characteristics and analysis using the method of characteristics [J]. International Journal of Mechanical Sciences, 1995, 37(1): 77—89.

[28] Thanapandi P, Prasad R. Quasi-steady performance prediction model for dynamic characteristics of a volute pump[J]. Proceedings of the Institution of Mechanical Engineers, Part A: Journal of Power and Energy, 1994, 208(A1): 47—58.

[29] Tsukamoto H, Matsunaga S, Yoneda H. Transient characteristics of a centrifugal pump during stopping period[J]. ASME Journal of Fluid Engineering, 1986, 108(4): 392—399.

[30] Tsukamoto H, Ohashi H. Transient characteristics of a centrifugal pump during starting period[J]. ASME Journal of Fluid Engineering, 1982, 104(1): 6—13.

[31] Tsukamoto H, Yoneda H, Sagara K. The response of a centrifugal pump to fluctuating rotational speed [J]. Journal of Fluids Engineering, 1995, 117 (3): 479—484.

[32] Wang L Q, Li Z F, Wu D Z, et al. Transient flow around an impulsively started cylinder using a dynamic mesh method [J]. International Journal of Computational Fluid Dynamics, 2007, 21(3): 127—135.

[33] Wu C H. A general theory of three-dimensional flow in subsonic and supersonic turbomachines of axial radial and mixed flow types[J]. NACA TN 2604, 1952.

[34] Wu D, Chen T, Sun Y, et al. A study on numerical methods for transient rotating flow induced by starting blades[J]. International Journal of Computational Fluid Dynamics, 2012, 26(5): 297—312.

[35] Wu D, Chen T, Sun Y, et al. Study on numerical methods for transient flow induced by speed-changing impeller of fluid machinery[J]. Journal of Mechanical Science & Technology, 2013, 27(6): 1649—1654.

[36] Wu D, Wu P, Yang S, et al. Transient characteristics of a closed-loop pipe system during pump stopping periods[J]. Journal of Pressure Vessel Technology, 2014, 136(2): 021301.

[37] Wu D Z, Wu P, Li Z F, et al. The transient flow in a centrifugal pump during the discharge valve rapid opening process [J]. Nuclear Engineering and Design, 2010, 240(12): 4061—4068.

[38] Wu D Z, Yang S, Wu P, et al. MOC-CFD coupled approach for the analysis of the fluid dynamic interaction between water hammer and pump[J]. Journal of Hydraulic Engineering, 2015, 146(6): 6015003(1—8).

[39] Yoon E S, Oh H W, Chung M K, et al. Performance prediction of mixed-flow pumps[J]. Proceedings of the Institution of Mechanical Engineers, Part A: Journal of Power and Energy, 1998, 212(2): 109—115.

[40] Zhou B L, Yuan J P, Lu J X, et al. Investigation on transient behavior of residual heat removal pumps in 1 000 MW nuclear power plant using a 1D-3D coupling methodology during start-up period[J]. Annals of Nuclear Energy, 2017, 110: 560—569.

[41] Zhang Y L, Zhu Z C, Jin Y Z, et al. Erratum: Experimental study on a

centrifugal pump with an open impeller during startup period[J]. Journal of Thermal Science, 2013,22(2):196.
[42] 常近时. 水力机械装置过渡过程[M]. 北京：高等教育出版社，2005.
[43] 陈香林. 混流式水轮机叶片流固耦合动力特性研究[D]. 昆明：昆明理工大学，2004.
[44] 高杨. 螺旋离心泵启动过程及轴向力特性的数值研究[D]. 兰州：兰州理工大学，2013.
[45] 关醒凡. 现代泵理论与设计[M]. 北京：中国宇航出版社，2011.
[46] 关醒凡. 轴流泵和斜流泵[M]. 北京：中国宇航出版社，2009.
[47] 郭广强，张人会，赵万勇，等. 浮潜式消防泵启动过程瞬态特性的数值模拟[J]. 排灌机械工程学报，2019，37(2)：118－123.
[48] 郭宪军，陈红勋，朱兵. 离心泵启动过程的数值模拟[J]. 上海大学学报(自然科学版)，2012，18(3)：288－292.
[49] 胡征宇，吴大转，王乐勤. 离心泵快速启动过程的瞬态水力特性——外特性研究[J]. 浙江大学学报(工学版)，2005,39(5):605－608,622.
[50] 华宝民. 离心泵非稳定工作性能研究[J]. 流体机械，1994(6)：11－16.
[51] 黎耀军，朱强，刘竹青，等. 双吸泵系统开阀过程瞬态特性数值模拟[J]. 农业机械学报，2015，46(12)：79－86.
[52] 李伟. 斜流泵启动过程瞬态非定常内流特性及试验研究[D]. 镇江：江苏大学，2012.
[53] 李伟，季磊磊，施卫东，等. 混流泵起动过程转子轴心轨迹的试验研究[J]. 机械工程学报，2016，52(22):168－177.
[54] 李伟，季磊磊，张扬，等. 混流泵启动过程瞬态流场的涡动力学分析[J]. 中南大学学报(自然科学版)，2018，49(10)：122－131.
[55] 李伟，季磊磊，施卫东，等. 基于准稳态假设的混流泵启动特性分析[J]. 农业工程学报，2016,32(7)：86－92.
[56] 李志峰. 离心泵启动过程瞬态流动的数值模拟和试验研究[D]. 杭州：浙江大学，2009.
[57] 李志峰，王乐勤，戴维平，等. 离心泵启动过程的涡动力学诊断[J]. 工程热物理学报，2010(1)：48－51.
[58] 廖伟丽，徐斌，逯鹏，等. 部分负荷下混流式水轮机转轮叶片变形对流场的影响[J]. 机械工程学报，2006，42(6):55－59.
[59] 刘大恺. 水力机械流体动力学[M]. 上海:上海交通大学出版社，1988.
[60] 刘二会. 泵阀调节过程瞬态特性的数值模拟[D]. 镇江：江苏大

学,2012.
[61] 刘竹青，朱强，杨魏，等. 双吸离心泵关阀启动过程的瞬态特性研究[J]. 农业机械学报，2015，46(10)：44－48.
[62] 潘旭，李成，铁瑛，等. 轴流泵叶片流固耦合强度分析[J]. 水力发电学报，2012，31(4)：221－226.
[63] 裴吉. 基于流固耦合的离心泵流动诱导振动特性数值研究[D]. 镇江：江苏大学，2009.
[64] 隋荣娟. 离心泵在启动阶段的水力特性及内流机理研究[D]. 济南：山东大学，2006.
[65] 特罗斯科兰斯基 A T，拉扎尔基维茨 S. 叶片泵计算与结构[M]. 耿惠彬，译. 北京：机械工业出版社，1981.
[66] 王乐勤，李志锋，戴维平，等. 离心泵启动过程内部瞬态流动的二维数值模拟[J]. 工程热物理学报，2008，29(8)：1319－1322.
[67] 王乐勤，吴大转，胡征宇，等. 基于键合图法的叶片泵启动特性仿真[J]. 工程热物理学报，2004，25(3)：417－420.
[68] 王乐勤，吴大转，郑水英，等. 混流泵开机瞬态水力特性的试验与数值计算[J]. 浙江大学学报(工学版)，2004，38(6)：751－755.
[69] 王乐勤，吴大转，郑水英. 混流泵瞬态水力性能试验研究[J]. 流体机械，2003，31(1)：1－4.
[70] 王学. 基于 ALE 方法求解流固耦合问题[D]. 北京：国防科技大学，2006.
[71] 吴大转，王乐勤，胡征宇. 离心泵快速启动过程瞬态水力特性的数值模拟[J]. 浙江大学学报(工学版)，2005，39(9)：1427－1430.
[72] 杨兴林，陈波，陈栋. 基于流固耦合技术的特定结构瞬态冲击载荷响应分析[J]. 江苏科技大学学报(自然科学版)，2012，26(1)：35－39.
[73] 袁建平，夏水晶，宗伟伟，等. 基于流固耦合的离心泵启动过程瞬态叶片动应力特性[J]. 振动与冲击，2016，35(12)：197－202.
[74] 袁寿其，施卫东，刘厚林，等. 泵理论与技术[M]. 北京：机械工业出版社，2014.
[75] 张克危. 流体机械原理[M]. 上册. 北京：机械工业出版社，2006.
[76] 张双全，吴俊，秦仕信，等. 基于 ANSYS 的混流泵转轮力学特性分析[J]. 水电能源科学，2010，28(10)：107－112.
[77] 张玉良. 离心泵启动过程的瞬态内流和外特性[D]. 杭州：浙江大学，2013.

[78] 张玉良，肖俊建，崔宝玲，等. 离心泵快速变工况瞬态过程特性模拟[J]. 农业工程学报，2014,30(11)：68－75.
[79] 张玉良，朱祖超，林慧超，等. 关死点处离心泵启动过程的数值模拟[J]. 力学季刊，2012，33(3)：436－442.
[80] 张玉良，朱祖超，林慧超，等. 离心泵启动过程中的附加理论扬程计算[J]. 力学季刊，2012,33(3)：118－122.
[81] 张玉良，朱祖超，崔宝玲，等. 离心泵停机过程非定常流动的数值模拟[J]. 工程热物理学报，2012，33(12)：2096－2099.
[82] 周东岳，祝宝山，上官永红，等. 基于流固耦合的混流式水轮机转轮应力特性分析[J]. 水力发电学报，2012，31(4)：217－220.
[83] 邹志超. 离心泵装置启动过程瞬态特性研究[D]. 北京：中国农业大学，2018.